高等职业院校教学改革创新示范教材 · 软件开发系列

Android移动应用开发任务驱动教程

（Android 9.0 + Android Studio 3.2）

陈承欢　编著

電子工業出版社
Publishing House of Electronics Industry
北京 • BEIJING

内 容 简 介

本书选择了 Android 应用程序开发的黄金组合——Android 9.0+ Android Studio 3.2。

本书以 Android 应用程序的开发环境搭建、界面设计、功能实现、典型应用为主线，选取教学内容和设置教学单元，将 Android 移动应用开发分为 3 个学习阶段（搭建与熟悉开发环境，界面设计和功能实现，Android 的典型应用）和 8 个教学单元，每个教学单元面向教学全过程设置“教学导航→知识导读→任务实战→单元小结→单元习题”5 个教学环节。每项任务设置了“任务描述→知识索引→实施过程”3 个环节，通过“知识索引”将各项任务所应用的知识与“知识导读”环节的理论知识关联起来。全书采用“任务驱动、精讲多练、理论实践一体化”的教学方法，在完成每项任务的过程中学习知识、训练技能、积累经验及固化能力。

本书适合作为高等院校计算机相关专业 Android 移动应用开发教材，也可作为 Android 程序设计的培训教材或参考书。

未经许可，不得以任何方式复制或抄袭本书之部分或全部内容。
版权所有，侵权必究。

图书在版编目（CIP）数据

Android 移动应用开发任务驱动教程：Android 9.0+Android Studio 3.2 / 陈承欢编著.
—北京：电子工业出版社，2019.7
ISBN 978-7-121-36625-3

Ⅰ. ①A… Ⅱ. ①陈… Ⅲ. ①移动终端－应用程序－程序设计－高等学校－教材 Ⅳ. ①TN929.53

中国版本图书馆 CIP 数据核字（2019）第 098554 号

策划编辑：程超群
责任编辑：韩　蕾
印　　刷：北京捷迅佳彩印刷有限公司
装　　订：北京捷迅佳彩印刷有限公司
出版发行：电子工业出版社
　　　　　北京市海淀区万寿路 173 信箱　邮编 100036
开　　本：787×1 092　1/16　印张：19.5　字数：496 千字
版　　次：2019 年 7 月第 1 版
印　　次：2022 年 3 月第 6 次印刷
定　　价：55.00 元

凡所购买电子工业出版社图书有缺损问题，请向购买书店调换。若书店售缺，请与本社发行部联系，联系及邮购电话：（010）88254888，88258888。

质量投诉请发邮件至 zlts@phei.com.cn，盗版侵权举报请发邮件至 dbqq@phei.com.cn。

本书咨询联系方式：（010）88254577，ccq@phei.com.cn。

前言

随着信息技术和通信技术的飞速发展，智能手机、平板电脑等移动智能终端已成为人们日常通信和信息处理的必备工具，并正在改变人们的交流和生活方式。目前，应用 Android 不仅可以开发运行在移动智能设备上的应用软件，还可以开发 2D 甚至 3D 游戏。

Android 是一种基于 Linux 的自由及开放源代码的操作系统，由 Google（谷歌）公司和开放手机联盟领导及开发，中文名称习惯称为“安卓”。Android Studio 是由 Google 公司推出的一款 Android 程序开发环境，提供了集成的 Android 程序开发工具用于开发和调试。Android Studio 是一个全新的 Android 开发环境，成功解决了多分辨率、多语言等诸多程序开发与运行的问题，开发者可以在编写程序的同时预览在不同尺寸屏幕中的外观效果。

目前 Android 应用程序开发的最佳搭档是 Android 9.0 + Android Studio 3.2。Android 9.0 最早于 2018 年 1 月 25 日出现在 Google 官网上，随后，Google 于 2018 年 8 月 7 日推出 Android 9.0 的正式版。与上一版本相比，此次 Android 9.0 的新增功能包括：统一推送升级，深度集成 Project Treble 模式，更加封闭，原生支持通话录音等。在 2018 Google I/O 开发者大会上，Google 发布了 Android Studio 3.2 版，该版本带来了一系列的新功能，如支持 Android P 开发预览版、新的 Android App Bundle，以及 Android Jetpack。

本书具有以下特色和创新：

（1）充分调研 Android 移动应用开发岗位的实际需求，精选教学案例。

本书编写前期对 Android 应用程序的典型应用和 Android 移动应用开发职业岗位的需求做了大量细致的调研工作，先后分析了 300 多个 Android 典型应用程序的功能及实现方法，调研了 200 多个 Android 开发岗位的工作职责和职位要求。经过 4 次筛选、优化和简化，最终形成了 45 个典型教学案例。

（2）选择了优秀的开发工具组合——Android 9.0 + Android Studio 3.2。

经过反复的调研和测试，本书选择了 Android 应用程序开发的黄金组合——Android 9.0 + Android Studio 3.2，使程序开发环境更好、程序运行速度更快，使学习者所掌握的开发技术在短期内不过时。

（3）合理选取教学内容，科学设置教学单元。

以 Android 应用程序的开发环境搭建、界面设计、功能实现、典型应用为主线，选取教学内容和设置教学单元，而不是罗列 Android 相关知识。同时，遵循学习者的认知规律和技能形成规律，将 Android 移动应用开发分为 3 个学习阶段：第 1 个阶段的重点是学会搭建并熟悉开发环境，第 2 个阶段的重点是学会界面设计和功能实现，第 3 个阶段的重点是学会 Android 的典型应用。本书设置了 8 个教学单元：Android 开发环境搭建与基本操作，Android 的控件应用与界面布局程序设计，Android 的事件处理与交互实现程序设计，Android 的数据存储与数据共享程序设计，Android 的服务与广播应用程序设计，Android 的网络与通信应用程序设计，Android 的图像浏览与图形绘制程序设计，Android 的音频与视频应用程序设计。全书将 Android 应用开发的相关知识合理安排到各个教学单元。由于 Android 应用开发涉及众多的概念、知识和方法，同时限于篇幅，本书重点探析了 Android 的基础知识和典型应用，主要介绍了常用控件的应用。定时器、传感器、定位服务、动画处理技术等知识和技术没有涉及，请学习者参考相关书籍或网站进行深入学习。

（4）充分考虑教学实施的需求，合理设置教学流程。

每个教学单元面向教学全过程设置“教学导航→知识导读→任务实战→单元小结→单元习题”5个教学环节。每项任务设置了“任务描述→知识索引→实施过程”3个环节，通过“知识索引”将各项任务所应用的知识与“知识导读”环节的理论知识关联起来，这样做既保证了Android应用开发相关理论知识的系统性和条理性，也凸现了知识的实际应用。

（5）采用“任务驱动、精讲多练、理论实践一体化”的教学方法，在完成每项任务的过程中学习知识、训练技能、积累经验及固化能力。

全书围绕45个Android移动开发任务，全方位促进学习者Android应用开发能力的提升，引导学习者在完成各项设计任务的过程中，逐步理解概念和方法，循序渐进地学会开发环境搭建、界面设计和功能实现，从而熟练掌握形式多样的典型应用的实现方法和开发技巧。

本书免费提供配套的电子教案、源代码等相关教学资源，需要者可到华信教育资源网（www.hxedu.com.cn）注册并登录后免费下载。

本书由陈承欢教授编著，吴献文、颜谦和、颜珍平、侯伟、肖素华、林保康、王欢燕、王姿、张丽芳等老师参与了部分章节的编写工作和教学案例的设计工作。

由于编者水平有限，书中的疏漏之处在所难免，敬请专家与读者批评指正。编者的QQ为1574819688。

编　者

目录

单元 1　Android 开发环境搭建与基本操作

Android 是 Google 公司推出的移动设备程序开发平台，从 2007 年 11 月 5 日发布以来，短短十几年的时间便成为全球最受欢迎的智能手机平台之一。Android 应用开发是一个软件、硬件协同设计的过程，在开发 Android 应用程序之前，首先需要搭建一个方便、适用和高效的开发环境。一个性能良好、运行快捷的开发环境，可以使开发工作事半功倍。

Android Studio 是一个 Android 开发环境，包含了用于构建 Android 应用所需的工具，提供了集成的 IDE 用于开发和调试 Android 应用程序。本单元主要认识 Android Studio 的组成结构，完成项目的模块操作、开发环境的个性设置等基本操作。

【教学导航】

【教学目标】

（1）理解 Android、Android Studio 和 Gradle 等几个基本概念；

（2）了解 Android 应用程序中的布局文件 activity_main.xml、MainActivity.java 和 AndroidManifest.xml 的基本组成及其含义；

（3）学会下载和安装 Android Studio；

（4）熟悉 Android Studio 的组成结构；

（5）认识 Android 应用程序的样式和主题设置；

（6）学会启动 Android Studio 以及创建、运行 Android Studio 项目；

（7）学会 Android Studio 项目中的模块操作；

（8）学会 Android Studio 开发环境的个性化设置；

（9）学会将 Android Studio 项目打包生成 APK。

【教学方法】　任务驱动法，理论实践一体化，探究学习法，分组讨论法。

【课时建议】　6 课时。

【知识导读】

1.1　相关概念解释

1. Android

Android 一词的本义是指“机器人”，同时也是 Google 于 2007 年 11 月 5 日推出的基于 Linux 平台的开源手机操作系统的名称，该平台由操作系统、中间件、用户界面和应用软件组成。Android 是一种基于 Linux 的自由及开放源代码的操作系统。Android 操作系统最初由 Andy Rubin 开发，主要支持手机，后来 Android 逐渐扩展到平板电脑及其他领域，如电视、数码相机、游戏机等。

Android 是一个完全开放的操作系统，开放的平台允许任何移动终端厂商加入 Android

联盟。显著的开放性使其拥有更多的开发者，随着用户和应用的日益丰富，一个崭新的平台也将很快走向成熟。由于 Android 的开放性，众多的厂商会推出千奇百怪、功能特色各异的多种产品。Android 应用程序具有系统资源占用少、系统运行速度快、个性化的操作界面、操作简单、有众多的软件提供给消费者下载等诸多优势。

Android 9.0 最早在 2018 年 1 月 25 日出现在 Google 官网上，随后，在 2018 年 8 月 7 日，Google 正式推出 Android 9.0 的正式版。与上一版本相比，此次 Android 9.0 的新增功能包括：统一推送升级，深度集成 Project Treble 模式，更加封闭，原生支持通话录音等。

2. Android Studio

Android Studio 是 Google 开发的一款面向 Android 开发者的 IDE（Integrated Development Environment，集成开发环境），支持 Windows、Mac、Linux 等操作系统，基于 Java 语言集成开发环境 IntelliJ 搭建而成。Android Studio 是一项全新的基于 IntelliJ IDEA 的官方 Android 应用开发集成开发环境（IDE），提供了集成的 Android 开发工具用于开发和调试。Android Studio 是一款性能良好的 Android 应用开发工具，除了 IntelliJ 强大的代码编辑器和开发者工具，Android Studio 还提供了很多可提高 Android 应用构建效率的功能。

Android Studio 在 2013 年 5 月的 Google I/O 开发者大会上首次露面，之后推出了若干个测试版，直到 2014 年 12 月 8 日，Google 终于正式发布了面向 Android 开发者的集成开发环境 Android Studio 1.0 稳定版。2015 年 5 月 29 日，在 Google 的 I/O 开发者大会上，发布了 Android Studio 1.3 版，Android Studio 1.3 版使代码编写变得更加容易，速度提升，而且支持 C++编辑和查错功能。2018 年在 Google 的 I/O 开发者大会上，发布了 Android Studio 3.2 版，该版本带来了一系列的新功能，如支持 Android P 开发预览版、新的 Android App Bundle，以及 Android Jetpack。

Android Studio 3.2 新增了 20 个主要功能，其中包括：

（1）开发方面新增的主要功能。新增了导航编辑器、AndroidX 重构、样本数据、更新 Material Design、Android Slices、编辑 CMakeList、新的 Lint 检查、IntelliJ 平台更新等功能。

（2）构建方面新增的主要功能。新增了 Android App Bundle、D8 Desugaring、R8 优化器等功能。

（3）测试方面新增的主要功能。新增了 Android 模拟器快照、Android 模拟器中的屏幕记录、虚拟场景 Android 模拟器相机、ADB 连接助理等功能。

（4）优化方面新增的主要功能。新增了性能分析器、系统跟踪、分析器会话、自动的 CPU 记录、JNI 引用跟踪等功能。

Android Studio 3.2 预览版官方公布的下载地址为：

https://developer.android.google.cn/studio/

3. Gradle

Gradle 以 Groovy 语言为基础，面向 Java 应用为主。它抛弃了基于 XML 的各种烦琐配置，是基于 DSL（领域特定语言）语法的自动化构建工具。Gradle 可以用于 Android 开发的新一代的 Build System，也是 Android Studio 默认的 build 工具。因为 Groovy 是 JVM 语言，所以可以使用大部分的 Java 语言库。所谓 DSL 就是专门针对 Android 开发的插件，例如标准 Gradle 之外的一些新的方法（Method）、闭包（Closure）等。由于 Gradle 的语法足够简洁，而且可以使用大部分的 Java 包，因此当之无愧地成为了新一代 Build System。

使用 Android Studio 新建一个项目后，默认会生成两个 build.gradle 文件，一个位于项目根目录，一个位于 app 目录下。还有另外一个文件 settings.gradle。根目录下的脚本文件是针对 module 的全局配置，它的作用域所包含的所有 module 是通过 settings.gradle 来配置的。app 文件夹就是一个 module，如果在当前项目中添加了一个新的 module，就需要在 settings.gradle 文件中包含这个新的 module。

4. APK

APK（Android Package 的缩写）是 Android 应用程序的安装包（*.apk），类似 Symbian sis 或 sisx 的文件格式。通过将 APK 文件直接传到 Android 模拟器或 Android 手机中执行即可安装。APK 文件和 sis 一样，把 Android SDK 编译的项目打包成一个安装程序文件，格式为.apk。APK 文件其实是 zip 格式，但后缀名被修改为.apk，通过 UnZip 解压后，可以看到 Dex 文件。Dex 是 Dalvik VM executes 的简称，即 Android Dalvik 执行程序，并非 Java ME 的字节码，而是 Dalvik 字节码。

1.2 Android 的体系结构

英文版 Android 体系结构如图 1-1 所示，中文版 Android 体系结构如图 1-2 所示。

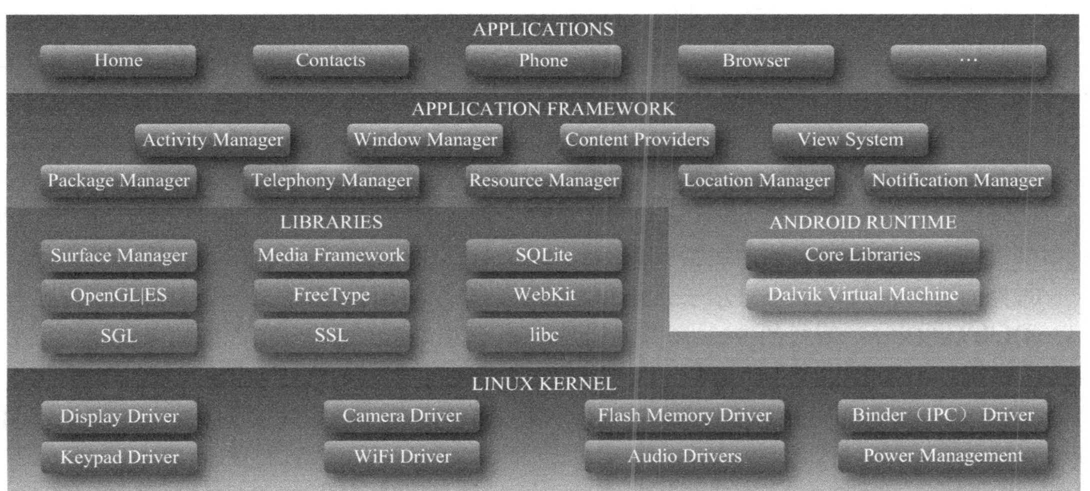

图 1-1 英文版 Android 体系结构

由图 1-1 和图 1-2 可以明显地看出，Android 体系结构由 5 部分组成，分别是 Linux Kernel、Android Runtime、Libraries、Application Framework、Applications。

（1）Linux Kernel（Linux 内核）。Android 基于 Linux 2.6 提供核心系统服务，例如安全管理、内存管理、进程管理、网络堆栈、驱动模型等。Linux Kernel 也作为硬件和软件之间的抽象层，它隐藏具体硬件细节而为上层提供统一的服务。

（2）Android Runtime（Android 运行时）。Android 包含一个核心库的集合，提供大部分在 Java 编程语言核心类库中可用的功能。每一个 Android 应用程序都是 Dalvik 虚拟器中的实例，运行在它们自己的进程中。Dalvik 虚拟器设计成在一个设备中可以高效地运行多个虚拟器。Dalvik 虚拟器可执行文件格式是 dex，dex 格式是专为 Dalvik 设计的一种压缩格式，适合内存和处理器速度有限的系统。

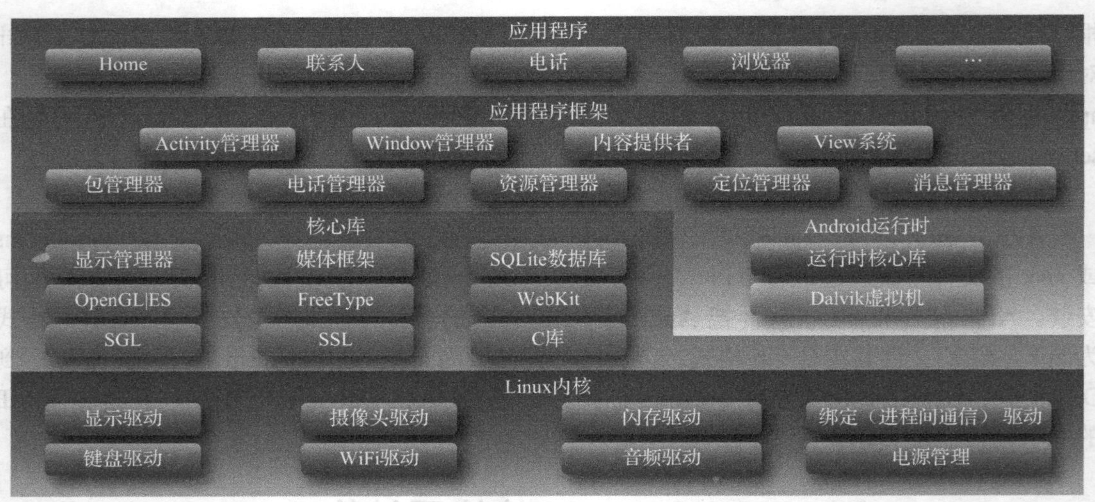

图 1-2　中文版 Android 体系结构

大多数虚拟器包括 JVM 都是基于栈的，而 Dalvik 虚拟器则是基于寄存器的，Dalvik 虚拟器依赖于 Linux 内核提供基本功能，例如线程和底层内存管理。

（3）Libraries（核心库）。Android 包含一个 C/C++库的集合，供 Android 系统的各个控件使用。这些功能通过 Android 的应用程序框架（Application Framework）提供给开发者。下面列出了一些核心库：

①系统 C 库：标准 C 系统库（libc）的 BSD 衍生，基于嵌入式 Linux 设备。

②媒体库：基于 PacketVideo 的 OpenCORE。这些库支持播放和录制许多流行的音频和视频格式以及静态图像文件，包括 MPEG4、H.264、MP3、AAC、AMR、JPG、PNG 等。

③界面管理：管理访问显示子系统和无缝组合多个应用程序的二维和三维图形层。

④LibWebCore：新式的 Web 浏览器引擎，驱动 Android 浏览器和内嵌的 Web 视图。

⑤SGL：基本的 2D 图形引擎。

⑥3D 库：基于 OpenGL ES 1.0 APIs 的实现，库使用硬件 3D 加速或包含高度优化的 3D 软件光栅。

⑦FreeType：位图和矢量字体渲染。

⑧SQLite：所有应用程序都可以使用的强大而轻量级的关系数据库引擎。

（4）Application Framework（应用程序框架）。通过提供开放的开发平台，Android 使开发者能够编写极其丰富和新颖的应用程序。开发者可以自由地利用设备硬件优势、访问位置信息、运行后台服务、设置闹钟、向状态栏添加通知等。

开发者可以完全使用核心应用程序所使用的框架 APIs。应用程序的体系结构旨在简化控件的重用，任何应用程序都能发布它的功能且任何其他应用程序可以使用这些功能，但需要服从框架执行的安全限制。

所有的应用程序其实是一组服务和系统，主要包括：

①视图（View）：丰富的、可扩展的视图集合，可用于构建一个应用程序，包括列表、网格、文本框、按钮，甚至是内嵌的网页浏览器。

②内容提供者（ContentProviders）：使应用程序能访问其他应用程序的数据，或共享自己的数据。

③资源管理器（Resource Manager）：提供访问非代码资源，如本地化字符串、图形和布局文件等。

④通知管理器（Notification Manager）：使所有的应用程序能够在状态栏显示自定义警告。

⑤活动管理器（Activity Manager）：管理应用程序生命周期，提供通用的导航回退功能。

（5）Applications（应用程序）。Android 装配一个核心应用程序集合，包括电子邮件客户端、SMS 程序、日历、地图、浏览器、联系人和其他设置。所有应用程序都是用 Java 语言编写的。

由以上分析可知，Android 的架构是分层的，分工很明确。Android 本身是一套“软件堆叠（Software Stack）”，或称为“软件叠层架构”，叠层主要分成三层：操作系统、中间件和应用程序。

1.3　设置 JDK 或者 Android SDK 路径

有时运行 Android Studio 会提醒 Android SDK 或者 JDK 不存在，此时需要重新设置，设置方法如下：

在 Android Studio 主窗口中依次选择命令【File】→【Other Settings】→【Default Project Structure】，打开【Project Structure】对话框，在该对话框中设置 Android SDK 和 JDK 的路径，如图 1-3 所示。

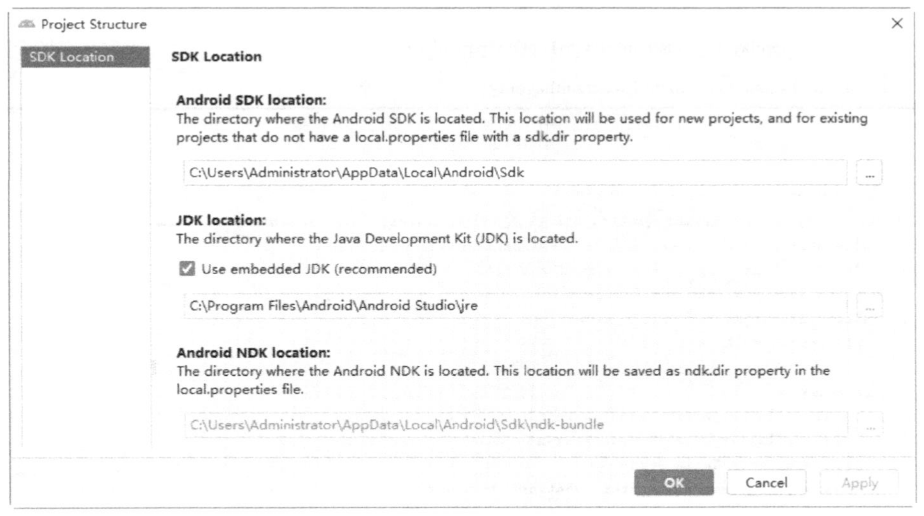

图 1-3　【Project Structure】对话框

1.4　关于 Android 应用程序中的布局文件 activity_main.xml

在 Android 应用程序中，界面是通过布局文件设定的，布局文件采用 XML 格式。每一个 Android 项目成功创建后，默认生成一个布局文件 activity_main.xml，该文件位于项目的 res\layout 文件夹中，其默认代码如表 1-1 所示。打开该布局文件可以看到一个布局文件窗口，如图 1-4 所示。

表 1-1 activity_main.xml 文件中默认生成的代码

序 号	代 码
01	<?xml version="1.0" encoding="utf-8"?>
02	<android.support.constraint.ConstraintLayout
03	xmlns:android="http://schemas.android.com/apk/res/android"
04	xmlns:app="http://schemas.android.com/apk/res-auto"
05	xmlns:tools="http://schemas.android.com/tools"
06	android:layout_width="match_parent"
07	android:layout_height="match_parent"
08	tools:context=".MainActivity">
09	<TextView
10	android:layout_width="wrap_content"
11	android:layout_height="wrap_content"
12	android:text="Hello World!"
13	app:layout_constraintBottom_toBottomOf="parent"
14	app:layout_constraintLeft_toLeftOf="parent"
15	app:layout_constraintRight_toRightOf="parent"
16	app:layout_constraintTop_toTopOf="parent" />
17	</android.support.constraint.ConstraintLayout>

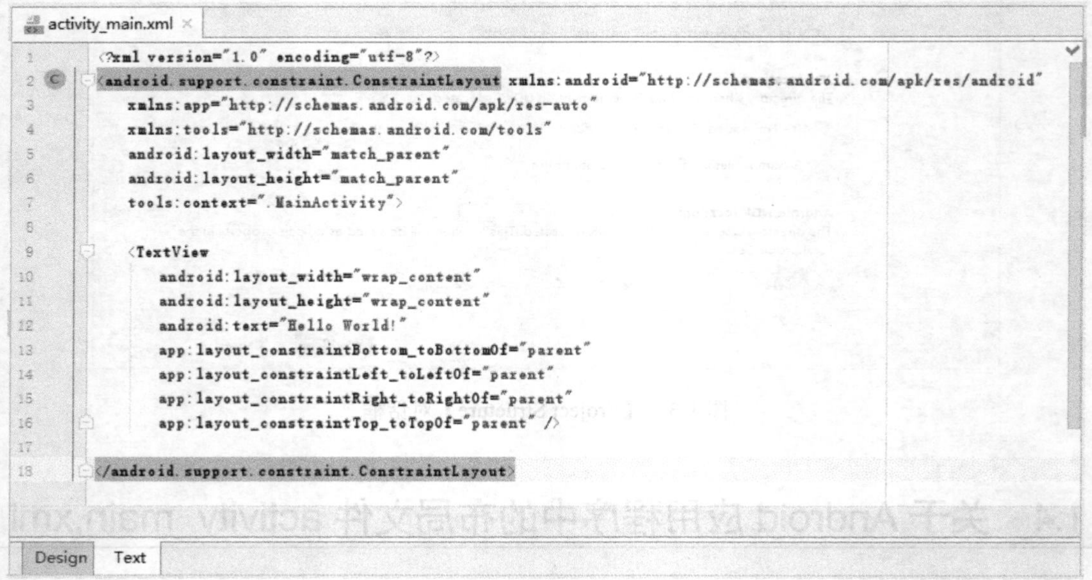

图 1-4 布局文件窗口

从图 1-4 可以看出，该布局文件窗口有两个选项卡，分别是【Design】和【Text】，其中【Design】选项卡是布局文件的图形化视图，如图 1-5 所示。在该图形化视图中，可以通过鼠标将 Palette 窗口中的控件直接拖动到界面中，让界面变得更加美观、友好。

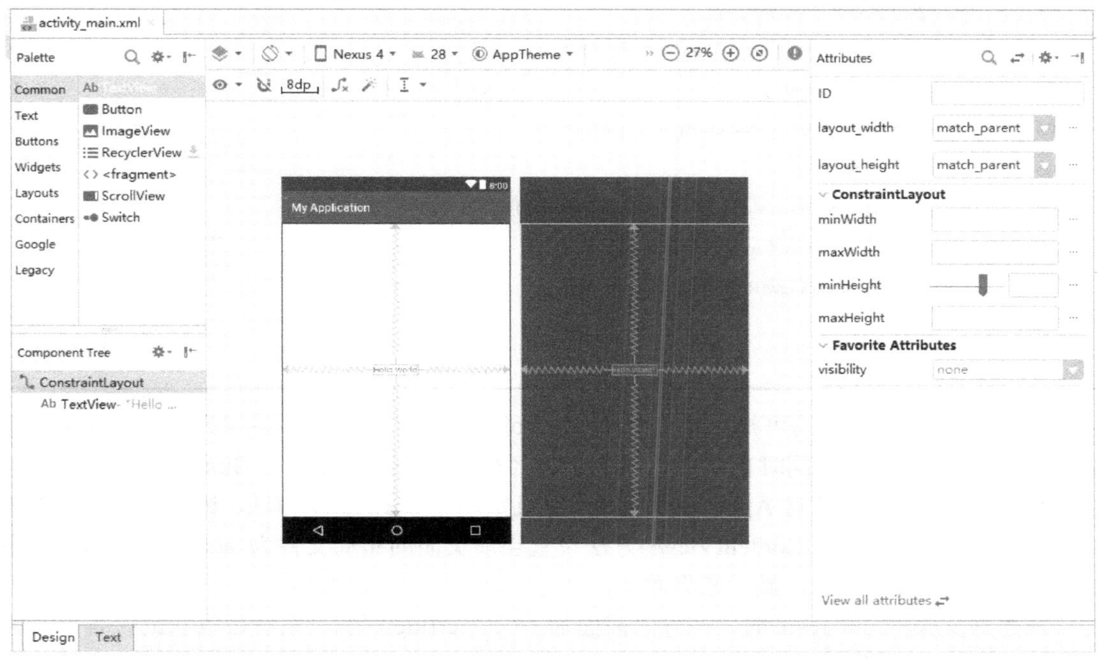

图 1-5　布局文件窗口的【Design】选项卡

从表 1-1 中布局文件 activity_main.xml 的代码可以看出，新建的 Android 程序默认的布局方式是约束布局（ConstraintLayout），该布局中包含一个文本控件（TextView）。要让布局文件或者控件能够显示在界面上，必须设置 ConstraintLayout 和控件的宽度及高度，通过 android:layout_width 和 android:layout_height 属性设置。宽度和高度的属性有以下几种设置方式：

- match_parent：表示将强制性扩展控件宽度至其父控件的宽度以显示全部内容。
- wrap_content：表示将强制地扩展控件宽度以显示全部内容，控件的宽度会根据需要显示的内容进行调整，显示的内容多则控件宽，显示的内容少则控件窄。以 TextView 控件为例，设置为 wrap_content 将完整显示其内全部文本。

【注意】 fill_parent 和 match_parent 的含义相同，只不过 match_parent 更为贴切，从 Android 2.2 开始两个词都可以使用，但 Google 推荐使用 match_parent，Android 2.2 版本以下只支持使用 fill_parent。

1.5　关于 MainActivity.java 文件

每个 Android 项目创建成功后，都会默认生成一个 Activity 文件 MainActivity.java，该文件位于项目的 java 文件夹的包文件夹中，主要用于实现界面的交互功能。

MainActivity.java 文件中默认生成的代码如表 1-2 所示。

表 1-2 MainActivity.java 文件中默认生成的初始代码

```
package com.example.app0102;
import android.support.v7.app.AppCompatActivity;
import android.os.Bundle;
public class MainActivity extends AppCompatActivity {
    @Override
    protected void onCreate(Bundle savedInstanceState) {
        super.onCreate(savedInstanceState);
        setContentView(R.layout.activity_main);
    }
}
```

由表 1-2 所示的代码可知，新建一个 Android Studio 项目时，系统为我们生成了一个 MainActivity.java 文件，同时自动导入了 2 个类（AppCompatActivity、Bundle）。

MainActivity 类继承自 AppCompatActivity 且重写了 onCreate()方法，该方法调用父类的 onCreate()方法，调用 setContentView()方法设置当前页面的布局文件为 activity_main，将布局文件转换成 View 对象，显示在界面上。

在重写父类的 onCreate 时，在方法前面加上@Override 标识，系统可以帮助检查方法的正确性。例如，public void onCreate(Bundle savedInstanceState){……}这种写法是正确的，如果写成 public void oncreate(Bundle savedInstanceState){……}，则编译器会输出如下提示信息：The method oncreate(Bundle) of type HelloWorld must override or implement a supertype method，以确保正确重写 onCreate 方法，因为 oncreate 应该为 onCreate。如果不加@Override 标识，则编译器将不会检测出错误，而是会认为新定义了一个方法 oncreate。

android.support.v7.app 为 AppCompatActivity 类的包名称，该包中提供了高层的程序模型和基本的运行环境所需的类和接口。几乎所有的活动（activities）都是与用户交互的，Activity 类用于创建窗口，可以使用方法 setContentView(View)将 UI 放到窗口中。然而活动通常以全屏的方式展示给用户，也可以是浮动窗口或嵌入在另外一个活动中。

以下两个方法是几乎所有的 Activity 子类都实现的：

- onCreate(Bundle)：初始化活动（Activity），在这个方法中通常调用 setContentView()方法定义 UI，调用 findViewById()方法在 UI 中检索需要交互的小部件（widgets）。setContentView 设置由哪个文件作为布局文件（activity_main.xml），可以将这个界面显示出来，然后我们进行相关操作。
- onPause()：处理离开活动时要做的事情，用户做的所有改变应该在这里提交。

1.6 关于 AndroidManifest.xml 文件

文件 AndroidManifest.xml 是 Android Studio 项目的全局配置文件，是 Android 应用程序中最重要的文件之一，是每个 Android 程序中必需的文件，记录应用程序中所使用的各种控件。该文件提供了 Android 系统所需要的关于该应用程序的必要信息，即在该应用程序的任何代码运行之前系统所必须拥有的信息。另外，当新添加一个 Activity 的时候，也需要在这个文件中进行相应配置，只有配置好后，才能调用此 Activity。

AndroidManifest.xml 文件位于“manifests”文件夹中，其结构、元素以及元素的属性等方面的主要规则说明如下：

（1）元素。在所有的元素中，只有<manifest>和<application>是必需的，且只能出现一次。如果一个元素包含有其他子元素，则必须通过子元素的属性来设置其值。处于同一层次的元素，这些元素的说明是没有顺序的。

（2）属性。按照常理，所有的属性都是可选的，但是有些属性是必须设置的。那些真正可选的属性，即使不存在，其也有默认的数值项说明。除了根元素<manifest>的属性，所有其他元素属性的名字都是以 android:作为前缀的。

（3）定义类名。所有的元素名都对应其在 SDK 中的类名。如果自定义类名，则必须包含类的包名称；如果类与 application 处于同一数据包中，则可以直接简写为“.”。

（4）多数值项。如果某个元素有超过一个数值，则这个元素必须通过重复的方式来说明其某个属性具有多个数值项，且不能将多个数值项一次性说明在一个属性中。

（5）资源项说明。当需要引用某个资源时，其采用如下格式：@[package:]type:name。例如，<activity android:icon= "@drawable/icon " >。

（6）字符串值。如果字符中包含有“\”，则必须使用转义字符“\\”。

AndroidManifest.xml 文件中的通常设置如表 1-3 所示。

表 1-3　AndroidManifest.xml 文件中的通常设置

属性名称	含义	取值
android:launchMode	启动模式	standard、singleTop、singleTask、singleInstance
android:screenOrientation	屏幕	landscape（横屏）、portrait（竖屏）
android:label	标题名称	直接写字符，或引用 XML 文件中的@string
android:name	Activity 类名	通常 package 加 name 等于 Activity 类带包名的全称

AndroidManifest.xml 文件默认生成的代码如表 1-4 所示。

表 1-4　AndroidManifest.xml 文件默认生成的代码

```
<?xml version="1.0" encoding="utf-8"?>
<manifest xmlns:android="http://schemas.android.com/apk/res/android"
    package="com.example.app0101" >
    <application
        android:allowBackup="true"
        android:icon="@mipmap/ic_launcher"
        android:label="@string/app_name"
        android:roundIcon="@mipmap/ic_launcher_round"
        android:supportsRtl="true"
```

续表

序　号	代　　码
10	android:theme="@style/AppTheme" >
11	<activity android:name=".MainActivity" >
12	<intent-filter>
13	<action android:name="android.intent.action.MAIN" />
14	<category android:name="android.intent.category.LAUNCHER" />
15	</intent-filter>
16	</activity>
17	</application>
18	</manifest>

AndroidManifest.xml 文件各层结点解析如下：

（1）第一层（manifest）的主要属性。

```
<manifest xmlns:android="http://schemas.android.com/apk/res/android"
        package="com.example.app0101" >
        ……
</manifest>
```

xmlns:android 定义 Android 命名空间，一般为 http://schemas.android.com/apk/res/android，这样使得 Android 中各种标准属性能在文件中使用，提供了大部分元素中的数据。

package 指定本应用程序内 Java 主程序包的包名，它也是一个应用进程的默认名称。

（2）第二层（application）的主要属性。

```
<application
        android:allowBackup="true"
        android:icon="@mipmap/ic_launcher"
        android:label="@string/app_name"
        android:roundIcon="@mipmap/ic_launcher_round"
        android:supportsRtl="true"
        android:theme="@style/AppTheme" >
    ……
</application>
```

一个 AndroidManifest.xml 中必须含有一个<application>标签，这个标签声明了每一个应用程序的控件及其属性，例如 icon、label、permission 等。

android:allowBackup 设置应用程序是否可以通过 adb 命令备份整个应用的数据。

android:icon 声明应用程序的图标，图片一般都放在 drawable 文件夹下，Android 智能终端中看到的图标就是该属性指定的。

android:label 给当前的 ViewGroup 设置一个标签。

android:theme 给所有的 activity 定义了一个默认的主题风格，当然也可以在自己的 theme 里面去设置它，与网页中的 style 有点类似。

（3）第三层（activity）的主要属性。

```
<activity android:name=".MainActivity" >
```

```
</activity>
```

<activity>标签位于<application>标签下方，一个应用程序可以有多个 Activity，因此可能会出现多个<activity>标签，该标签也包含很多信息。

android:name 用于指定 Activity 类的名称，例如 com.example.App0102.MainActivity。

android:label 用于指定应用程序在桌面上的名称和主<activity>的 title。

<activity>和<application>里都可以设置 android:label 标签，<activity>的优先级高于<application>，也就是说两者都设置这个标签的话，<activity>设置的 label 值将覆盖<application>设置的值。

当<application>里设置了此标签，其他<activity>没有设置的情况下，则应用程序在桌面上的名字和所有 activity 的 title 都是这个设置的标签。

当<application>里设置了此标签，主<activity>中也设置了此标签，则应用程序名和主<activity>的 title 都是主<activity>中设置的标签。其他非主<activity>的 title 如果没有自己设置此标签，则还是使用<application>中设置的标签；如果其他非主<activity>也设置了此标签，则其 title 就是自己设置的这个标签。

（4）第四层（intent-filter）的主要属性。

```
<intent-filter>
    <action android:name="android.intent.action.MAIN" />
    <category android:name="android.intent.category.LAUNCHER" />
```

</intent-filter>常见的 android:name 值为 android.intent.action.MAIN，表明该 activity 是作为应用程序的入口，当应用程序存在多个 Activity 时，该属性决定了哪个 Activity 最先被启动。

常见的 android:name 值为 android.intent.category.LAUNCHER，表示应用程序在上层的启动程序列表里显示。

1.7　Android 应用程序的样式和主题设置

Android 应用程序的样式设置包括样式定义、设置单个控件样式、全局样式设置、样式继承关系等。

1．样式定义

Android 的样式定义在 res/values/styles.xml 文件中，类似 Web 网页中将样式定义在某个 CSS 文件中，但 Android 的 styles.xml 是自动加载的，不需要手动 import 或 link。

如下所示的代码是一组样式的定义：

```
<resources>
    <!-- Base application theme. -->
    <style name="AppTheme" parent="Theme.AppCompat.Light.DarkActionBar">
        <!-- Customize your theme here. -->
        <item name="colorPrimary">@color/colorPrimary</item>
        <item name="colorPrimaryDark">@color/colorPrimaryDark</item>
        <item name="colorAccent">@color/colorAccent</item>
    </style>
```

```
</resources>
```

Android 的样式定义是通过<style>标签完成的，通过添加 item 元素设置不同的属性值。

2. 设置单个控件样式

对于 TextView，样式设置的代码如下：

```
<TextView android:text="OK"
    android:layout_width="match_parent"
    android:layout_height="wrap_content"
    android:textSize="18px"
    android:textColor="#0000CC" />
```

也可以引用前面定义的样式，代码如下：

```
<TextView android:text="OK"
    android:layout_width="match_parent"
    android:layout_height="wrap_content"
    style="@style/DefaultStyle" />
```

可通过设置控件的 style 属性进行样式调用，推荐使用此种方式将样式和布局分离。

3. 全局样式设置

在 Web 前端编程中，可以使用 CSS 样式文件设置全局的样式，也可以设置单个标签的样式。Android 中我们同样可以办到，只是这种全局样式被称作主题 theme。例如，对于整个应用默认字体都要 18px，颜色为#0000CC，背景色为#F2F2F2，我们可以通过在 AndroidManifest.xml 中设置<application>的 android:theme 属性来完成，代码如下：

```
android:theme="@style/AppTheme"
```

引用主题样式使用 android:theme，主题的设置也可以在代码中通过 setTheme(R.id.xx)完成。

4. 样式继承关系

Android 的样式采取和 CSS 中一样的覆盖、继承原则，这与面向对象的子类覆盖父类属性、继承没有定义的父类属性值的原则是一样的。

如果一个 TextView 自己设置了样式，它的 ViewGroup 设置了样式，activity 设置了主题，application 设置了主题，那么它会先读取自己样式的值，对于自己没有的样式则向上查找，第一个找到的值即为要采取的值。依次读取的顺序为 View 自己的样式→上一层 ViewGroup 的属性值→上上层 ViewGroup 的属性值→…→activity 主题→activity 主题。

1.8 关于 Android 系统的包

Android 提供了扩展的 Java 类库，类库分为若干个包，每个包中包含若干个类。

新建一个 Android Studio 项目时，会默认生成一个 Activity 文件 MainActivity.java，该文件中自动导入了 2 个类（AppCompatActivity 和 Bundle），代码如下：

```
import android.support.v7.app.AppCompatActivity;
import android.os.Bundle;
```

在 Android 中，各种包写成 android.*的方式，重要包的描述如下：

android.app：提供高层的程序模型，提供基本的运行环境。

android.os：提供系统服务、消息传输和IPC机制。

android.view：提供基础的用户界面接口框架。

android.content：包含各种对设备上的数据进行访问和发布的类。

android.database：通过内容提供者浏览和操作数据库。

android.graphics：提供底层的图形库，包含画布、颜色过滤、点、矩形，可以将它们直接绘制到屏幕上。

android.location：提供定位和相关服务的类。

android.media：提供一些类，管理多种音频、视频的媒体接口。

android.net：提供帮助网络访问的类。

android.opengl：提供OpenGL的工具。

android.provider：提供类访问Android的内容提供者。

android.telephony：提供与拨打电话相关的API交互。

android.util：提供涉及工具性的方法，例如时间日期的操作。

android.webkit：提供默认浏览器操作接口。

android.widget：包含各种UI元素（大部分是可见的）在应用程序的屏幕中使用的类。

本书各单元的各项任务中各个类及相关包的引用详见附录B。

1.9 相关问题剖析

1．如何区分Android Studio中的Project和Module?

在Android Studio中，Project的真实含义是工作空间，Module为一个具体的项目。Module是“一种独立的功能单元，可以运行、测试并且独立调试”，和Eclipse Project的概念有点像。Android Studio中的Project是Eclipse中Workspace的意思，Eclipse中的Project在Android Studio中是一个Module。

每一个Module需要有属于自己的Gradle build file（当新建一个Module时会自动生成，当导入一个Eclipse项目时则需自己创建）。这些Gradle文件包含了一些很重要的内容。

在Eclipse中，可以对多个Project同时进行编辑，这些Project在同一个Workspace之中。在Android Studio中，可以对多个Module同时进行编辑，这些Module在同一个Project之中。

Android Studio创建项目的过程，其实就是Eclipse创建项目过程的细分化。Eclipse在一个页面设置许多内容，Android Studio则拆分成了多个页面，因此，创建项目的过程其实并不复杂。

2．Android程序如何获取界面上的控件并在窗口中显示？

（1）在activity_main.xml配置文件中，为界面上的控件增加android:id属性，代码如下：

```
<TextView
    android:id="@+id/device_id"
    ......        />
```

（2）在Activity类中通过findViewById()方法获取对应的android:id。获取activity_main.xml中配置的控件的代码如下：

```
TextView tv = (TextView)findViewById(R.id.device_id);
```

如果想让布局文件显示在当前窗口中，需要在 MainActivity 中的 onCreate()方法中通过代码“setContentView(R.layout.布局文件名称);”将布局文件加载到 View 对象中。这样当程序运行时，才能在界面看到编写好的布局。

【注意】 这里我们给这个 TextView 赋了一个 id 值：android:id="@+id/device_id"。这里的“@+id”表示创建一个新的 id 值，这时候 Android 平台开发的 aapt 工具（Android Asset Packaging Tool）就会帮我们生成一个字段值，让我们可以通过 R.id. device_id 来查找出这个对象。如果是“@id”，则表示这个是对 id 值的引用，aapt 工具不会帮我们生成一个字段值来获取这个 id。

3. 在 Android 的布局文件 activity_main. xml 中“@+id/username”与“@id/username”两者有何区别？

分析如下所示的布局文件 activity_main.xml 的代码：

```
<TextView
        android:id="@+id/xyz"
        android:layout_width="wrap_content"
        android:layout_height="wrap_content"
        android:text="@string/hello_world" />
```

其中包含了代码 android:id="@+id/xyz"和 android:text="@string/hello_world"。

Android 中的控件需要用一个 int 类型的值来表示，这个值也就是控件标签中的 id 属性值。id 属性只能接受资源类型的值，也就是必须以@开头的值，例如@id/abc、@+id/xyz 等。如果在@后面使用“+”，表示当修改完某个布局文件并保存后，系统会自动在 R.java 文件中生成相应的 int 类型变量，变量名就是“/”后面的值。例如，@+id/xyz 会在 R.java 文件中生成 int xyz = value，其中 value 是一个十六进制的数。如果 xyz 在 R.java 中已经存在同名的变量，就不再生成新的变量，而该控件会使用这个已存在的变量的值。也就是说，如果使用@+id/name 形式，当 R.java 中存在名为 name 的变量时，则该控件会使用该变量的值作为标识；如果不存在该变量，则添加一个新的变量，并为该变量赋相应的值（不会重复）。android:id="@id/xyz"表示 TextView 的 id 是 xyz，然后就可以通过 findViewById(R.id.xyz)获得一个 TextView 对象。

android:text="@string/hello_world"说明在 res 目录下建立了一个名为 string 的 xml 文件，其中包含一个名为 hello_world（其值可以是任意的一段话）的 string 数组。这句话的意思就是将本 TextView 的内容设置为 hello_world 所代表的值。

【任务实战】

【任务 1-1】 下载和安装 Android Studio

【任务描述】

从网上下载最新版本的 Android Studio，然后进行正确安装。

【知识索引】

（1）JDK 的下载、安装与配置。

（2）Android Studio 的下载与安装。

【实施过程】

1. 下载 Android Studio

（1）打开浏览器，输入网址 http://www.android-studio.org/，进入 Android Studio 中文社区的主页。

（2）在 Android Studio 中文社区的主页中选择最新版本的 Android Studio，这里选择的版本为 Android Studio V3.2.0，安装包大小为 923MB，如图 1-6 所示。

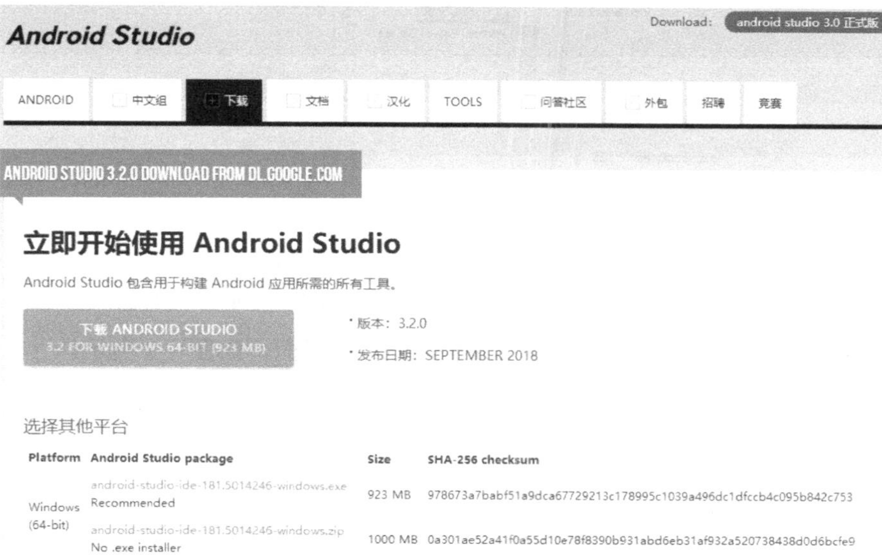

图 1-6 Android Studio 中文社区的主页

然后开始下载 Android Studio V3.2.0，等待一段时间后即可完成下载。

2. 安装 Android Studio

下载好安装包之后，双击安装文件 android-studio-ide-181.5014246-windows.exe，启动 Android Studio 安装向导，首先显示如图 1-7 所示的【Android Studio Setup】的欢迎界面。

图 1-7 【Android Studio Setup】的欢迎界面

单击【Next】按钮，进入“Choose Components”界面，如图 1-8 所示。在该界面中，第 1 个选项“Android Studio”为必选项；第 2 个选项“Android Virtual Device”为可选项。

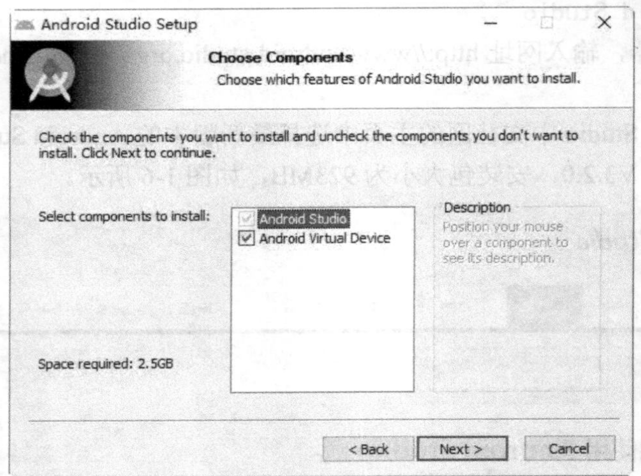

图 1-8 【Android Studio Setup】的“Choose Components”界面

单击【Next】按钮，进入“Configuration Settings”界面，如图 1-9 所示。

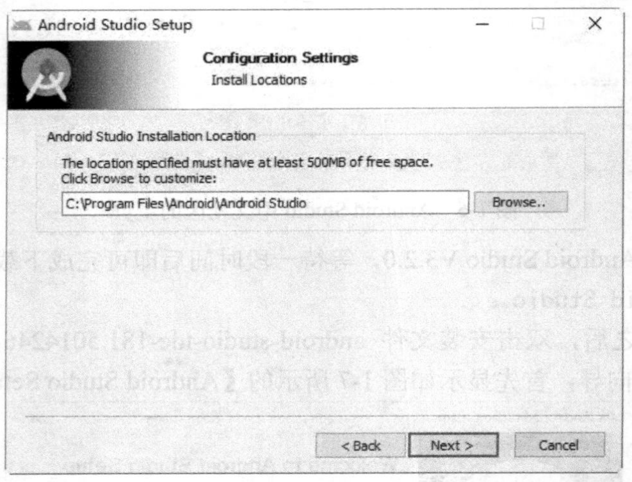

图 1-9 【Android Studio Setup】的“Configuration Settings”界面

在“Configuration Settings”界面，设置或输入 Android Studio 的安装文件夹。然后单击【Next】按钮，进入“Choose Start Menu Folder”界面，设置开始菜单位置和名称，如图 1-10 所示，这里采用默认设置。

单击【Install】按钮，开始安装 Android Studio Setup，安装进度如图 1-11 所示。

Android Studio 成功安装完成后，进入“Installation Complete”界面，单击【Show Details】按钮，可以显示其安装详情，如图 1-12 所示。

单击【Next】按钮，进入“Completing Android Studio Setup”界面，如图 1-13 所示，这里取消“Start Android Studio”前面的复选框选中状态，然后单击【Finish】按钮完成 Android Studio 的安装。

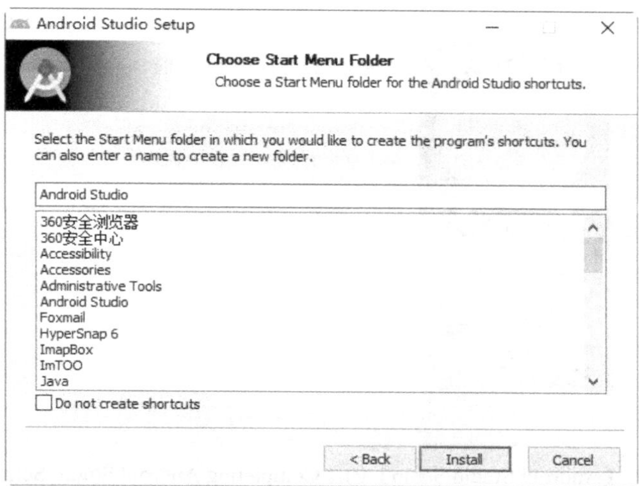

图 1-10 【Android Studio Setup】的“Choose Start Menu Folder”界面

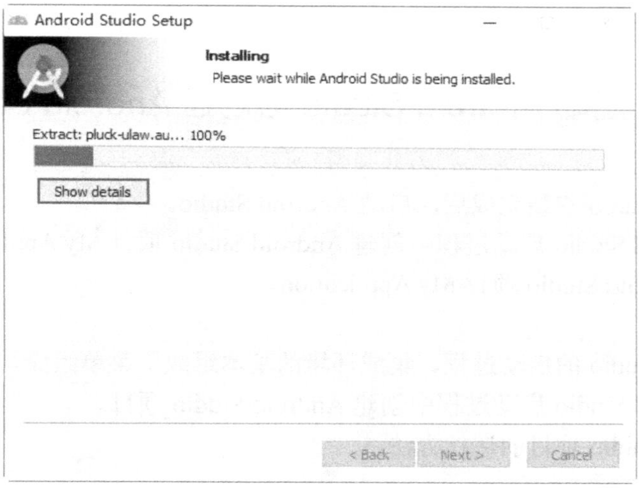

图 1-11 【Android Studio Setup】的“Installing”界面

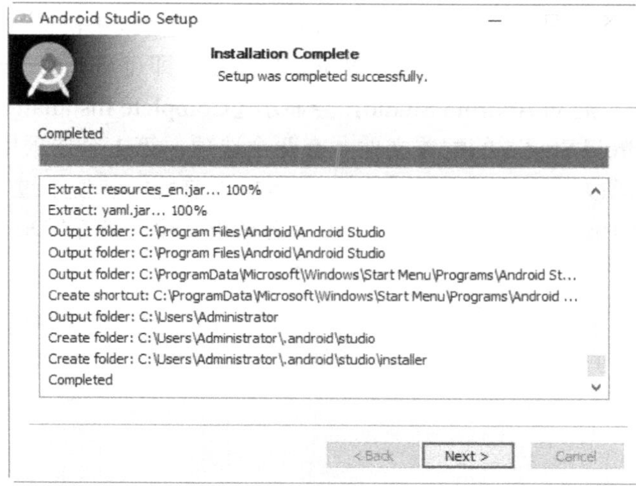

图 1-12 【Android Studio Setup】的“Installation Complete”界面（显示安装详情）

图 1-13 【Android Studio Setup】的“Completing Android Studio Setup”界面

至此，Android Studio 的安装完成了，但是还需要继续对其进行配置，将在【任务 1-2】中进行配置训练。

【任务 1-2】 启动 Android Studio 与创建 Android Studio 项目

【任务描述】

（1）Android Studio 安装完成后，启动 Android Studio。

（2）在 Android Studio 启动过程中创建 Android Studio 项目 My Application。

（3）运行 Android Studio 项目 My Application。

【知识索引】

（1）Android Studio 的启动过程、集成环境的基本组成、菜单组成与工具栏。

（2）在 Android Studio 启动过程中创建 Android Studio 项目。

（3）Android Studio 项目的运行方法。

【实施过程】

1. 启动 Android Studio

Android Studio 安装完成后，在 Windows 操作系统的桌面双击快捷方式【Android Studio】图标或者在【开始】菜单中选择【Android Studio】命令，即可启动 Android Studio。

安装完成后第一次启动 Android Studio，会显示【Complete Installation】对话框，该对话框用以选择导入 Android Studio 的配置文件，有两个选项：第 1 个选项用于导入以前版本的配置文件，第 2 个选项为不导入配置文件。如果本机以前曾安装使用过 Android Studio，可以选择以前的版本。如果是第一次安装使用，可以选择第 2 个单选钮“Do not import settings”，如图 1-14 所示。

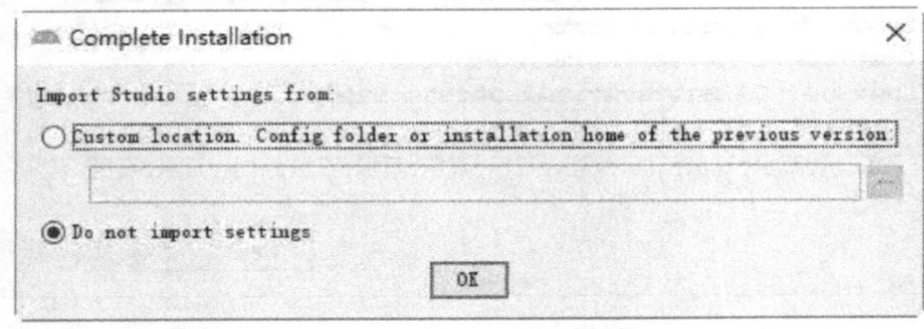

图 1-14 【Complete Installation】对话框

然后单击【OK】按钮，出现 Android Studio 的启动界面，如图 1-15 所示。

在启动的时候会弹出【Android Studio First Run】对话框，如图 1-16 所示。

图 1-15　Android Studio 的启动界面

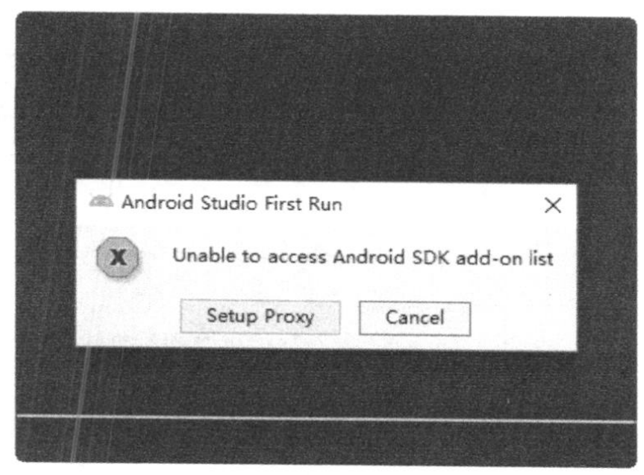

图 1-16　【Android Studio First Run】对话框

在【Android Studio First Run】对话框中单击【Cancel】按钮，开始检查并获取 Android SDK 控件信息，如图 1-17 所示。

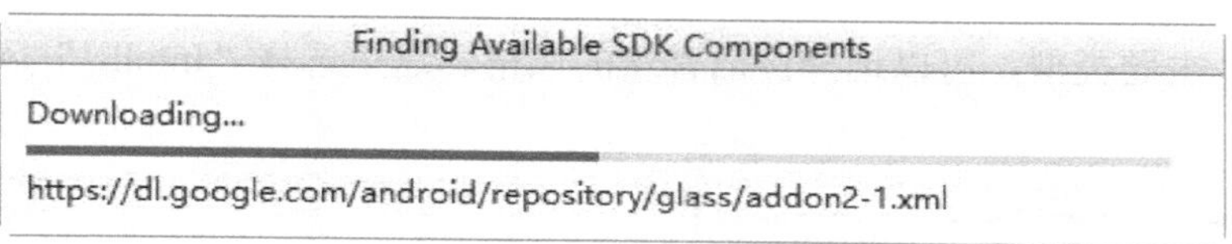

图 1-17　获取 Android SDK 控件信息

然后进入【Android Studio Setup Wizard】安装向导的“Welcome”界面，如图 1-18 所示。

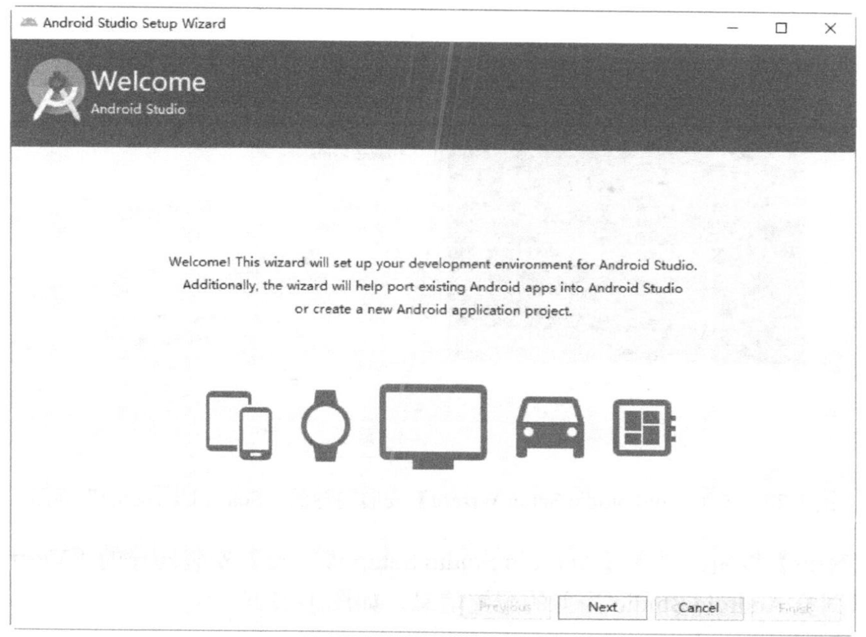

图 1-18　【Android Studio Setup Wizard】安装向导的“Welcome”界面

单击【next】按钮，进入【Android Studio Setup Wizard】安装向导的“Install Type”界面，选择安装类型，这里选择“Standard”单选钮，如图 1-19 所示。

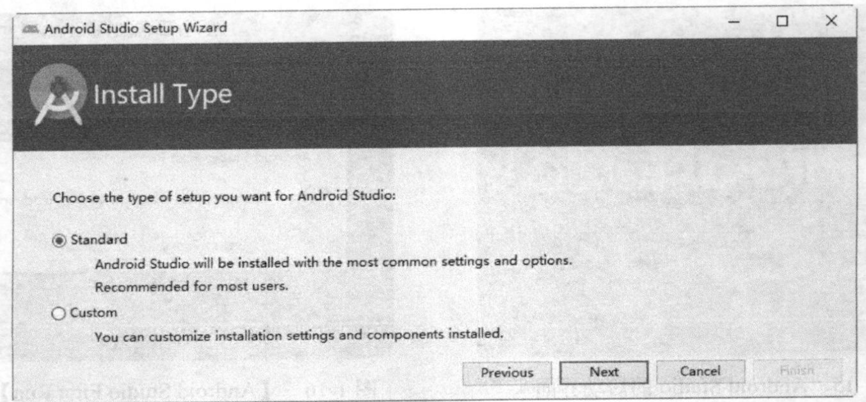

图 1-19 【Android Studio Setup Wizard】安装向导的“Install Type”界面

单击【Next】按钮，进入【Android Studio Setup Wizard】安装向导的“Select UI Theme”界面，选择 UI 主题类型，可以选择自己喜欢的风格，这里选择“IntelliJ”风格，如图 1-20 所示。

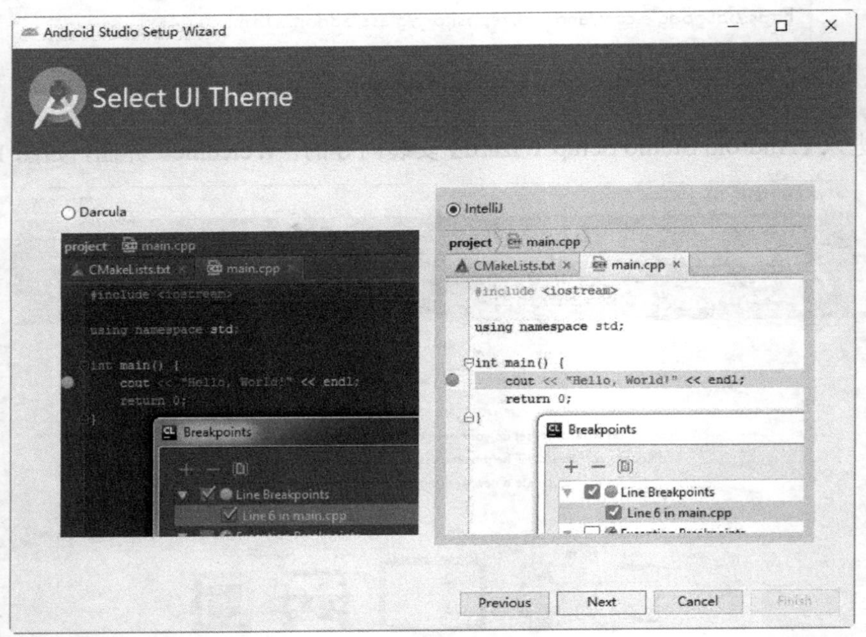

图 1-20 【Android Studio Setup Wizard】安装向导的“Select UI Theme”界面

单击【Next】按钮，进入【Android Studio Setup Wizard】安装向导的“Verify Settings”界面，可以浏览 Android Studio 当前的配置信息，如图 1-21 所示。

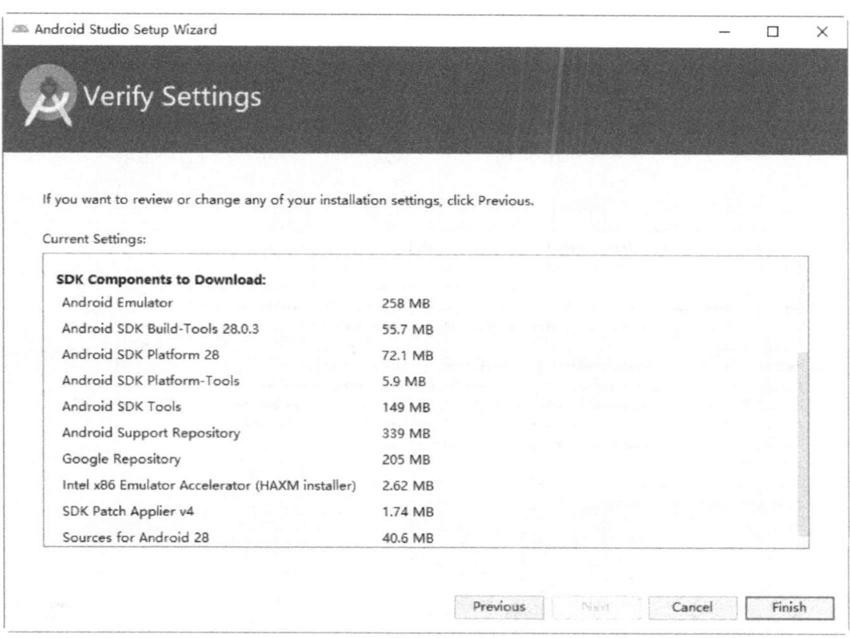

图 1-21 【Android Studio Setup Wizard】安装向导的“Verify Settings”界面

单击【Finish】按钮后，进入【Android Studio Setup Wizard】安装向导的“Downloading Components”界面，开始自动下载 SDK（注意：此时需要保证计算机联网），下载与安装的过程如图 1-22 所示。

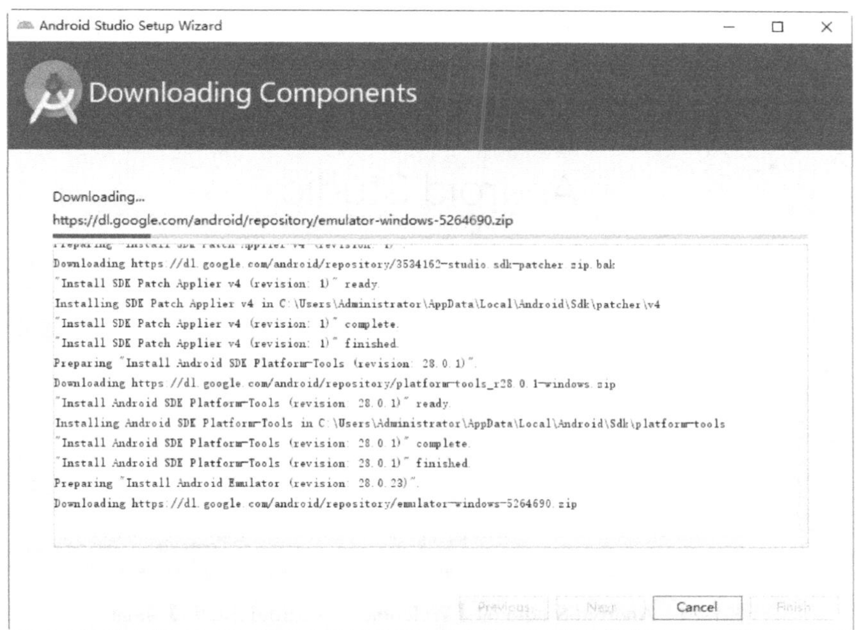

图 1-22 【Android Studio Setup Wizard】安装向导的“Downloading Components”界面

Android SDK 更新完毕后出现相关提示信息，如图 1-23 所示。

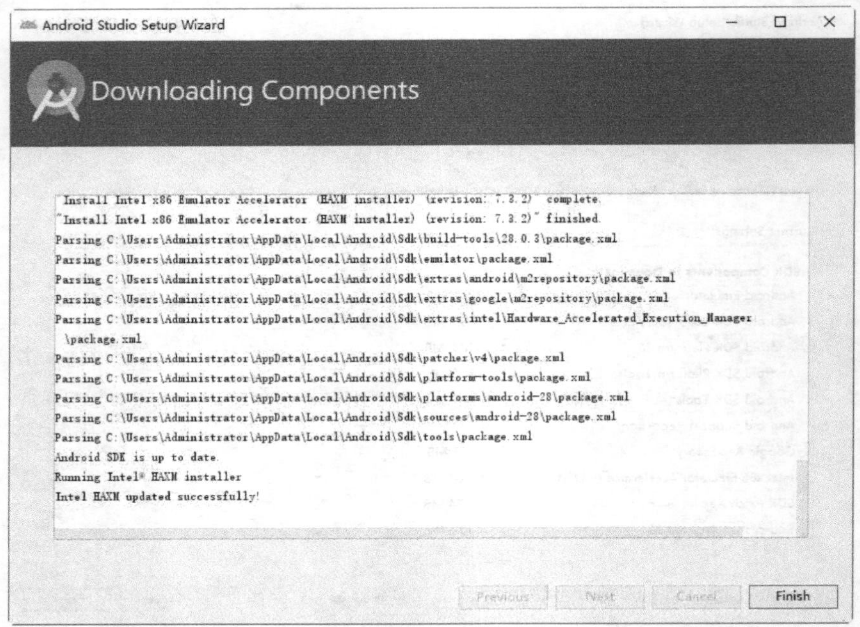

图 1-23　SDK 下载完成后出现相关提示信息

单击【Finish】按钮，进入 Android Studio 的【Welcome to Android Studio】对话框，如图 1-24 所示。

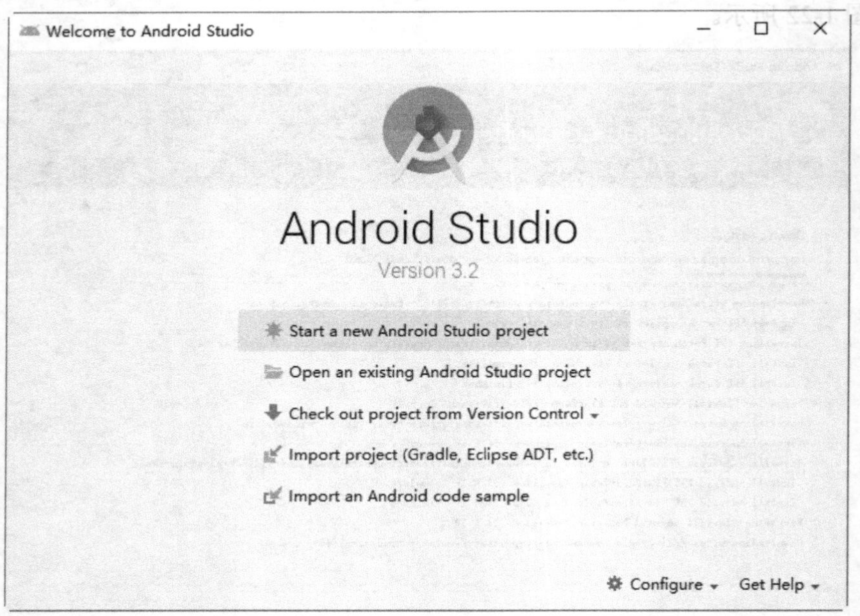

图 1-24　Android Studio 的【Welcome to Android Studio】界面

该对话框有多个选项，其功能介绍如下：

选项 1：创建一个 Android Studio 项目。

选项 2：打开一个 Android Studio 项目。

选项 3：从版本控制直接迁出，支持 CVS、SVN、Git、Mercurial，甚至 GitHub。

选项 4：导入非 Android Studio 项目，例如 Eclipse Android 项目、IDEA Android 项目。

选项 5：导入官方样例，会从网络上下载代码。

该界面的右下角还有两个选项：设置和帮助。

如果一些选项无法选择，说明本机的 Android SDK 或者 JDK 路径设置有问题，参考【知识导读】环节介绍的方法设置 Android SDK 或者 JDK 的路径。

2. 在 Android Studio 启动过程中创建 Android Studio 项目 My Application

接下来，我们开始创建第一个项目。单击图 1-24 中的【Start a new Android Studio project】按钮新建一个项目，进入【Create New Project】向导的“Create Android Project”界面。在“Application name（应用名称）”文本框中输入应用程序名称，它是 App 在设备上显示的应用程序名称，也是在 Android Studio Project 中的名称，这里输入“My Application”。在“Company domain（公司域名）”文本框中输入公司的网址，这里保留默认值“administrator.example.com”不变，这里的内容决定了项目的包名（Package name）。每一个 App 都有一个独立的包名，如果两个 App 的包名相同，Android 会认为它们是同一个 App，因此需要尽量保证不同的 App 拥有不同的包名。在“Project location（项目存放位置）”设置项目合适的保存位置，默认设置为“C:\Users\Administrator\AndroidStudioProjects\MyApplication”，这里保留默认值不变。输入或设置完成后如图 1-25 所示。

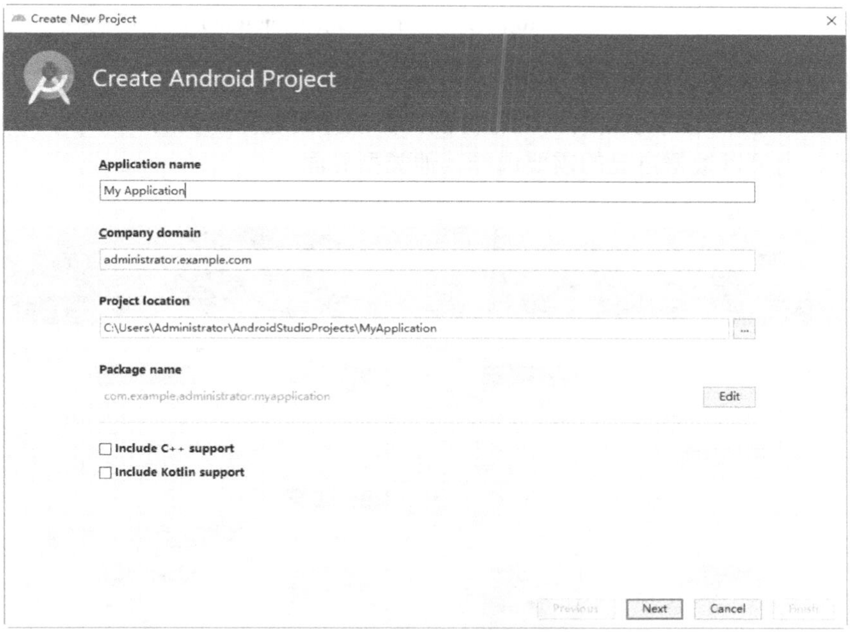

图 1-25　输入 Application name 等

单击【Next】按钮，进入【Create New Project】向导的“Target Android Devices”界面，在该界面选择复选框“Phone and Tablet”，如图 1-26 所示。

这里可以看到多个选项，默认的选择是“Phone and Tablet”（手机和平板），还可以选择 Wear OS、TV、Android Auto 和 Android Things 等。minimum SDK 表示的是 Module 支持的 Android 最低版本，不同的用户可以选择不同的版本，这里在“minimum SDK”列表框中选择“API 15:Android 4.0.3(IceCreamSandwich)，如图 1-26 所示。

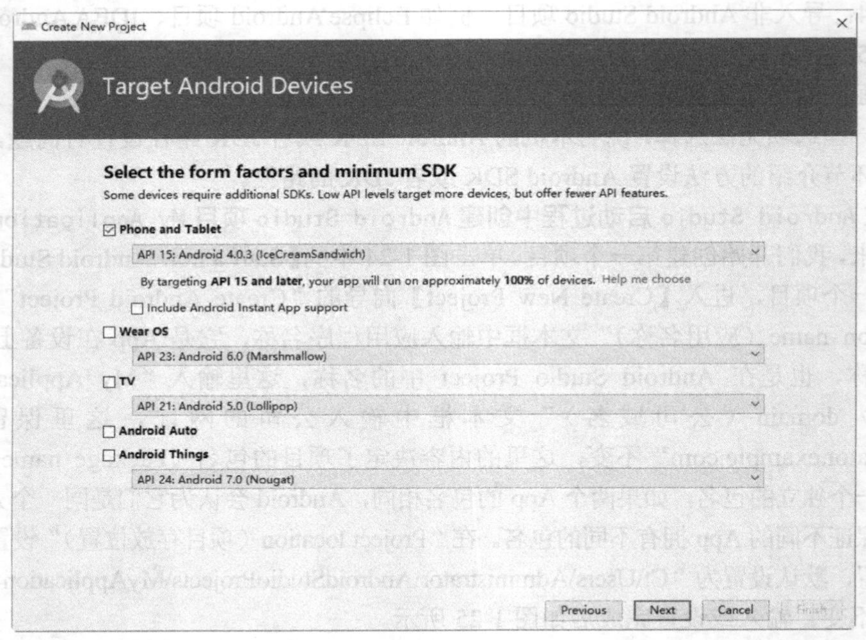

图 1-26 【Create New Project】向导的“Target Android Devices”界面

单击【Next】按钮，进入【Create New Project】向导的“Add an Activity to Mobile”界面，设置 Android 应用程序启动时的运行界面，在该界面选择默认的“Empty Activity”，如图 1-27 所示。也可以根据自己的需要选择其他类型界面。

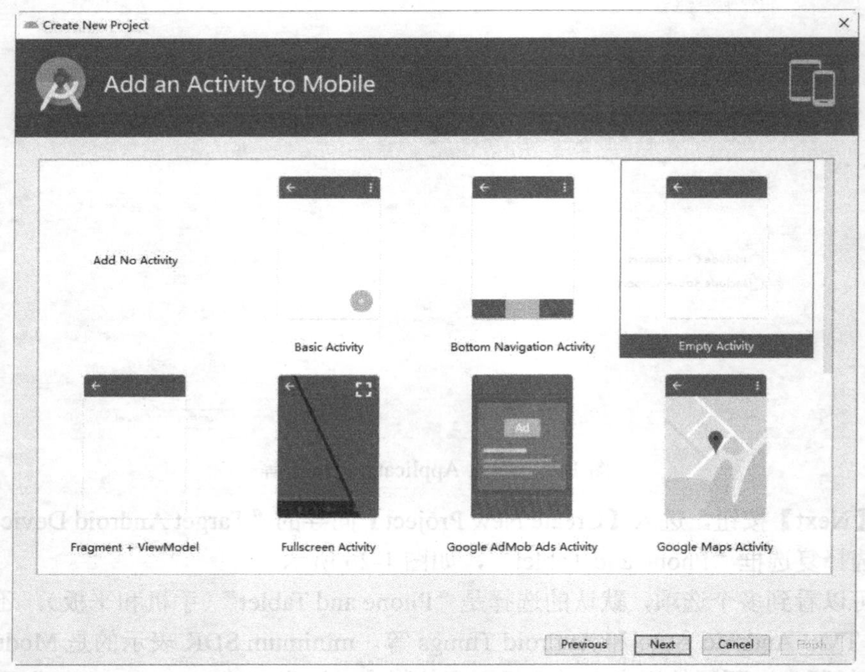

图 1-27 【Create New Project】向导的“Add an Activity to Mobile”界面

单击【Next】按钮，进入【Create New Project】向导的“Configure Activity”界面，在该界面的文本框中分别输入 Activity 的一些相关信息。在“Activity Name”文本框中输入 Activity 名称，在“Layout Name”文本框中输入布局名称，该界面可以使用默认值，如图 1-28 所示，也可以根据实际需要输入合适的内容。

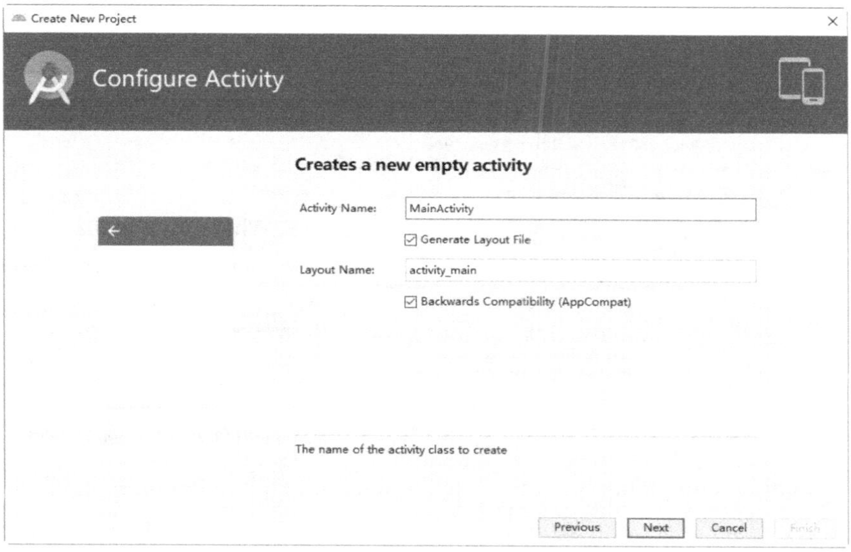

图 1-28　【Create New Project】向导的“Configure Activity”界面

单击【Next】按钮，进入【Create New Project】向导的“Component Installer”界面，开始安装相关程序，安装完成的结果如图 1-29 所示。

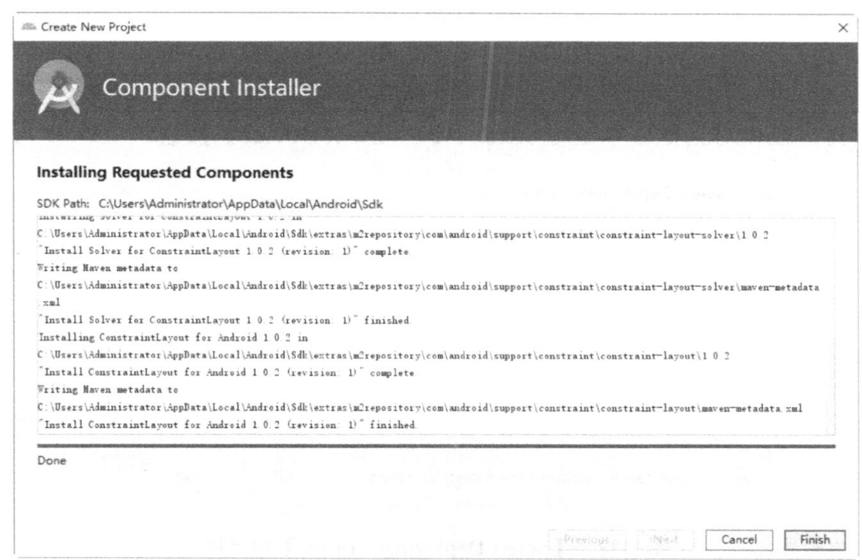

图 1-29　【Create New Project】向导的“Component Installer”界面

至此，一个项目建立完成。第一次建立的项目会发现卡在下面的启动界面。

单击【Finish】按钮后，将出现如图 1-30 所示的“Loading Project”进度条，这里需要下载 Gradle，有点慢，需要耐心等待一小会儿，Android Studio 会为我们打开刚才创建的新项目，至此一个简单的 Android Studio 项目就创建完成了，完整的项目界面如图 1-31 所示。

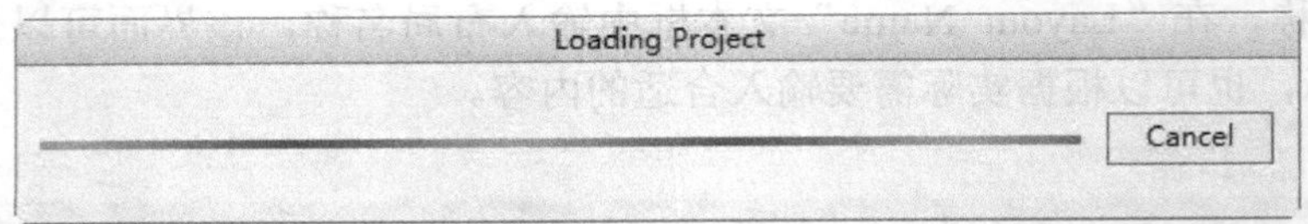

图 1-30 “Loading Project”进度条

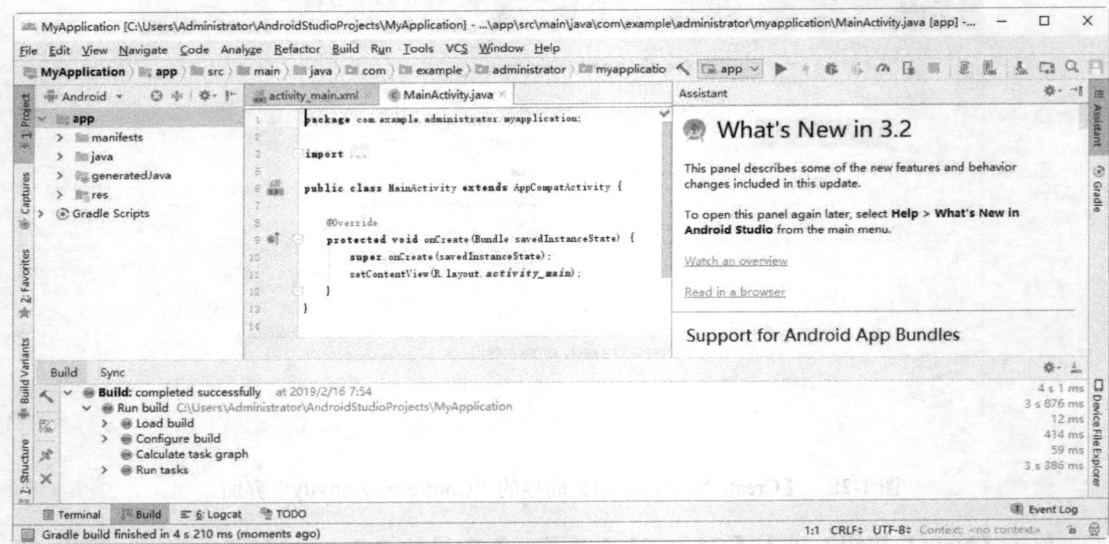

图 1-31 完整的 Android Studio 项目界面

3. 运行 Android Studio 项目 My Application

在 Android Studio 主窗口的工具栏中单击绿色箭头按钮▶，打开【Select Deployment Target】对话框，如图 1-32 所示，在没有创建 Android 模拟器之前，该列表为空，即没有供选择的模拟器。在该对话框中单击【Create New Virtual Device】按钮。

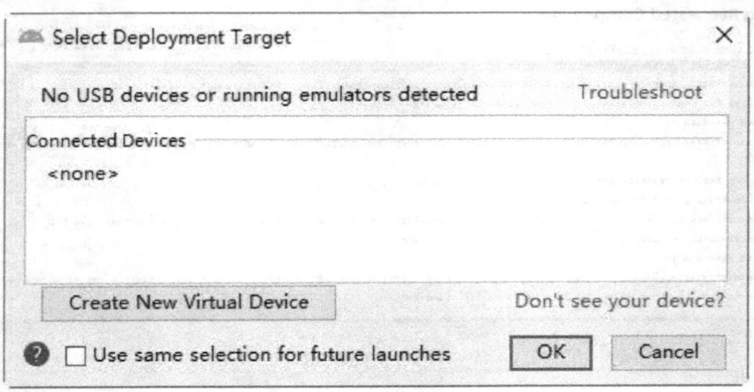

图 1-32 【Select Deployment Target】对话框

显示【Virtual Device Configuration】向导的“Select Hardware”界面，在该界面的左侧选择“Phone”，中间列选择“Nexus 5X”，如图 1-33 所示。

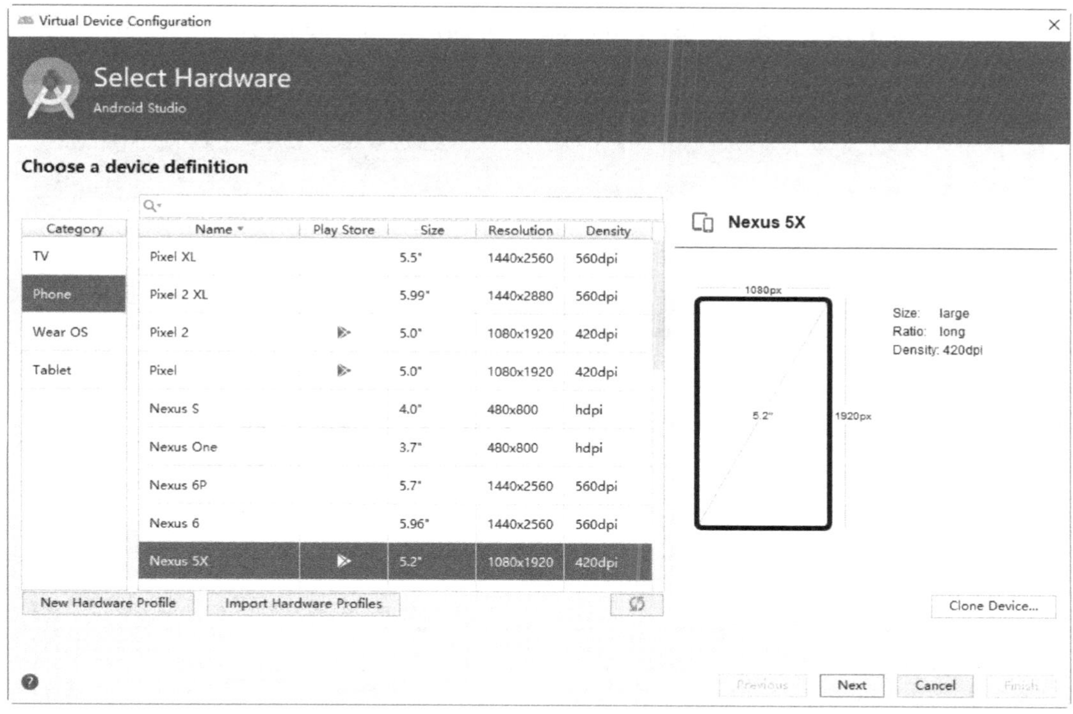

图 1-33 【Virtual Device Configuration】向导的“Select Hardware”界面

单击【Next】按钮，显示【Virtual Device Configuration】向导的“System Image”界面，在该界面选择一幅系统图像，这里单击“Pie Download”，显示【SDK Quickfix Installation】窗口，开始下载并安装设备程序，安装完成界面如图 1-34 所示。

SDK Quickfix Installation

Component Installer

Android Studio

Installing Requested Components

SDK Path: C:\Users\Administrator\AppData\Local\Android\Sdk

```
Packages to install:
- Google Play Intel x86 Atom System Image (system-images;android-28;google_apis_playstore;x86)

Preparing "Install Google Play Intel x86 Atom System Image (revision: 8)".
Downloading https://dl.google.com/android/repository/sys-img/google_apis_playstore/x86-28_r08.zip
"Install Google Play Intel x86 Atom System Image (revision: 8)" ready.
Installing Google Play Intel x86 Atom System Image in
C:\Users\Administrator\AppData\Local\Android\Sdk\system-images\android-28\google_apis_playstore\x86
"Install Google Play Intel x86 Atom System Image (revision: 8)" complete.
"Install Google Play Intel x86 Atom System Image (revision: 8)" finished.
```

Done

Previous Next Cancel Finish

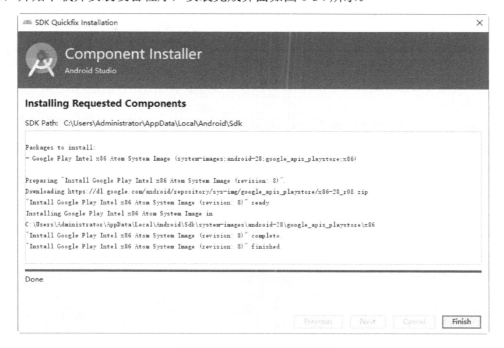

图 1-34 下载并安装设备程序

单击【Finish】按钮，返回“System Image”界面，如图 1-35 所示。

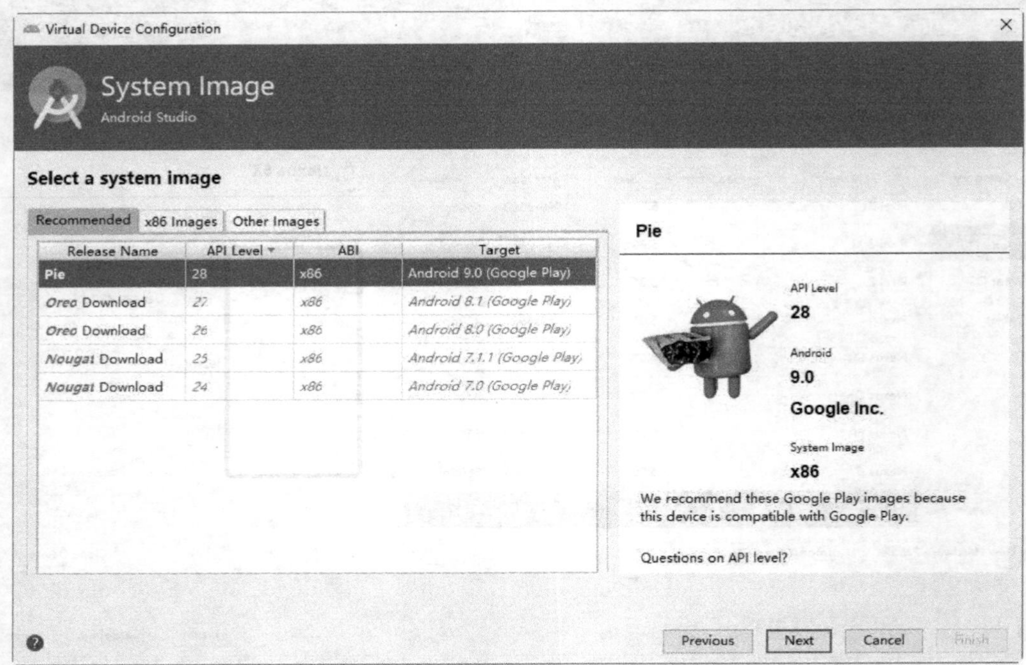

图 1-35 【Virtual Device Configuration】向导的“System Image”界面

单击【Next】按钮，进入【Virtual Device Configuration】向导的“Android Virtual Device（AVD）”界面，如图 1-36 所示。

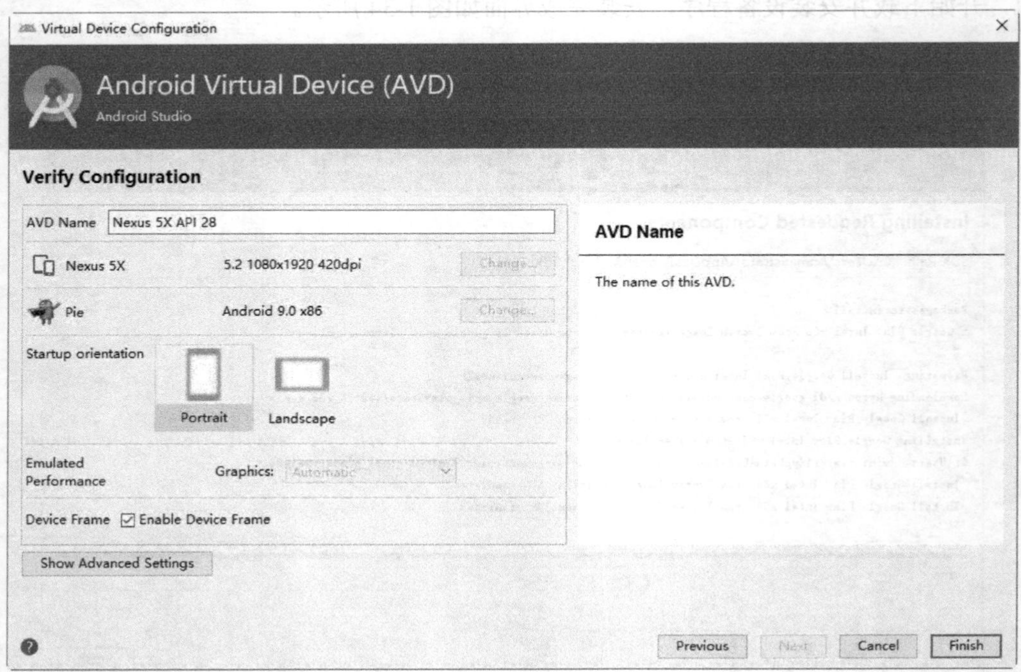

图 1-36 【Virtual Device Configuration】向导的“Android Virtual Device（AVD）”界面

单击【Finish】按钮，完成 Virtual Device Configuration，返回【Select Deployment Target】对话框，在该对话框的设备列表中选择虚拟器“Nexus 5X API 28”，如图 1-37 所示。

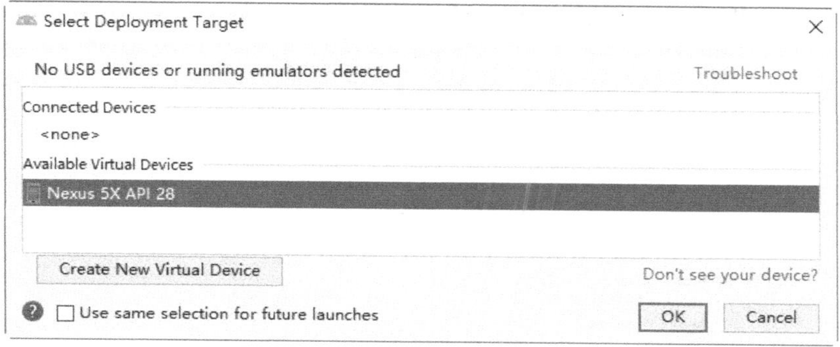

图 1-37　在【Select Deployment Target】对话框的设备列表中选择“Nexus 5X API 28”

然后单击【OK】按钮，Android 模拟器开始运行，应用程序 My Application 在模拟器中的运行结果如图 1-38 所示。

图 1-38　应用程序 My Application 在模拟器中的运行结果

【任务 1-3】　创建 Android Studio 项目 App0101

【任务描述】

（1）在 Android Studio 主窗口中创建 Android Studio 项目 App0101。

（2）运行 Android Studio 项目 App0101。

【知识索引】

（1）在 Android Studio 主窗口中创建 Android Studio 项目。

（2）Android Studio 项目的运行方法。

【实施过程】

1. 在 Android Studio 主窗口中创建 Android Studio 项目 App0101

在 Android Studio 主窗口，选择【File】菜单中的命令【New Project】，如图 1-39 所示。

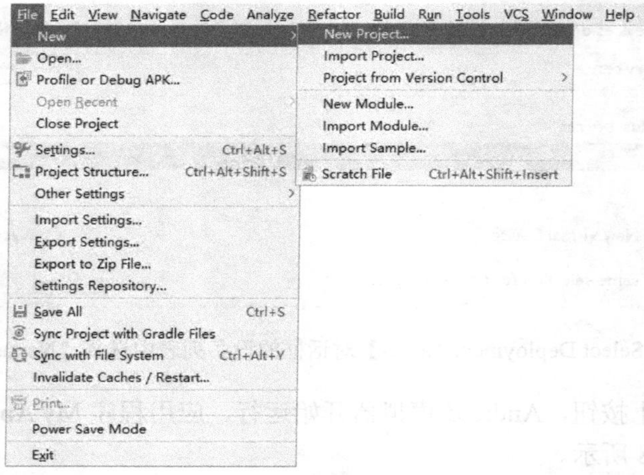

图 1-39 在【File 】菜单中选择命令【New Project】

显示【Create New Project】对话框的“New Project”界面，在“Application name”文本框中输入“App0101”，在“Company domain”文本框中输入“example.com”，在“Project location”文本框中输入“C:\AndroidStudioProjects\01”，如图 1-40 所示。

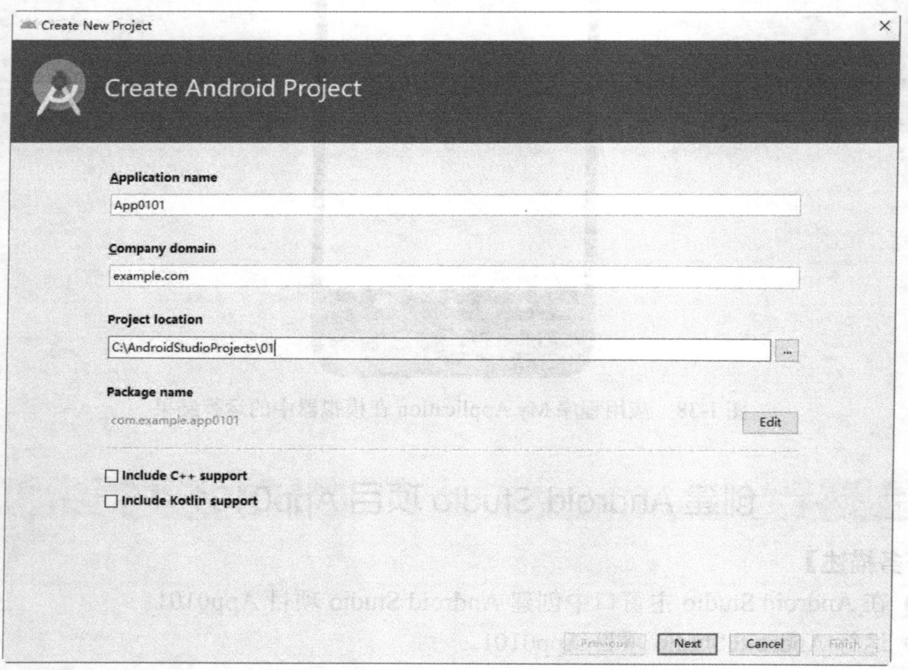

图 1-40 创建项目 App0101

单击【Next】按钮进入下一步，创建项目 App0101 后面各个步骤与创建项目 My Application 类似，最后单击【Finish】按钮，完成项目 App0101 的创建。

2. 运行 Android Studio 项目 App0101

在 Android Studio 主窗口的工具栏中单击绿色箭头按钮▶，打开【Select Deployment Target】对话框。在该对话框的设备列表中选择虚拟器“Nexus 5X API 28”，并且选中复选框“Use same selection for future launches”，如图 1-41 所示。

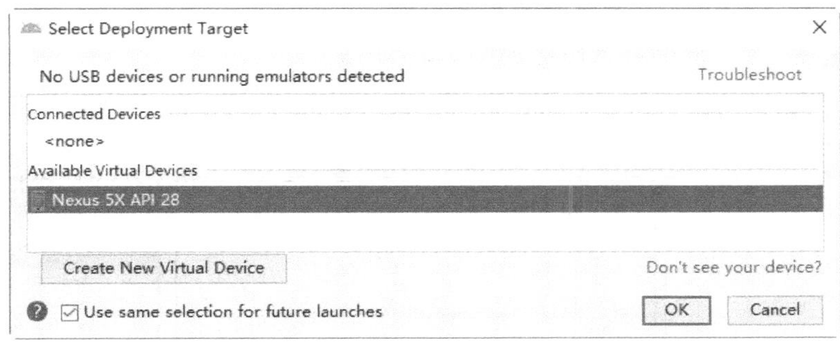

图 1-41　在【Select Deployment Target】对话框的设备列表中选择“Nexus 5X API 28”

然后单击【OK】按钮，Android 模拟器开始运行，应用程序 App0101 在模拟器中的运行结果如图 1-42 所示。

图 1-42　应用程序 App0101 在模拟器中的运行结果

【任务 1-4】　熟悉 Android Studio 的组成结构

【任务描述】

创建 Android Studio 项目 App0102，熟悉 Android Studio 的组成结构及功能。

【知识索引】

（1）Android Studio 主界面的基本组成。

（2）Project 面板的各级目录结构以及主要文件。

（3）Android Studio 的实时布局、富布局编辑器。

（4）Android Studio Lint 工具。

【实施过程】

1. 创建 Android 项目 App0102

在 Android Studio 集成开发环境中创建 Android 项目，将该项目命名为 App0102。

2. 熟悉 Android Studio 主界面的基本组成

Android Studio 主界面的基本组成如图 1-43 所示。

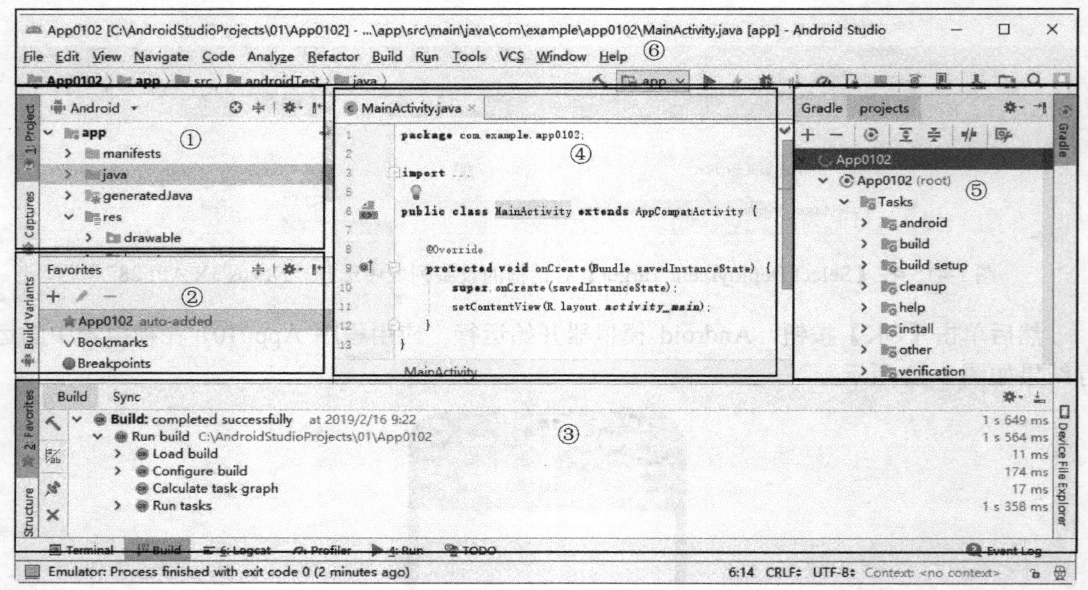

图 1-43 Android Studio 主界面的基本组成

Android Studio 主界面显示了使用 Android Studio 时经常接触到的功能面板，基本组成及功能如下：

①Project 面板。Project 面板用于浏览项目文件，该面板中会显示当前的所有 module。

②Build Variants 面板。Build Variants 面板用于设置当前项目的 Build Variants，所有的 Module 默认都会有 release 和 debug 两种选项。

③Android DDMS 面板。Android DDMS 面板的功能类似于 Eclipse 中的 Logcat，但是比其多了一些常用功能，例如截图、查看系统信息等。

④编辑区。编辑区用于编辑文件。

⑤Gradle tasks 面板。Gradle tasks 面板用于显示 Gradle 任务列表，例如 assemble、assembleRelease、assembleDebug、build、check、clean、lint 等常用任务，双击即可执行 Gradle 任务。

⑥Android Studio 主界面菜单、工具栏和快捷导航。

3. 熟悉 Project 面板的各级目录结构以及主要文件

Android Studio 主界面默认的 Project 面板显示视图类型为 Android 类型，如图 1-44 所示。通过单击左上角的标签可以进行切换，在视图类型下拉列表选择【Project】选项（如图 1-45 所示），即可切换为 Project 类型（如图 1-46 所示）。

图 1-44　Android Studio 中 Project 面板的 Android 视图

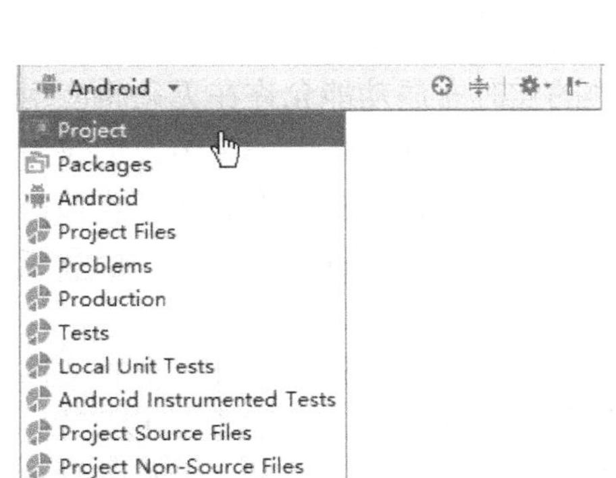

图 1-45　改变 Project 面板的视图类型

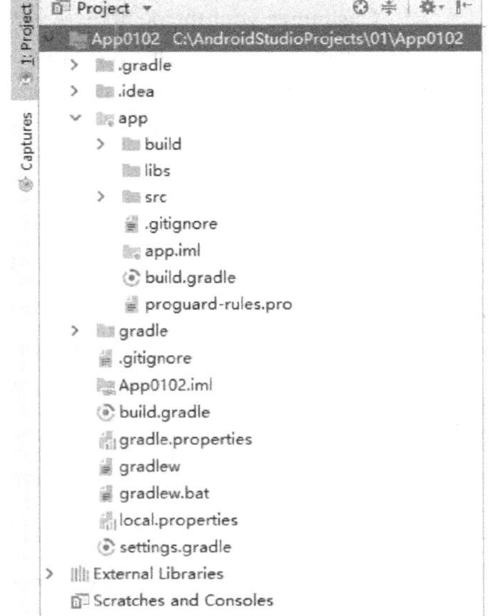

图 1-46　Android Studio 中 Project 面板的 Project 视图

（1）src 文件夹与 MainActivity.java 文件。

src（source code）文件夹是存放项目源代码的文件夹，每个 Android 项目成功创建后，默认生成的 Activity 文件 MainActivity.java 就位于 src 文件夹的包文件夹中。包文件夹（例如 com\example\App0102）也是位于 src 文件夹中的。

在 src 下是主程序类。如果在建立项目时，选择并填写了 Create Activity，则会自动生成名为填写内容的、继承自 android.app.Activity 的类，在类中重写了 onCreate()方法。方法中的 setContentView 即为设置这个 Activity 的显示布局（R.layout.main），布局文件在 res/layout 下。R.layout.main 实际上是指 res/layout/main.xml 布局文件。

（2）res 文件夹。

res 文件夹为存放资源的文件夹，它包含项目中的资源文件并将编译进应用程序。向该文件夹中添加资源时，会被 R.java 文件自动记录。新建一个项目，res 文件夹下会自动添加多个子文件夹，包括 drawable、layout、mipmap 和 values 等。

drawable 子文件夹中存放待用的图片文件（*.png、*.jpg），layout 子文件夹中存放界面布局文件 activity_main.xml，mipmap 子文件夹存放应用程序的待用图标文件。

values 子文件夹可以存放多个*.xml 文件，一般包括以 colors.xml、strings.xml、styles.xml 等配置文件，还可以存放不同类型的数据。

strings.xml 文件用于定义字符串常量值，示例代码如下：

```
<resources>
    <string name="app_name">App0102</string>
</resources>
```

styles.xml 文件用于定义应用程序的 style，示例代码如下：

```
<resources>
    <!-- Base application theme. -->
    <style name="AppTheme" parent="Theme.AppCompat.Light.DarkActionBar">
        <!-- Customize your theme here. -->
        <item name="colorPrimary">@color/colorPrimary</item>
        <item name="colorPrimaryDark">@color/colorPrimaryDark</item>
        <item name="colorAccent">@color/colorAccent</item>
    </style>
</resources>
```

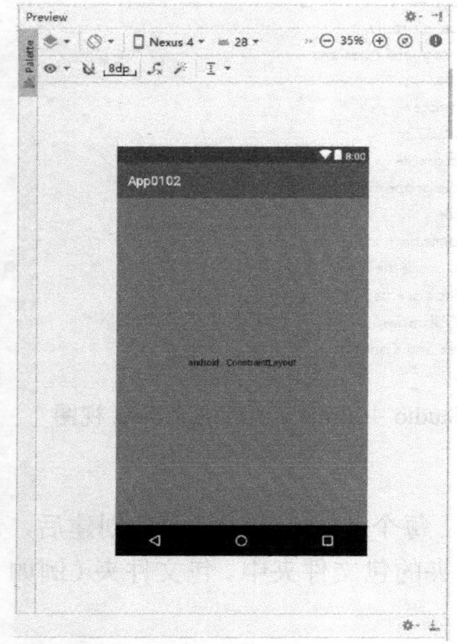

图 1-47　Android Studio 的实时布局

4. 熟悉 Android Studio 的实时布局（Live Layout）

Android Studio 中的实时布局功能允许在无须将应用程序运行在设备或者模拟器中的前提下，直接预览应用的用户界面。实时布局是一款极为强大的工具，能够帮助开发者节约大量时间。在实时布局的帮助下，查看应用程序用户界面的任务变得轻松而又快捷。

要使用实时布局，需要双击对应的 XML 布局文件 activity_main.xml 并选择编辑工作区下方的【Text】标签。接下来选择工作区右侧的【Preview】标签来预览当前布局，如图 1-47 所示。对 XML 布局做出的任何变更都会直接反映到右侧的预览窗口中。

实时布局功能带来了诸多优势，例如可以对当前正在使用的 XML 布局随意做出调整；变更显示在 Preview 面板内的设备大小；调整设备在 Preview 面板中的朝向；访问 Activity 或者布局所使用的个别片段；变更在实时布局中使用的语言，从而轻松预览不同语言在布局方案中的显示效果。Preview 面板中还包含多项控制机制，例如对布局进行缩放、重新设置 Preview 面板或者截取当前屏幕等。

5. 熟悉 Android Studio 的富布局编辑器

Android Studio 提供一套富布局编辑器，可以在其中随意拖拽各类用户界面控件，还可以在多屏幕配置中同时查看多种布局的显示效果。

在编辑区的底部可以看到两个标签，分别是【Design】与【Text】。单击【Text】标签后编辑器将被激活，这样我们就能对当前选定的布局方案做出变更。单击【Design】标签则会激活另一套编辑器内容，其中显示出布局的预览效果。要向布局当中添加其他功能性控件，我们只需将其从布局左侧的控件列表中拖出并放入布局内即可。

6. 熟悉 Android Studio 的模板

Android Studio 为开发人员提供多种模板选项，从而大大提升开发速度。这些模板能自动创建 Activity 以及必要的 XML 文件。还可以利用这些模板创建出较为基础的 Android 应用程序，并将其运行在实体设备或者模拟器当中。

在 Android Studio 中，可以在创建新的 Activity 时一同创建出对应模板。右键单击窗口左侧项目浏览器中的“package name”并在弹出的快捷菜单中选择命令“New”→“Activity”，即可显示 Android Studio 的模板清单，如图 1-48 所示，其中包括 Basic Activity、Empty Activity、Fullscreen Activity、Tabbed Activity 等多种模型。

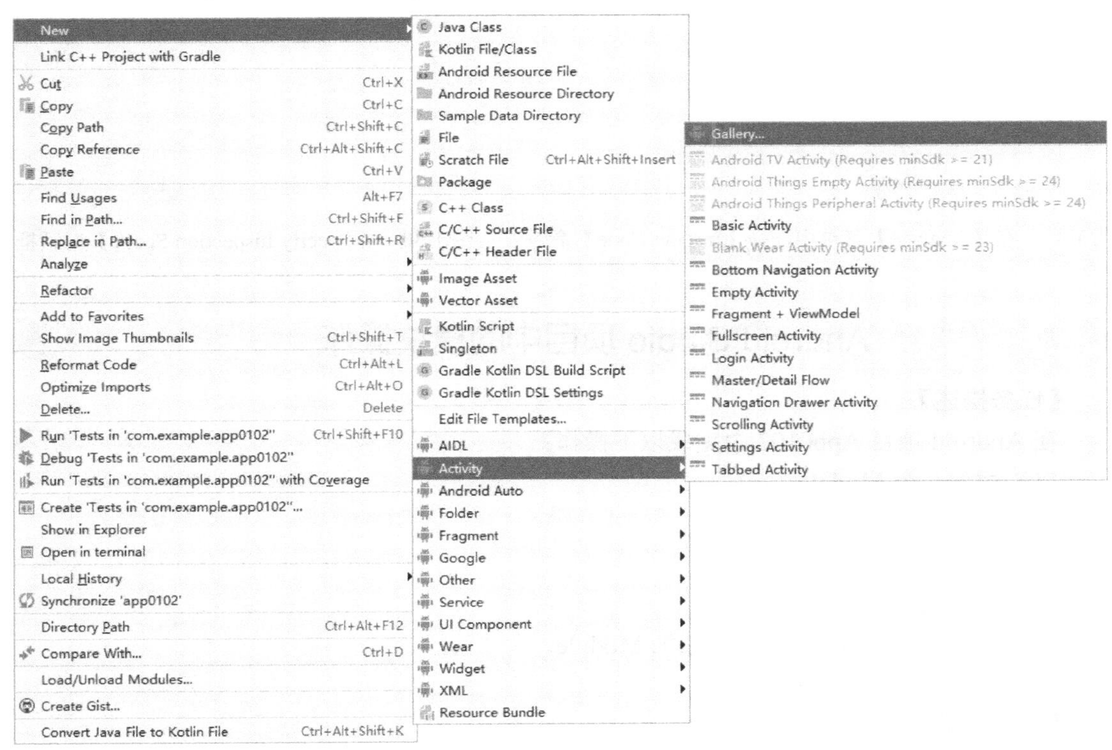

图 1-48 Android Studio 的模板列表

7. 熟悉 Android Studio Lint 工具

Android Studio 中提供的 Android Lint 是一款静态分析工具，它负责对项目源代码加以分析，能够检测出应用程序中的潜在漏洞以及其他可能被编译器所忽略的代码问题。

Android Lint 的优势在于，它能帮助我们重视警告或报错信息的出现原因，从而更轻松地修复或者解决这些问题。我们要养成重视使用 Android Studio Lint 工具的好习惯，这能帮助我们准确检测到项目中存在的潜在问题，Lint 工具甚至能告诉我们应用程序中是否存在重复的图片或者编译内容。

当 Android Studio 完成了对项目的检测之后，它会在窗口底部显示出分析结果。除 Android Lint 外，Android Studio 还提供其他的一系列检查功能，只需双击某个已经发现的问题，系统就会帮助我们定位到对应文件中存在问题的位置。

Android Studio 提供了强大的代码分析功能，使用这个功能可以发现我们项目中的问题。如图 1-49 所示，在【Analyze】菜单中选择【Inspect Code】命令，弹出如图 1-50 所示的【Specify Inspection Scope】对话框，单击【OK】按钮即可开始分析代码，分析完毕即会显示分析结果。

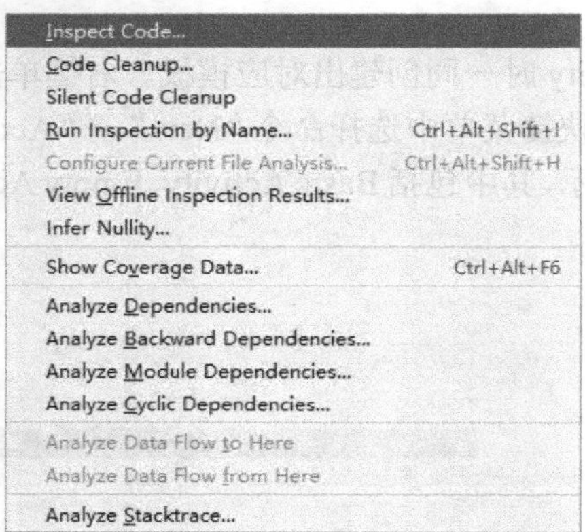

图 1-49 在【Analyze】菜单中选择【Inspect Code】命令

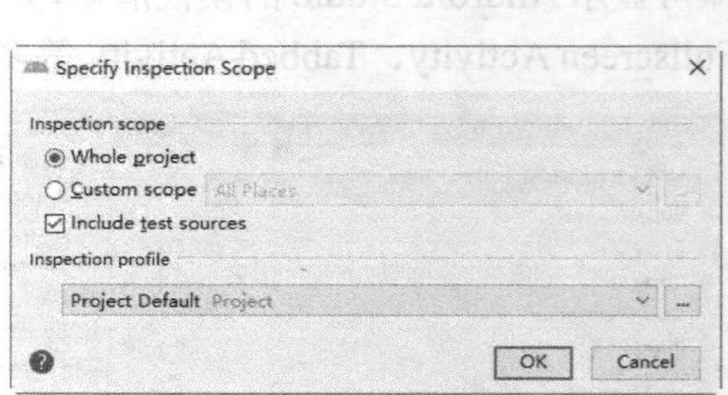

图 1-50 【Specify Inspection Scope】对话框

【任务 1-5】 Android Studio 项目中的模块操作

【任务描述】

在 Android 项目 App0102 中完成以下操作：

（1）添加一个 Module。

（2）将模块 Module 重命名。

（3）删除模块 Module。

【知识索引】

（1）在 Android Studio 项目中添加 Module。

（2）模块的重命名与删除。

【实施过程】

1. 在项目 App0102 中创建一个模块 App0103

打开已创建的项目 App0102，然后在 Android Studio 主界面的菜单【File】中选择命令【New】→【New Module】，打开【Create New Module】对话框的“New Module”界面，如图 1-51 所示。

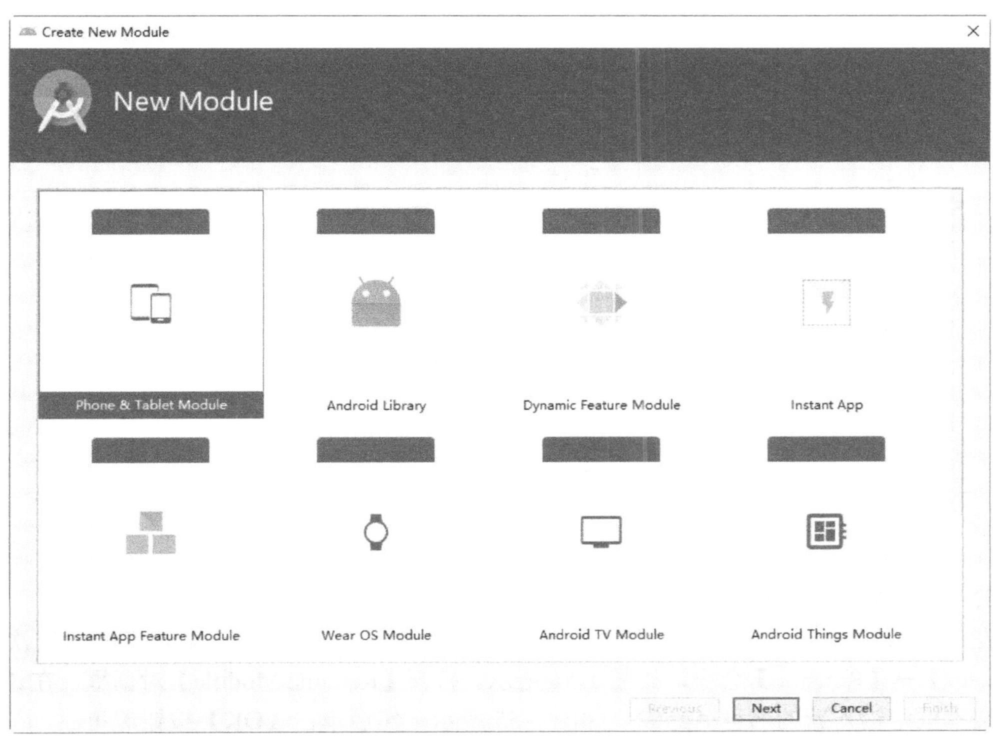

图 1-51　【Create New Module】的“New Module”界面

“Module Type”有多个选项，选择左边第 1 项“Phone & Tablet Module”，然后单击【Next】按钮进入下一界面，设置模块名称为“App0103”，如图 1-52 所示。

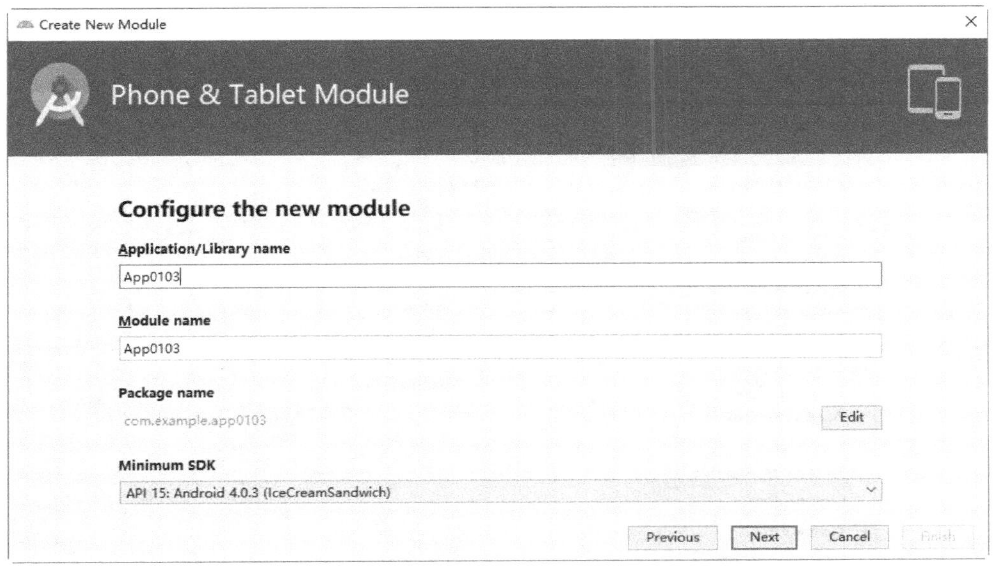

图 1-52　设置模块名称

后面的步骤与创建一个 Android 项目的步骤类似，在此不再赘述。新添加一个模块 App0103 的 Project 面板如图 1-53 所示。

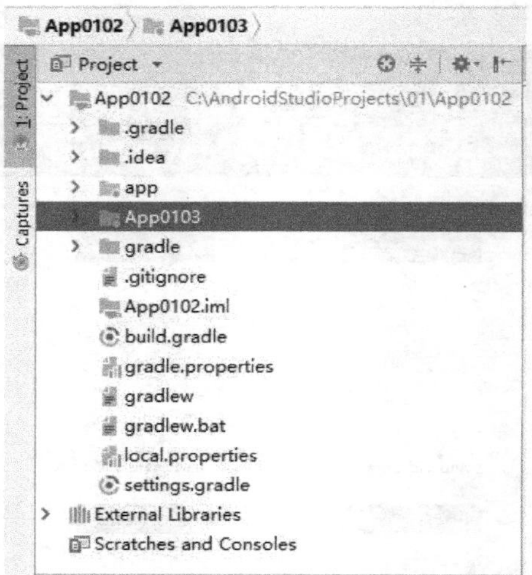

图 1-53　新添加一个模块 App0103 的 Project 面板

2. 模块 Module 重命名

在 Project 面板中右键单击需要重命名的模块名称，在弹出的快捷菜单中依次选择【Refactor】→【Rename】命令，如图 1-54 所示。打开【Rename Module】对话框，在该对话框的文本框中输入新的名称 App02，如图 1-55 所示，然后单击【OK】按钮即可。

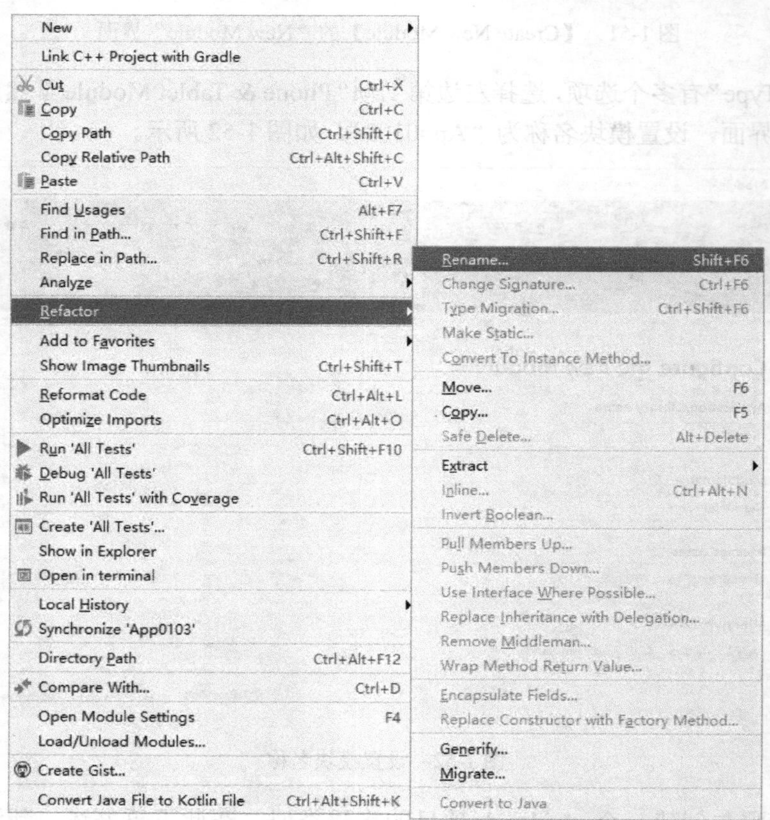

图 1-54　在快捷菜单中选择【Refactor】→【Rename】命令

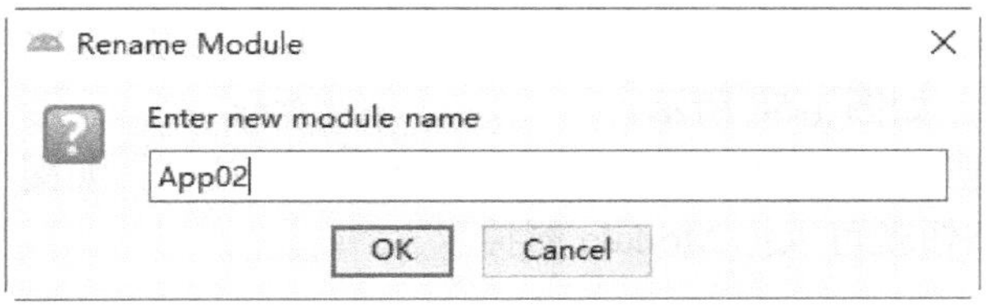

图 1-55　【Rename Module】对话框

3. 删除模块 Module

当想在 Android Studio 中删除某个 Module 时，大家习惯性的做法都是选中并右键单击要删除的 Module，在弹出的快捷菜单中寻找【Delete】命令。但是在 Android Studio 中选中并右键单击 Module，在弹出的快捷菜单中没有【Delete】命令，为什么会没有【Delete】命令？其主要原因是 Android Studio 对 Module 做了一个保护机制，也就是说一个 Module 是不能随意删除的，要删除必须先把 Module 从 Module 列表中移除。

在 Android Studio 主界面的菜单【File】中选择命令【Project Structure】，打开【Project Structure】对话框，在该对话框中选择模块“App02”，然后单击上面的减号按钮 —，如图 1-56 所示。这时候会弹出【Remove Module】对话框，如图 1-57 所示，在该对话框中单击【Yes】按钮，然后再单击【Project Structure】对话框中的【OK】按钮即可。

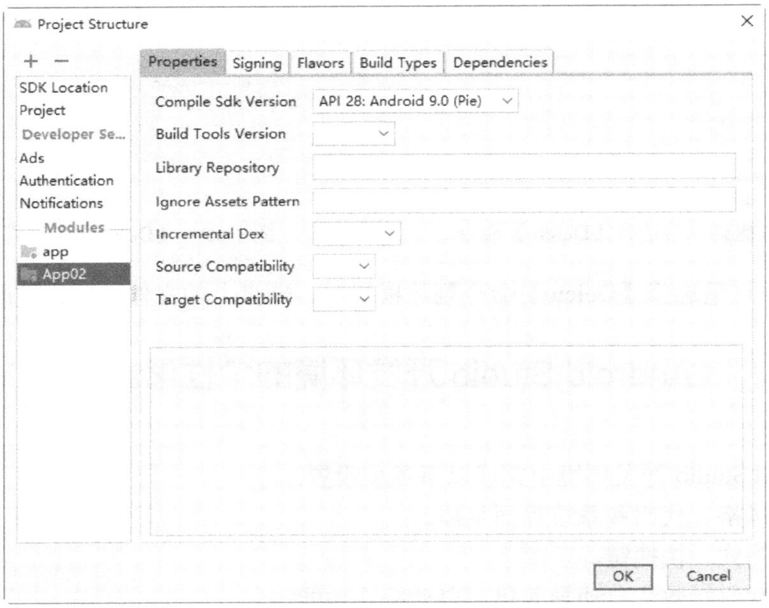

图 1-56　【Project Structure】对话框

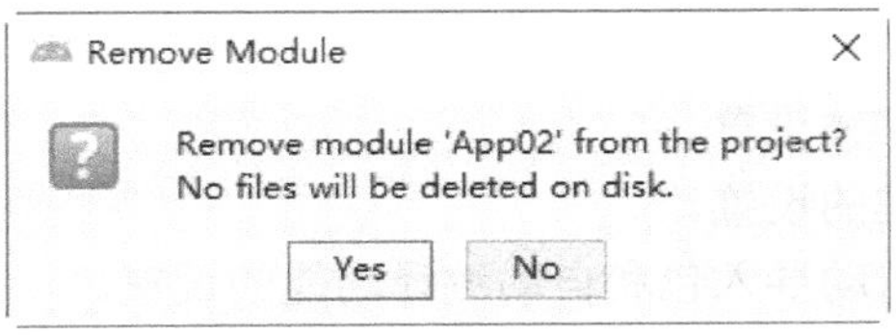

图 1-57　【Remove Module】对话框

执行完这步操作后，再次选中并右键单击 App02，在弹出的快捷菜单中就会发现【Delete】命令出现了，如图 1-58 所示。

在快捷菜单中选择【Delete】命令，弹出【Delete】对话框，如图 1-59 所示，在该对话框中单击【Delete】按钮就可以把 Module 删掉了。

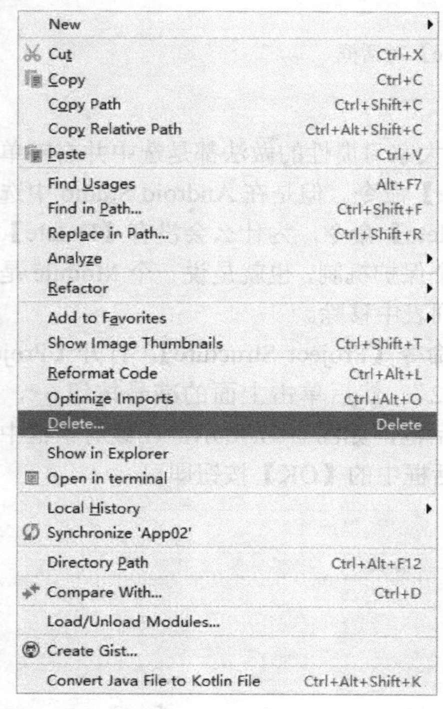

图 1-58 在快捷菜单中选择【Delete】命令

图 1-59 【Delete】对话框

【注意】 这里选择【Delete】命令删除模块后，硬盘上的文件也同样被删除了。

【任务 1-6】 Android Studio 开发环境的个性化设置

【任务描述】

在 Android Studio 开发环境中完成以下各项设置：

（1）主题风格、代码和系统界面字体。

（2）编码格式、快捷键。

（3）显示代码行数、自动导入包、自动编译功能。

（4）国际化功能。

【知识索引】

（1）主题风格设置。

（2）代码和系统界面字体设置。

（3）编码格式和快捷键的设置。

（4）显示代码行数、自动导入包和自动编译功能的设置。

（5）国际化功能的设置。

【实施过程】

1．设置主题风格

在 Android Studio 主界面中选择菜单命令【File】→【Settings】，打开【Settings】对话框，在该对话框左侧设置选项列表框中选择“Appearance”选项，右侧“Theme”下拉列表中有 2 个选项，分别为 IntelliJ 和 Darcula，如图 1-60 所示，根据个人偏好选择一个主题，然后单击【Apply】按钮或【OK】按钮，改变 Android Studio 开发环境的主题。

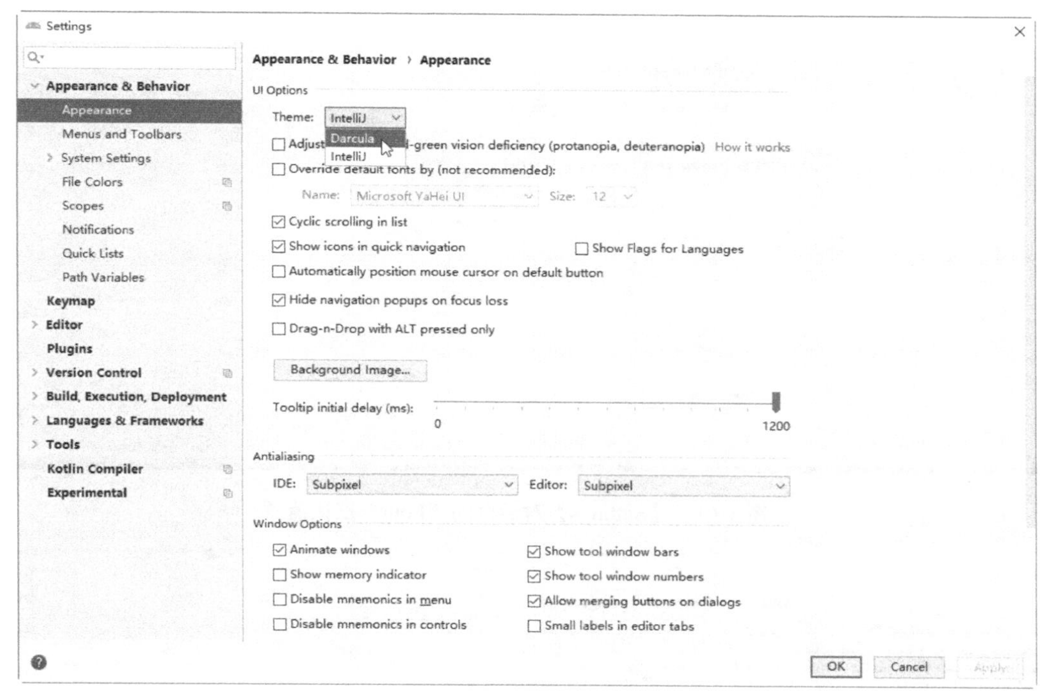

图 1-60 在【Settings】对话框中设置主题

2．设置代码的字体

在【Settings】对话框左侧搜索框中输入“Font”，然后找到“Editor”下的“Font”选项，可以看到默认字体大小是 12，这里可以修改 Font（字体）、Size（字号）等，如图 1-61 所示。

单击【OK】按钮，返回 Android Studio 主界面后，可查看编辑区代码的字体、字号设置情况。

3．设置系统界面的字体

在【Settings】对话框左侧设置选项列表框中选择“Appearance”选项，右侧选中复选框“Override default fonts by(not recommended)”，从该复选框下方的字体列表中选择一种合适的字体，字体大小选择“14”，如图 1-62 所示，单击【OK】按钮，返回 Android Studio 主界面后，可查看非编辑区界面（例如左侧 Project 面板目录结构）的字体、字号设置情况。

4．设置编码格式

在【Settings】对话框左侧设置选项列表框中选择“File Encodings”选项，右侧可以分别设置 Global Encoding、Project Encoding 和 Default encoding for properties files。在 Global Encoding 和 Project Encoding 下拉列表中选择合适的编码格式，推荐都设置为 UTF-8，如图 1-63 所示，然后单击【OK】按钮即可。

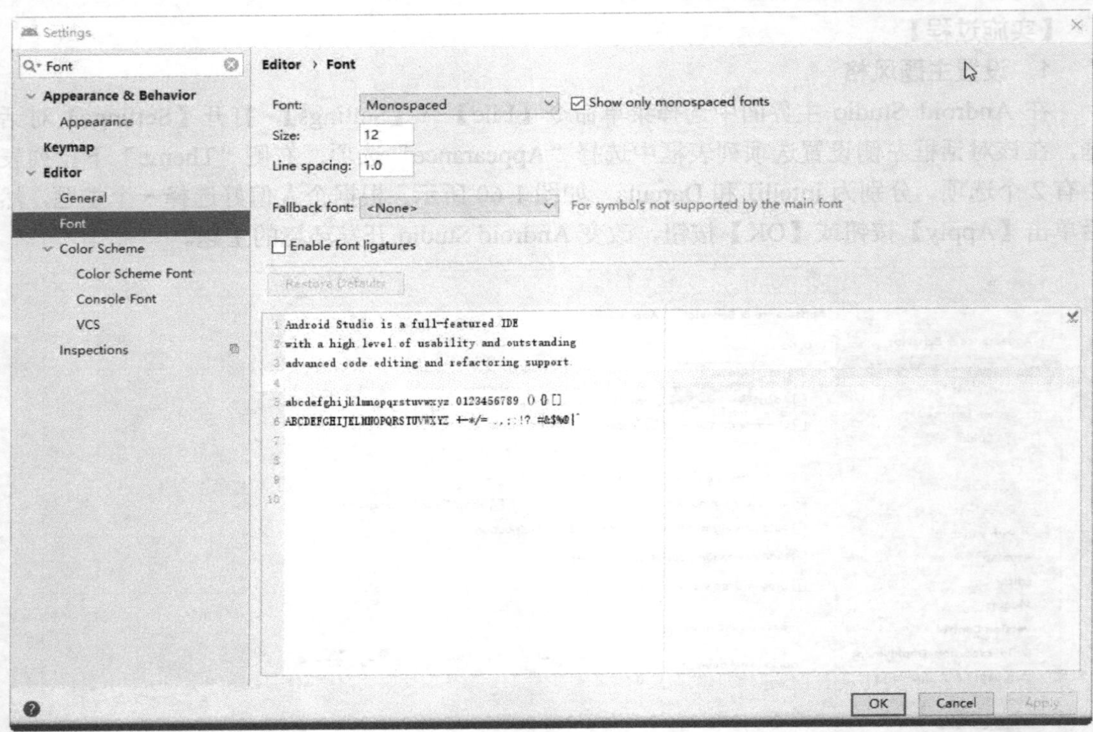

图 1-61 【Settings】对话框的“Font”默认值

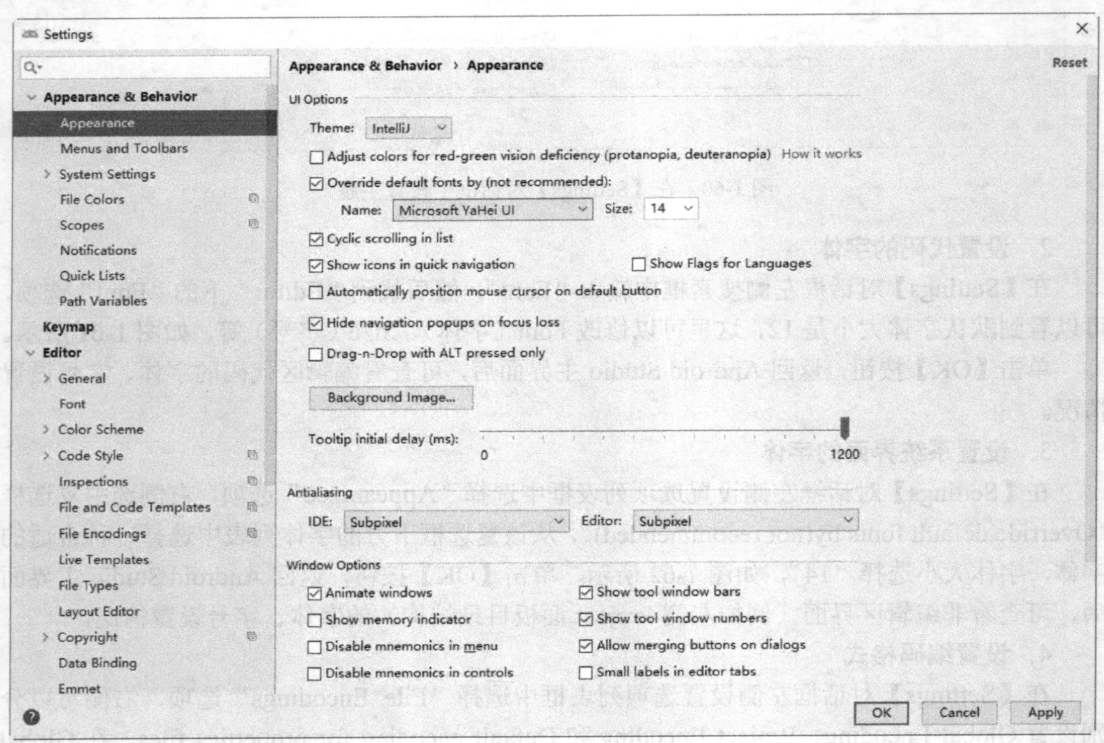

图 1-62 设置非编辑区界面的字体

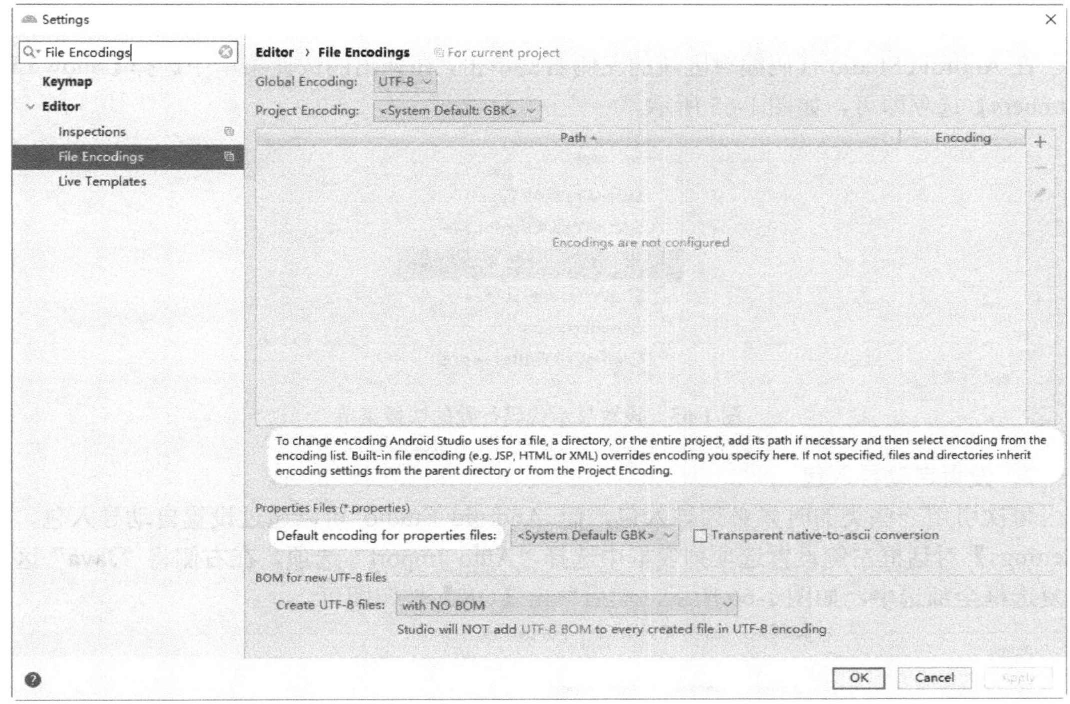

图 1-63　在【Settings】对话框中设置编码格式

5．设置快捷键

Android Studio 的快捷键很灵活，不仅有自己的一套快捷键系统，而且为了方便 Eclipse 的使用者，它还可以沿用 Eclipse 的快捷键习惯，这样我们都能很快地上手。在【Settings】对话框左侧设置选项列表框中选择“Keymap”选项，在右侧的 Keymap 下拉列表中选择一种适合自己的快捷键方式，如图 1-64 所示，然后单击【OK】按钮即可。

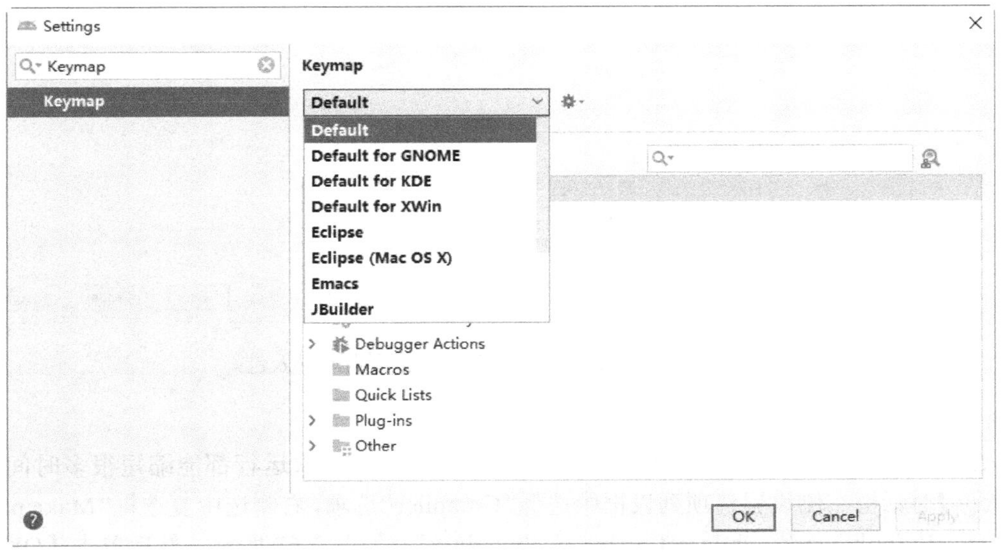

图 1-64　在【Settings】对话框中设置快捷键

6. 设置显示代码行数

在 Android Studio 代码编辑区域的左侧右键单击，在弹出的快捷菜单中选择【Show Line Numbers】选项即可，如图 1-65 所示。

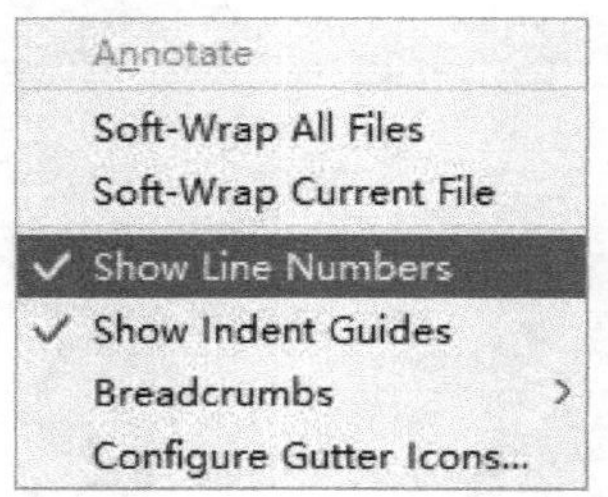

图 1-65 设置显示代码行数的快捷菜单

7. 设置自动导入包

每次引用一些类的时候必须导入包，而 Android Studio 可以通过设置自动导入包。在【Settings】对话框左侧设置选项列表框中选择“Auto Import”选项，在右侧将“Java”区域的复选框全部选中，如图 1-66 所示，然后单击【OK】按钮即可。

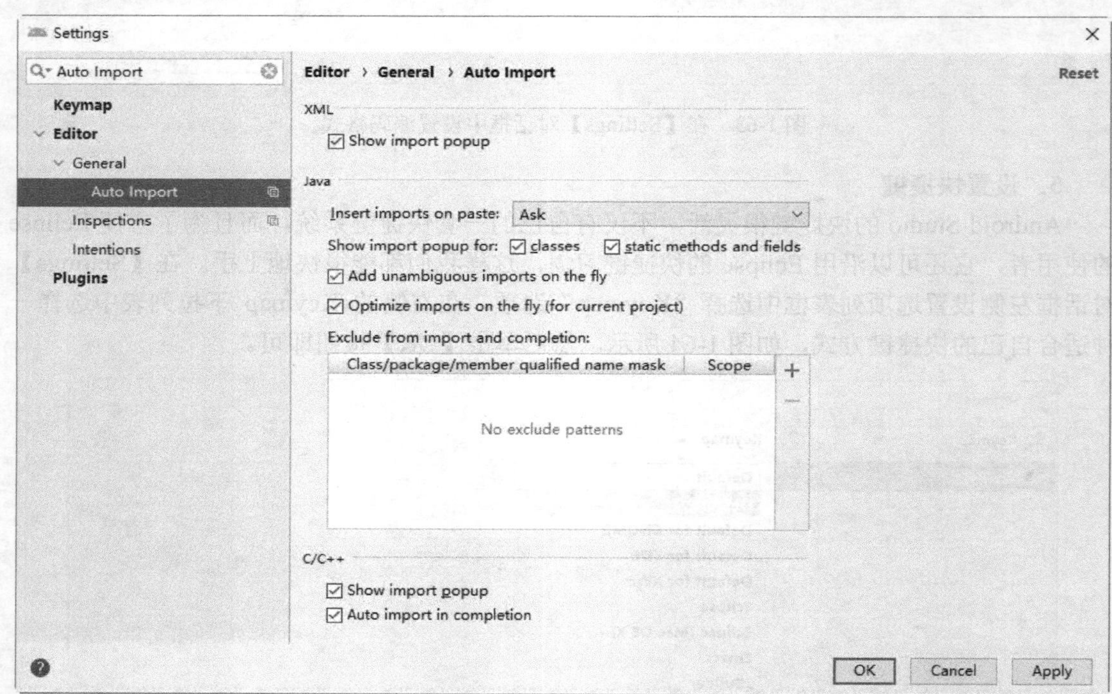

图 1-66 在【Settings】对话框中设置自动导入包

8. 设置自动编译功能

Android Studio 具有自动编译功能，自动编译意味着每次运行都能缩短很多时间。在【Settings】对话框左侧设置选项列表框中选择“Compiler”选项，右侧选中复选框“Make project automatically(only works while not running/debugging)”，如图 1-67 所示。然后单击【OK】按钮即可。

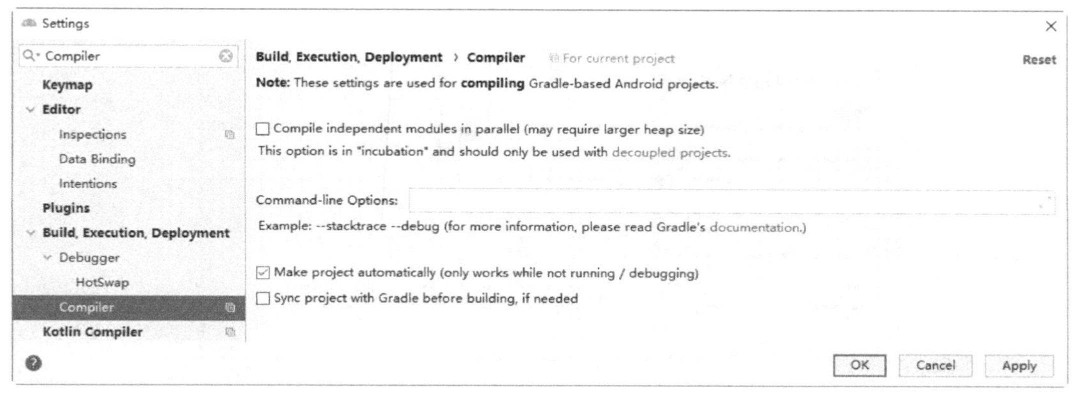

图 1-67 在【Settings】对话框中设置自动编译功能

【任务 1-7】 将 Android Studio 项目打包生成 APK

【任务描述】

创建的 Android Studio 项目代码编写完成后，需要在真机环境下测试其功能，这时需要将项目打包生成 APK。将 App0102 项目打包生成 APK。

【知识索引】

（1）APK。APK 是 Android Package 的缩写，即 Android 安装包。APK 是类似 Symbian sisx 或 sis 的文件格式。通过将 APK 文件直接传到 Android 模拟器或 Android 手机中执行即可安装。

（2）将 Android Studio 项目打包生成 APK。

【实施过程】

Android Studio 项目打包生成 APK 的具体步骤如下：

（1）在 Android Studio 主界面，选择菜单命令【Build】→【Generate Signed Bundle/APK】，如图 1-68 所示，打开【Generate Signed Bundle or APK】对话框。

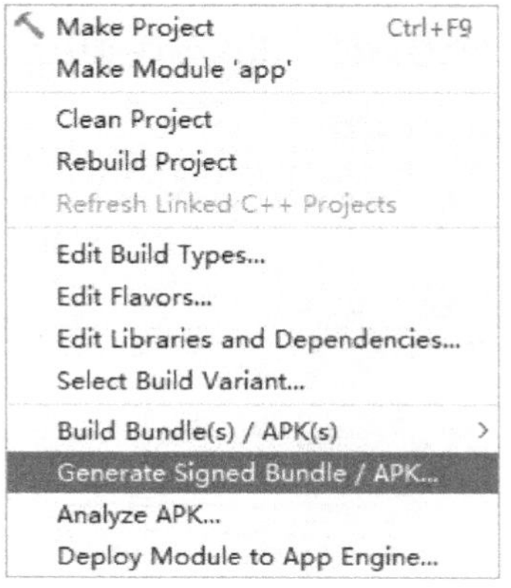

图 1-68 选择菜单命令【Build】→【Generate Signed Bundle/APK】

在该对话框中选择“APK”单选钮，如图 1-69 所示。

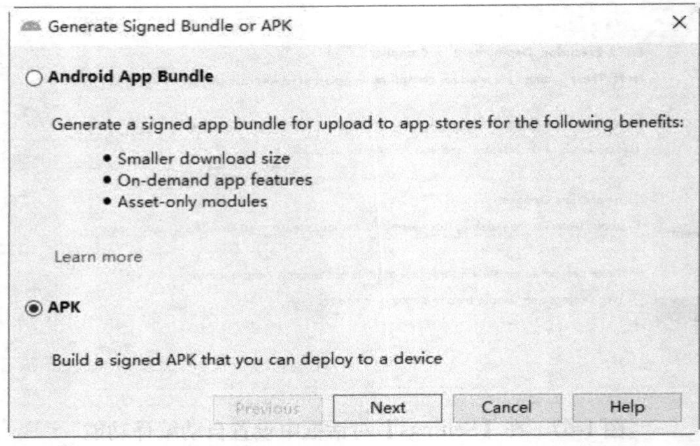

图 1-69 【Generate Signed Bundle or APK】对话框

然后单击【Next】按钮，打开一个对话框，在该对话框中输入必要的配置信息，例如存放位置、密码、别名等，如图 1-70 所示。

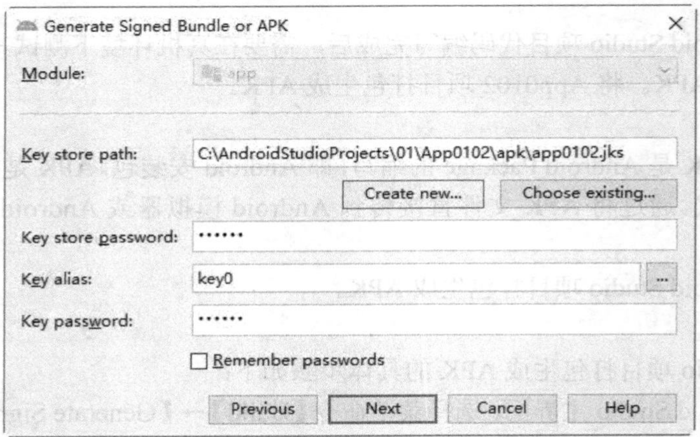

Generate Signed Bundle or APK
Module: app
Key store path: C:\AndroidStudioProjects\01\App0102\apk\app0102.jks
Create new... Choose existing...
Key store password: ••••••
Key alias: key0
Key password: ••••••
Remember passwords
Previous Next Cancel Help

图 1-70 在【Generate Signed Bundle or APK】对话框中设置必要的配置信息

单击【Next】按钮，打开下一个对话框，在该对话框中显示相关配置信息，如图 1-71 所示。

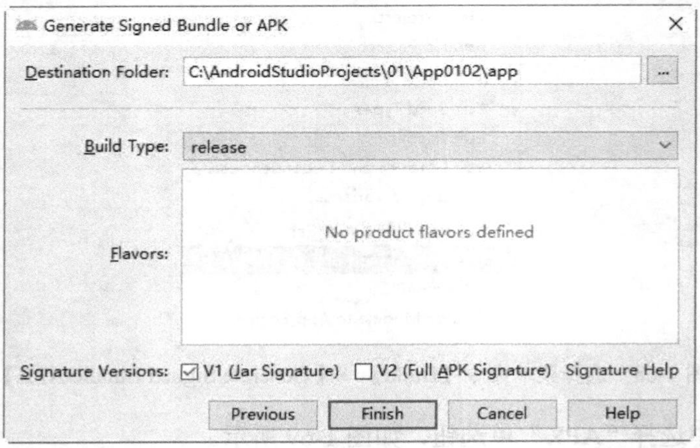

Generate Signed Bundle or APK
Destination Folder: C:\AndroidStudioProjects\01\App0102\app
Build Type: release
Flavors: No product flavors defined
Signature Versions: V1 (Jar Signature) V2 (Full APK Signature) Signature Help
Previous Finish Cancel Help

图 1-71 在【Generate Signed Bundle or APK】对话框中显示相关配置信息

配置完成后，单击【Finish】按钮，Android Studio 开始生成 APK，完成后显示如图 1-72 所示的“Generate Signed APK”提示信息。

Generate Signed APK
APK(s) generated successfully:
Module 'app': locate or analyze the APK.

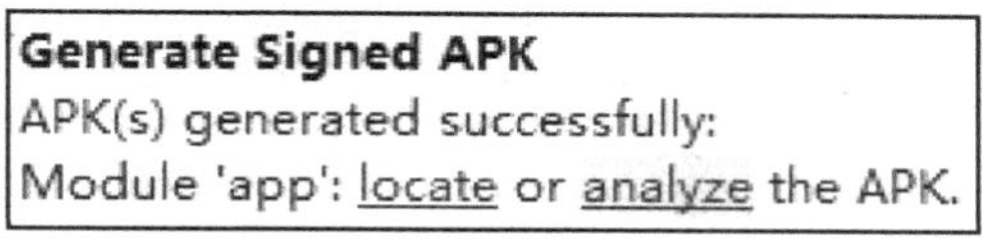

图 1-72　“Generate Signed APK”提示信息

【单元小结】

Android 是 Google 公司基于 Linux 平台开发的手机及平板电脑的操作系统，自问世以来，发展迅速，受到了前所未有的关注，也成为移动平台最受欢迎的操作系统之一。Android Studio 提供了集成的 IDE 用于开发和调试 Android 应用程序，是一款性能良好、开发效率高的 Android 应用开发工具。

本单元主要认识了 Android 的相关概念、Android 应用程序中的布局文件 activity_main.xml、MainActivity.java 文件和 AndroidManifest.xml 文件的基本组成及其含义，认识了 Android 应用程序的样式和主题设置，熟悉了 Android Studio 的组成结构，学会了 Android Studio 项目中的模块操作、开发环境的个性化设置以及将 Android Studio 项目打包生成 APK 的方法。

【单元习题】

1．填空题

（1）Android 的第 1 个版本 Android 1.1 是（　　　）年 9 月发布的。

（2）Android 系统采用分层架构，由高至低分别为：（　　　　）、（　　　　）、（　　　　）和（　　　　）。

（3）Android 的分层架构中，应用框架层使用（　　　　）语言开发，核心库使用（　　　　）语言开发。

（4）程序员在编写 Android 应用程序时，主要调用（　　　）层提供的接口实现。

（5）在 Android 智能终端中，有很多应用，如拍照、管理联系人等，它们都属于 Android 的（　　　　）层。

（6）为了让程序员更加便捷地运行调试程序，Android 提供了（　　　），可以方便地运行程序，而不需要真实的移动终端。

（7）Android Studio 是一项全新的基于（　　　）的 Android 开发环境，类似于 Eclipse ADT 插件，Android Studio 提供了集成的（　　　）开发工具用于开发和调试。

（8）一个 Android 项目成功创建后，默认生成一个布局文件 activity_main.xml，该文件位于项目的（　　　　）文件夹中。

（9）新建一个 Android Studio 项目时，会默认生成一个 Activity 文件 MainActivity.java，该文件中会自动导入 2 个类，分别是（　　　　　）和（　　　　），同时导入 Menu 和 MenuItem 2 个接口。

（10）在 Android 应用程序中，界面是通过布局文件设定的，布局文件采用（　　）格式。

（11）在 Android 程序中，src 文件夹用于放置程序的（　　　　）。

（12）Android 应用程序的配置文件名称为（　　　　）。

2．选择题

（1）创建程序的过程中，填写 Application Name 表示（　　）。

A．应用程序名称　　B．项目名称　　C．项目包名　　D．类名称

（2）Android 操作系统的手机可以有以下（　　）方法进行软件安装。（多选题）

A．通过手机直接登录百度网站下载安装

B．通过手机直接登录 Android 门户网站进行下载安装

C．通过数据线与计算机连接直接下载安装

D．通过 PC 终端上网下载至 SD 卡里再插入手机进行安装

（3）如果需要创建一个字符串资源，需要将字符串放在 res\values 的哪个文件中？（　　）

A．value.xml　　B．strings.xml　　C．dimens.xml　　D．styles.xml

（4）要让布局文件或者控件能够显示在界面上，必须设置 RelativeLayout 和控件的（　　）。

A．宽度或高度　　B．宽度和 id　　C．宽度和高度　　D．高度和 id

（5）AndroidManifest.xml 配置文件中，<activity>和<application>里都可以设置 android:label 标签，<activity>的优先级（　　）<application>。

A．低于　　B．等于　　C．高于　　D．无法确定

（6）Android 项目启动时最先加载的是 AndroidManifest.xml 文件，如果有多个 Activity，以下哪个属性决定了该 Activity 最先被加载？（　　）

A．android.intent.action.MAIN　　B．android.intent.action.LAUNCHER

C．android.intent.action.ACTIVITY　　D．android.intent.action.ICON

（7）Android 安装软件后缀是（　　）。

A．.sis　　B．.cab　　C．.apk　　D．.jar

3．简答题

（1）简述 Android 开发环境安装的步骤。

（2）简述 Android 应用程序创建和运行的步骤。

（3）如何区分 Android Studio 中的 Project 和 Module？

（4）如何在 Android Studio 开发环境中打开 Android 项目文件所在的目录？

（5）Android 程序如何获取界面上的控件并在窗口中显示？

（6）简述 Android 项目中重要的文件夹和文件，以及它们的作用。

单元 2　Android 的控件应用与界面布局程序设计

Android 应用程序中的用户界面（User Interface，UI）设计非常重要，它是人机之间数据传递、交互信息的重要媒介和对话接口，是 Android 程序的重要组成部分。Android 系统中提供了许多控件，包括文本控件、按钮控件、图片控件等，控件可以为应用程序构建美观、易用的用户界面。常用的控件定义在 android.view.View 和 android.view.ViewGroup 两个类中。View 类是 Android 系统中构建用户界面的基本类；ViewGroup 是一个特殊的 View 类，它的功能就是装载和管理下一层的 View 对象和 ViewGroup 对象。本单元主要探讨使用控件和资源构建实用、美观的用户界面。

【教学导航】

【教学目标】

（1）理解 Android View 与 ViewGroup；

（2）熟悉 Android 的布局对象和 Android 中创建 UI 界面的方式；

（3）熟悉 Android 常用的 UI 控件及其基本属性；

（4）熟悉 Android 尺寸的单位；

（5）掌握 TextView、EditText、Button、DatePicker、TimePicker 等常用控件的功能、基本属性以及重要方法；

（6）学会使用文字标签显示欢迎信息，设计包含多种控件的用户登录界面；

（7）学会设计开关与调节声音的界面，设计用户注册界面，实现图片相框效果。

【教学方法】　任务驱动法，理论实践一体化，探究学习法，分组讨论法。

【课时建议】　10 课时。

【知识导读】

2.1　Android 屏幕元素的层次结构

一个 Android 应用程序最基本的功能单元是行为（Activity），即 android.app.Activity 类的一个对象。一个行为（Activity 实例）可以做很多事情，但是它本身并不能使自己显示在屏幕上，而是借助于 ViewGroup（视图组）和 View（视图），这两个才是 Android 平台上最基本的用户界面表达单元。

对于 Android 应用程序中的一个屏幕，它的屏幕元素是按层次结构来描述的。要将一个屏幕元素层次树绑定在一个屏幕上显示，Activity 会调用它的 setContentView()方法并且传入这个层次树的根节点引用。当 Activity 被激活并且获得焦点时，系统会通知 Activity 并且请求根节点去计算和绘制树，根节点就会请求它的子节点去绘制它们自己。

每个树上的 ViewGroup 节点会负责绘制它的子节点。ViewGroup 会计算它的有效空间，布局所有的子显示对象，并最终调用所有的子显示对象的 Draw()方法来绘制显示对象。各个子显示对象可以向父对象请求它们在布局中的大小和位置，但最终决定各个子显示对象的大小和位置的是父对象。

大多数的界面控件都在 android.view 和 android.widget 包中，android.view.View 是它们的父类。Android 的原生控件一般是在 res\layout 下的 XML 文件中声明，然后在 Activity 文件中通过使用 super.setContentView(R.layout.某布局 Layout 文件名)来加载 Layout。在 Activity 类中获取控件的引用需要使用 super.findViewById(R.id.控件的 id)，接着就可以使用这个引用对控件进行操作，例如添加监听、设置内容等。当然也可以通过代码动态地使用控件。

2.2 View 与 ViewGroup

在 Android SDK UI 的核心控制中有 android.view.View 和 android.view.ViewGroup 两个主要类。View 表示一个视图就是一般视觉上的一个区域；ViewGroup 也是一个 View，它扩展 View 使其内部能存放其他的 View，可以理解为一个 Container 容器。ViewGroup 内部采用跟 Swing 一样的处理机制，内部采用一个 Layout Manager 来管理它的布局，让用户能采用内置的布局进行视图控制。

在 Android App 中，所有的用户界面元素都是由 View 和 ViewGroup 的对象构成的。View 是绘制在屏幕上的用户能与之交互的一个对象；而 ViewGroup 则是一个用于存放其他 View 和 ViewGroup 对象的布局容器。

App 的用户界面上的每一个组件都是使用 View 和 ViewGroup 对象的层次结构来构成的，如图 2-1 所示。每个 ViewGroup 都是用于组织子 View 的容器，而它的子 View 可能是输入控件或者在 UI 上绘制了某块区域的小部件。有了层次树，就可以根据自己的需要，设计简单或者复杂的布局了。

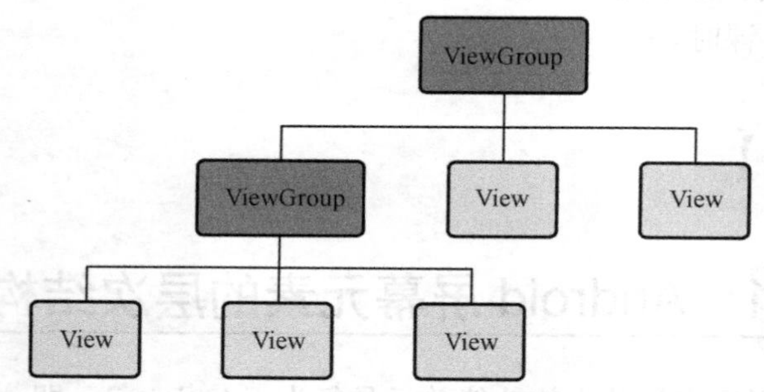

图 2-1　一个 UI 布局的层次结构示意图

无须全部用 View 和 ViewGroup 对象来创建 UI 布局，Android 给我们提供了一些 App 控件和 UI 布局，只需要定义其内容即可。

（1）视图对象（View）。

在 Android 程序中 View 类是最基本的一个 UI 类，基本上所有高级的 UI 控件都继承这个类。一个 View 通常占用屏幕上的一个矩形区域，负责绘图及事件处理，并且可以设置该块区域是否可见，以及获取焦点等操作。View 是所有窗体部件的基类，是为窗体部件服务的。这里的窗体部件即 UI 控件，例如一个按钮或文本框。Android 提供了一系列的标准 UI 控件供我们直接使用，同时，我们也可以通过继承于 View 类或 View 的子类，来实现自定义的 UI 控件。

（2）视图容器对象（ViewGroup）。

ViewGroup 是一个特殊的 View 类，它继承于 android.view.View。一个 ViewGroup 对象是一个 Android.view.ViewGroup 的实例，它的功能就是装载和管理下一层的 View 对象和 ViewGroup 对象。一个 ViewGroup 也可以加入另一个 ViewGroup 当中。ViewGroup 是布局管理器（Layout）及 View 容器的基类。ViewGroup 中还定义了一个嵌套类 ViewGroup.LayoutParams。这个类定义了一个显示对象的位置、大小等属性，View 通过 LayoutParams 中的这些属性值来告诉父级容器它们将如何放置。

继承于 ViewGroup 的一些主要的布局类有 RelativeLayout、LinearLayout、TableLayout、FrameLayout 和 AbsoluteLayout。

2.3　View 视图的基本属性

View 视图的属性有很多，常用的基本属性如下：

1. 宽高属性

宽高属性赋值形式如下：

```
android:layout_width="xx"
android:layout_height="xx"
```

宽高属性取值如下：

（1）固定值，单位分别为 dp（距离单位）、sp（字体大小单位）、px（像素，不推荐使用）。为了使界面能够在现在和将来的显示器类型上正常显示，一般建议始终使用 sp 作为文字大小的单位，将 dp 作为其他元素的单位。

（2）match_parent，表示将强制性地扩展控件宽度至其父控件的宽度以显示全部内容。

（3）wrap_content，表示将强制性地扩展控件宽度以显示全部内容，控件的宽度会根据需要显示的内容进行调整，显示的内容多则控件宽，显示的内容少则控件窄。

2. id 属性

通过 id 命名，其赋值形式为：android:id="@+id/name"。

3. android:visibility 属性

android:visibility 属性用于当前视图是否可见，默认可见。其赋值形式为：android:visibility="gone"。属性取值及功能如下：

（1）gone 表示完全消失，隐藏不占用空间；

（2）visibility 表示可见；

（3）invisibility 表示不可见，但占用空间。

4. android:background 属性

android:background 属性用于设置背景颜色，其赋值形式为：android:background="背景

颜色"。

属性通常的取值如下：

（1）颜色代码，例如#FFFFFF；

（2）系统提供的颜色；

（3）图片 mipmap；

（4）自定义图片。

2.4 Android 的主要布局对象

Android 的布局管理控件用于把多个控件集成在一个用户界面中。Android 常见的布局对象有：ConstraintLayout（约束布局）、LinearLayout（线性布局）、TableLayout（表格布局）和 FrameLayout（帧布局）。它们都继承了 ViewGroup，作为各种不同布局管理模型的容器，它们都提供了各自独到的功能。

1. ConstraintLayout 布局

ConstraintLayout 使得我们在构建复杂布局的同时能够让视图层级得到精简，而且可以通过布局工具拖拽轻松实现布局。从 Android Studio 2.3.x 版本开始，ConstraintLayout（约束布局）是 Android Studio 的默认布局，能够减少布局的层级并改善布局性能。ConstraintLayout 能够灵活地定位和调整子 View 的大小，子 View 依靠约束关系来确定位置。在一个约束关系中，需要有一个 Source（源）以及一个 Target（目标），Source 的位置依赖于 Target，可以理解为“通过约束关系，Source 与 Target 链接在了一起”，Source 相对于 Target 的位置便是固定的了。

ConstraintLayout 约束布局和其他布局容器一样，都是继承自 ViewGroup 的，所以它也拥有其他布局的一些公用属性，与其他布局不同的是它是通过约束规则来实现布局的，所以它还新增了一些特有的属性。

（1）ConstraintLayout 的基本操作。

ConstraintLayout 的基本用法很简单，例如我们要向布局中添加一个按钮，那么只需从左侧的 Palette 区域拖一个 Button 进去就可以了。

虽说现在 Button 已经添加到界面上了，但是由于我们还没有给 Button 添加任何的约束，因此 Button 并不知道自己应该出现在什么位置。现在我们在预览界面上看到的 Button 位置并不是它最终运行后的实际位置。如果一个控件没有添加任何约束，它在运行之后就会自动位于界面的左上角。

下面我们就来给 Button 添加约束。每个控件的约束都分为垂直和水平两类，一共可以在四个方向上给控件添加约束。Button 的上下左右各有一个圆圈，这些圆圈就是用来添加约束的。我们可以将约束添加到 ConstraintLayout，也可以将约束添加到另一个控件。

例如，想让 Button 位于布局的右下角，我们给 Button 的右边和下边添加约束，因此 Button 就会将自己定位到布局的右下角了。类似地，如果我们想让 Button 居中显示，那么就需要给它的上下左右都添加约束。这就是添加约束最基本的用法了。

除此之外，我们还可以使用约束让一个控件相对于另一个控件进行定位。例如，我们希望再添加一个 Button，让它位于第一个 Button 的正下方，并且间距为 64dp。

删除添加的约束也很简单，删除约束的方式一共有三种：第一种用于删除一个单独的约束，将鼠标悬浮在某个约束的圆圈上，然后该圆圈会变成红色，这个时候单击一下就能删除了；第二种用于删除某一个控件的所有约束，选中一个控件，然后它的左下角会出现一个删除约束的图标，单击该图标就能删除当前控件的所有约束了；第三种用于删除当前界面中的所有约束，单击工具栏中的删除约束图标即可。

当选中任意一个控件的时候，在右侧的 Attributes 区域就会出现很多的属性选项。在这里我们可以设置当前控件的所有属性，例如文本内容、颜色、单击事件等。

需要我们重点掌握的是 Attributes 区域的上半部分，这部分也被称为 Inspector。首先可以看到，在 Inspector 中有一个纵向的轴和一个横向的轴，这两个轴也是用于确定控件位置的。我们前面给 Button 的上下左右各添加了一个约束，然后 Button 就能居中显示了，其实就是因为这里纵横轴的值都是 50。如果调整了纵横轴的比例，那么 Button 的位置也会随之改变。

不过，虽然我们将横轴的值拖动到了 100，但是 Button 并没有紧贴到布局的最右侧，这是为什么呢？实际上，Android Studio 给控件的每个方向上的约束都默认添加了一个 16dp 的间距，从 Inspector 上面也可以明显地看出来这些间距的值。如果这些默认值并不是你想要的，可以直接在 Inspector 上进行修改。可以看到，修改成 0 之后 Button 右侧的间距就消失了。

接下来了解一下位于 Inspector 中间的那个正方形区域，它是用来控制控件大小的。一共有三种模式可选，每种模式都使用了一种不同的符号表示，单击符号即可进行切换。

>>> 表示 wrap_content。

表示固定值，也就是给控件指定了一个固定的长度或者宽度值。

表示 any size，它有点类似于 match_parent，但和 match_parent 并不完全一样，是属于 ConstraintLayout 中特有的一种大小控制方式，下面我们来重点讲解一下。

首先需要说明，在 ConstraintLayout 中是有 match_parent 的，只不过用得比较少，因为 ConstraintLayout 的一大特点就是为了解决布局嵌套。既然没有了布局嵌套，那么 match_parent 也就没有多大意义了。

而 any size 就是用在 ConstraintLayout 中顶替 match_parent 的，先看一下我们怎样使用 any size 实现和 match_parent 同样的效果吧。例如我想让 Button 的宽度充满整个布局，我们将 Button 的宽度指定成 any size，它就会自动充满整个布局了。当然还要记得将 Button 左侧的间距设置成 0 才行。这和 match_parent 有什么区别呢？其实最大的区别在于，match_parent 是用于填充满当前控件的父布局，而 any size 是用于填充满当前控件的约束规则。

（2）Guidelines。

如果想让两个按钮共同居中对齐该怎么实现呢？其实这个需求很常见，例如在应用的登录界面，都会有一个【登录】按钮和一个【注册】按钮，不管它们是水平居中还是垂直居中，肯定都是两个按钮共同居中的。

要想实现这个功能，要用到 ConstraintLayout 中的一个新功能——Guidelines。

以下通过实际操作来学习 Guidelines 的用法。例如，现在已经向界面中添加了【登录】和【注册】这两个按钮，然后希望让这两个按钮在水平方向上居中显示，在垂直方向上都距离底部 64dp，那么就需要先添加一个垂直方向上的 Guideline。

首先单击【Layouts】面板中的 Guidelines 图标，添加一个垂直或水平方向上的 Guideline，这里我们需要的是垂直方向上的。而 Guideline 默认是使用的 dp 尺，我们需要选中 Guideline，并单击最上面的箭头图标将它改成百分比尺，然后将垂直方向上的 Guideline 调整到 50%的位置，这样就将准备工作做好了。

接下来我们开始实现让两个按钮在水平方向上居中显示，并距离底部 64dp 的功能。可以看到，我们为【登录】按钮的右边向 Guideline 添加约束，【登录】按钮的下边向底部添加约束，并拖动按钮让其距离底部 64dp。然后为【注册】按钮的左边向 Guideline 添加约束，【注册】按钮的下边向【登录】按钮的下边添加约束。这样就实现了让两个按钮在水平方向上居中显示，在垂直方向上都距离底部 64dp 的功能了。

（3）自动添加约束。

如果界面中的内容变得复杂起来，给每个控件逐个地添加约束也是一件非常烦琐的事情。为此，ConstraintLayout 中支持自动添加约束的功能，可以极大程度上简化那些烦琐的操作。自动添加约束的方式主要有两种：一种叫 Autoconnect，另一种叫 Inference。

想要使用 Autoconnect，首先需要在工具栏中启用这个功能，默认情况下 Autoconnect 是不启用的，如图 2-2 所示。

Autoconnect 可以根据我们拖放控件的状态自动判断应该如何添加约束，例如将 Button 放到界面的正中央，那么它的上下左右都会自动地添加上约束。然后我们在这个 Button 的下方再放置一个 Button，可以看到，只需将 Button 拖放到界面上，Autoconnect 会判断我们的意图，并自动给控件添加约束。不过 Autoconnect 是无法保证百分百准确判断出我们的意图的，如果自动添加的约束并不符合要求，还可以在任何时候进行手动修改。总之，可以把它当成一个辅助工具，但不能完全靠它去添加控件的约束。

接下来我们看一下 Inference 的用法。Inference 也是用于自动添加约束的，但它比 Autoconnect 的功能更为强大，因为 Autoconnect 只能给当前操作的控件自动添加约束，而 Inference 会给当前界面中的所有元素自动添加约束。因而 Inference 比较适合用来实现复杂度比较高的界面，它可以一键自动生成所有的约束。

下面通过一个实例来演示 Inference 的用法。例如，界面上现在有两个 TextView、两个 EditText 和两个 Button，接下来我们先将各个控件按照界面设计的位置进行摆放，摆放完成之后单击工具栏上的“Infer Constraints”按钮，如图 2-3 所示，就能为所有控件自动添加约束了。

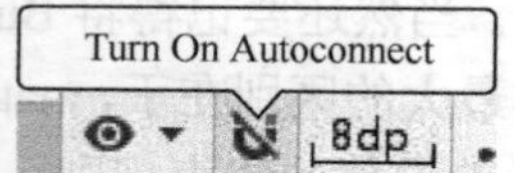

图 2-2 工具栏中启用 Autoconnect 功能

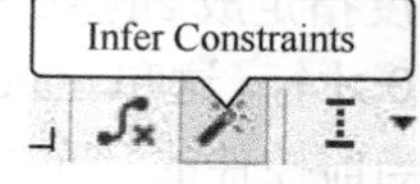

图 2-3 工具栏上的“Infer Constraints”按钮

2. LinearLayout 布局

LinearLayout 是一个最常用的基础布局对象，它以单一方向对其中的显示对象进行排列显示，如以垂直排列显示，则布局管理器中将只有一列；如以水平排列显示，则布局管理器中将只有一行。同时，它还可以对个别的显示对象设置显示比例。

LinearLayout 布局可以实现水平布局和垂直布局，它通过设置 android:orientation 属性将内部的所有子视图以横向或纵向进行排列。如果将布局方向设置为“vertical”，则表示垂直方向布局；设置为“horizontal”则表示水平方向布局。在 LinearLayout 中还可以设置内部子视图的方位（gravity），gravity 是一个排列属性，可以通过设置它的值为 left、center 或 right 而将视图放在父视图的左边、中间或右边。

将多个横向的 LinearLayout 当成子视图放进一个纵向的 LinearLayout 中，就形成一个类似 Table 的布局，如果是这种情况，还是用 TableLayout 比较合适。

3. TableLayout 布局

TableLayout 布局以拥有任意行和列的表格对显示对象进行布局，每个显示对象被分配到各自的单元格之中，但单元格的边框线不可见。

利用 TableLayout 布局管理对象，会将容器内部的子节点按照行列进行排序，类似 HTML 中的<table>节点。在 TableLayout 节点内部声明<TableRow>将为 table 添加一行，<TableRow>中的子视图将排成 *N* 列，如果<TableRow>内有 *N* 个子视图就将该行划分为 *N* 列。整个表的列是根据表格每行中最多有多少列来决定的，假设整个表格中有 2 行为 3 列，其中另有 1 行为 4 列，则表格将分为 4 列。TableLayout 默认会将它的直接子节点当成一行，所以可以放置任意的 View 到 TableLayout 中，而且对于 TableLayout 的直接子节点设置 layout_width= "wrap_ content"属性将不会生效，因为默认它会重写成 match_parent。

4. FrameLayout 布局

FrameLayout 是一个最简单的布局对象，其中只显示一个显示对象。在屏幕上预留一块空白的区域，所有的元素都被放置在 FrameLayout 区域的左上方，无法为这些元素设置确切的位置。如果有多个元素，则会重叠在前一个元素上，只有最上面的元素能被看到；如果设置最上面的元素背景为透明的，则可以透过上面的元素看到下面的元素。

2.5 Android 常用 UI 控件简介

控件是对数据和方法的封装，控件可以有自己的属性和方法。Android 内建了一个内部的 UI 框架，并做了一些特殊的设计以让其在手机上能有良好的用户体验。在 Android SDK 中，跟 JDK 一样有 Button、TextField、List、Grid 等，但是这些控件都做了优化，提供了适合在手机上实现的控制。Android 提供的 UI 控件允许建立应用程序的图形用户界面。

设计 Android 应用程序用户界面时常用的 UI 控件介绍如下：

（1）TextView 控件。

TextView 用于为用户显示文本。

TextView 用于显示一些不能编辑的文本信息，看起来就像是 GUI（Graphical User Interface，GUI，又称图形用户接口）里常见的 Label，但是其实它不只是 Label 那么简单。它还提供一些独特的控制功能，例如可以将 TextView 里面的网址和 E-mail 链接转换成链接形式，在 XML 布局中使用属性 android:autoLink 即可实现。

TextView 控件的示例代码如下：

```
<TextView
    android:id="@+id/textview1"
    android:layout_width="wrap_content"
    android:layout_height="wrap_content"
    android:autoLink="all"
    android:text="欢迎访问 www.baidu.com"  />
```

（2）EditText 控件。

EditText 是 TextView 预定义的子类，包括丰富的编辑功能。

EditText 是 TextView 的子类，EditText 扩展了 TextView 使其具备编辑文字的能力。可以设置 EditText 的很多控制功能，例如首字母大写、只允许输入数字、作为密码输入框等，还可以引用一些有定义样式的文本内容。

EditText 控件的示例代码如下：

```
<EditText
    android:id="@+id/edittext1"
    android:layout_width="wrap_content"
    android:layout_height="wrap_content"
    android:text="@string/text1"  />
```

（3）AutoCompleteTextView 控件。

AutoCompleteTextView 继承了 EditText，并且添加了额外的 AutoComplete 功能，能够实现动态匹配输入的内容。用户需要先设置一个 Adapter 以提供 AutoComplete 所需的数据源（AutoComplete 就像是使用 Google 或百度搜索时提示的建议搜索词）。它实际上由两部分组成：一个是 EditText 用来输入字符，另一个是建议列表 List。用户需要在代码中指定如何显示 AutoComplete 的建议列表。在用户输入时，它会显示自动完成建议的列表。

AutoCompleteTextView 控件常用的方法如下：

①clearListSelection()：用于清除选中的列表项。

②dismissDropDown()：用于关闭存在的下拉菜单。

③getAdapter()：用于获取适配器。

（4）MultiAutoCompleteTextView 控件。

MultiAutoCompleteTextView 继承了 AutoCompleteTextView，并且扩展了它的功能，能够对用户输入的文本进行有效的扩充提示，而无须用户输入完整内容。因为在使用 AutoCompleteTextView 时有一个不便的地方：它做的是整个 TextView 中文本信息的全匹配。假设要输入的是一个句子而又要具备能提示里面单词的功能的话，AutoCompleteTextView 就完成不了，因为它会将整个句子都作为匹配对象，所以无法进行单词建议。而 MultiAutoCompleteTextView 则解决了这个问题，它会根据用户输入的字符进行匹配而不是整个 TextView 中的文本信息。它的使用方法跟 AutoCompleteTextView 差不多。

（5）Button 控件。

按钮在 Android 中是 android.widget.Button 类，可供用户进行单击操作，按钮上通常显示文字，也可以通过 android:background 属性为 Button 设置背景色或背景图片。它继承了 TextView，所有 TextView 可配置的属性都可以在 Button 上配置，所以我们可以定义很多 Button 的样式，同时 Button 还扩展了部分功能让用户可以在文字的上下左右四个方向添加 icon 图片。

Button 控件的示例代码如下：

```
<Button
    android:id="@+id/button1"
    android:layout_width="wrap_content"
    android:layout_height="wrap_content"
    android:text="普通按钮"
    android:typeface="serif"
    android:textStyle="bold"  />
```

```
<Button
    android:id="@+id/button2"
    android:layout_width="wrap_content"
    android:layout_height="wrap_content"
    android:text="带图片按钮"
    android:drawableTop="@drawable/icon" />
```

（6）ImageView 控件。

ImageView 控件用于在屏幕上显示任何 Drawable 对象，通常用来显示图片。ImageView 继承自 View 类。ImageView 控件的主要属性如表 2-1 所示。

表 2-1 ImageView 控件的主要属性

属 性 名 称	描 述
android:adjustViewBounds	设置 ImageView 是否调整自己的边界来保持所显示图片的宽高比，需要与 maxWidth、MaxHeight 一起使用，否则单独使用没有效果
android:cropToPadding	设置是否截取指定区域用空白代替，单独设置无效果，需要与 scrollY 一起使用
android:maxHeight	设置 View 的最大高度，单独使用无效，需要与 setAdjustViewBounds 一起使用，将 adjustViewBounds 设置为 ture。如果想设置图片固定大小，又想保持图片宽高比，需要进行如下设置： ①设置 setAdjustViewBounds 为 true； ②设置 maxWidth、MaxHeight 属性值； ③设置 layout_width 和 layout_height 为 wrap_content
android:maxWidth	设置 View 的最大宽度，使用方法同 android:maxHeight
android:scaleType	设置显示的图片如何缩放或者移动以适应 ImageView 控件的大小，其取值如下： ①fitXY：对图像的横向与纵向进行独立缩放，使得该图片完全适应 ImageView 尺寸，但是图片的横纵比可能会发生改变。 ②fitStart：保持纵横比缩放图片，缩放完成后图片的高度与 ImageView 控件高度相同，且将图片放于 ImageView 的左上角。 ③fitCenter：保持纵横比缩放图片，缩放后放于 ImageView 的中间。 ④fitEnd：保持纵横比缩放图片，缩放后放于 ImageView 的右下角。 ⑤center：直接让图片按原图大小在 ImageView 中居中显示，但图片宽高大于 ImageView 的宽高时，截图显示图片中间部分。 ⑥centerCrop：按比例放大原图直至等于 ImageView 某边的宽高显示，可能会出现图片的显示不完全。 ⑦centerInside：当原图宽高小于或等于 ImageView 的宽高时，按原图大小居中显示；反之将原图缩放至 ImageView 的宽高居中显示。 ⑧matrix：使用 matrix 方式进行缩放显示
android:src	设置 ImageView 控件要显示的图片，例如，android:src="@drawable/ btn_bg 表示该控件要显示 rew\drawable 文件夹下 btn_bg 这张图片
android:tint	将图片渲染成指定的颜色

ImageView 控件设置其要显示图片的方法有 setImageResource()和 setImageBitmap()。

ImageView 控件的示例代码如下：

```
<ImageView
    android:src="@drawable/ btn_bg "
    android:id="@+id/imageView1"
```

```
    android:maxWidth="200px"
    android:maxHeight="200px"
    android:adjustViewBounds="true"
    android:layout_margin="5px"
    android:layout_height="180px"
    android:layout_width="180px"
    android:scaleType="centerInside"
    android:background="@android:color/white"
    android:tint="#ffff00"  />
```

（7）ImageButton 控件。

ImageButton 按钮的内容是图片，这跟 Button 不一样。Button 的内容可以是文字或者文字+图片，但是 ImageButton 的内容只能是图片，而且 ImageButton 是继承 ImageView，而不是 Button，所以二者是不一样的。可以通过在 XML 布局里设置 android:src 属性指定显示的图片地址，也可以动态地通过代码调用 setImageResource()方法来填充一个图片。

ImageButton 控件的示例代码如下：

```
<ImageButton
    android:id="@+id/ibtnLogin"
    android:layout_width="wrap_content"
    android:layout_height="wrap_content"
    android:src="@drawable/icon" />
```

（8）ToggleButton 控件。

ToggleButton 和 Checkbox、radio 按钮一样是一个有状态的按钮，它有一个开启或关闭状态。在开启状态时，按钮的下面有一条绿色的粗线；当它是在关闭状态时则粗线变成灰色的。可以通过配置 android:textOn 和 android:textOff 来配置对应两种不同状态时要显示的文字。

ToggleButton 控件的示例代码如下：

```
<ToggleButton
    android:id="@+id/tbtnPlay"
    android:layout_width="wrap_content"
    android:layout_height="wrap_content"
    android:textOn="播放"
    android:textOff="停止"  />
```

（9）CheckBox 控件。

CheckBox 是一个复选框，它存在两种状态：选中和未选中。用户可以通过调用 CheckBox 对象的 setChecked()或 toggle()方法来改变复选框的状态，通过调用 isChecked 方法获取选中的值。可以通过调用 CheckBox 的 setOnCheckedChangeListener()方法来监听 CheckBox 的状态改变事件。

CheckBox 控件的示例代码如下：

```
<CheckBox
    android:id="@+id/checkbox1"
    android:layout_width="wrap_content"
```

```
        android:layout_height="wrap_content"
        android:text="Java"  />
    <CheckBox
        android:id="@+id/checkbox2"
        android:layout_width="wrap_content"
        android:layout_height="wrap_content"
        android:text="C#"
        android:checked="true"  />
```

（10）RadioButton 控件与 RadioGroup 控件。

RadioButton 是一个单选框，只允许用户在多个选项里选择其中一个，而 RadioGroup 用于组织一个或多个单选按钮。为了让多个选项中仅能选择一个，我们需要将多个选项放到一个分组中，这样默认每个分组只允许用户选中分组中的一项。为了使用 RadioButton，首先要创建一个 RadioGroup 分组，然后将 RadioButton 放到分组中。所有在 RadioGroup 中的 RadioButton 默认都是未选中状态，当然也可以通过 XML 布局设置某个 RadioButton 处于选中状态。跟 CheckBox 一样，可以调用 setChecked()和 toggle()方法来改变它里面的状态值，也可以监听它的状态改变事件。

RadioButton 控件的示例代码如下：

```
<RadioButton
    android:id="@+id/radiobutton1"
    android:layout_width="wrap_content"
    android:layout_height="wrap_content"
    android:text="男"  />
<RadioButton
    android:id="@+id/radiobutton2"
    android:layout_width="wrap_content"
    android:layout_height="wrap_content"
    android:text="女"
    android:checked="true"  />
```

（11）DatePicker 控件与 TimePicker 控件。

DatePicker 控件用来选取日期，TimePicker 控件用来选取一天中的时间。选择日期和时间的功能，在很多应用程序中经常用到，Android 由于受到手机屏幕大小的限制而无法像其他 GUI 框架一样创建复杂的布局来显示日期和时间，所以它们在 Android 中的展现比较简洁。我们可以在 XML 布局文件中通过声明 DatePicker 和 TimePicker 节点来创建这两个对象。

（12）ProgressBar 控件。

ProgressBar 控件显示为进度条，也就是一个表示运转的过程，例如发送短信、连接网络等，表示一个过程正在执行中。一般只要在 XML 布局中定义就可以了。

ProgressBar 控件的常用方法如下：

①setIndeterminate()：设置进度条是否自动运转。

②setProgressStyle()：设置显示进度条风格，其取值为 ProgressDialog.STYLE_HORIZONTAL 或 ProgressDialog.STYLE_SPINNER。

③setProgress()：设置进度条的进度。

④setMax()：设置进度条的最大值。

⑤getProgress()：获取进度条的当前进度。

ProgressBar 控件的示例代码如下：

```
<ProgressBar android:id="@+id/pb"
    android:layout_width="wrap_content"
    android:layout_height="wrap_content"
    android:layout_gravity="center_vertical">
</ProgressBar>
```

此时，没有设置它的风格，那么它就是圆形的，会一直旋转的进度条。

添加以下代码，设置一个 style 风格属性，该 ProgressBar 就有了一个风格，这里表示大号 ProgressBar 的风格：

```
style="android:attr/progressBarStyleLarge"
```

（13）SeekBar 控件。

SeekBar 是一个可拖动的进度条控件。拖动条类似进度条，不同的是用户可以拖动滑块改变 SeekBar 的值，例如手机的音量调节，同时还允许用户改变滑块的外观。由于拖动条可以被用户控制，所以需要对其进行事件监听，这就需要实现 SeekBar.OnSeekBarChangeListener 接口，监听滑块位置的改变。在 SeekBar 中需要监听 3 个事件，分别是：数值的改变（onProgressChanged）、开始拖动（onStartTrackingTouch）、停止拖动（onStopTrackingTouch）。在 onProgressChanged 中我们可以得到当前数值的大小。

SeekBar 控件的常用方法如下：

①getProgress()：获取拖动条的当前值。

②setMax()：设置拖动条的最大值。

③setProgress：设置拖动条的当前值。

SeekBar 控件的示例代码如下：

```
<SeekBar
    android:id="@+id/seek"
    android:layout_width="match_parent"
    android:layout_height="wrap_content"
    android:max="100"
    android:progress="50"
    android:secondaryProgress="75"    />
```

2.6 Android 控件的基本属性

Android 控件的基本属性如下：

（1）android:id：为控件指定相应的 id。

（2）android:text：指定控件当中显示的文字。需要注意的是，这里尽量使用 strings.xml 文件当中的字符串。

（3）android:gravity：指定 View 组件的对齐方式，例如居中、居右等位置，这里指的是控件中的文本相对于控件的位置，并不是控件本身。

（4）android:textSize：指定控件当中字体的字号大小。

（5）android:background：指定该控件所使用的背景色，颜色采用 RGB 命名法。

（6）android:width：指定控件的宽度。

（7）android:height：指定控件的高度。

（8）android:layout_width：指定 Container 组件的宽度。

（9）android:layout_height：指定 Container 组件的高度。

（10）android:padding：指定控件的内边距，也就是控件当中的内容。

（11）android:hint：设置 EditText 为空时输入框内的提示信息。

（12）android:editable="false"：设置 EditText 不可编辑。

（13）android:singleLine="true"：强制输入的内容为单行显示。

（14）android:ellipsize="end"：自动隐藏尾部溢出数据，一般用于文字内容过长，一行无法全部显示的情况。

2.7　TextView 控件与 EditText 控件

1．功能说明

TextView 控件是文本表示控件，主要功能是向用户展示文本的内容，它是不可编辑的。EditText 控件是编辑文本控件，主要功能是用于用户输入文本内容，它是具有编辑功能的 TextView。EditView 类是 TextView 类的子类，EditView 与 TextView 最大的不同就是用户可以对 EditView 控件进行编辑，同时还可以为 EditView 控件设置监听器，用来判断用户的输入是否合法。每个控件都有着与之相应的属性，通过选择不同的属性，为其赋值，能够实现不同的效果。

在程序设计和编写过程中，可以采用两种方式使用 TextView 和 EditText 控件。

方式一，通过在程序中创建控件的对象来使用控件。例如 TextView 控件，可以通过编写如下代码完成控件使用：

```
TextView tv=new TextView(this);
tv.setText(“用户名");
setContentView(tv);
```

方式二，通过在 res\layout 文件夹下的 XML 文件中布局使用控件。例如 TextView 控件，可以编写如下代码达到使用目的：

```
<TextView
    android:layout_width="fill_parent"
    android:layout_height="wrap_content"
    android:text="用户名"/>
```

相比而言，采用方式二更好，一是方便代码的维护，二是编码比较灵活，三是利于分工协作。

2．基本属性

TextView 控件的基本属性如表 2-2 所示，这些属性大部分可用于 TextView，也可适用于 EditText 和 Button，仅有少部分属性只适用于其中之一。

表 2-2 TextView 控件的基本属性

属 性	描 述
android:autoLink	设置是否将文本显示为超链接形式，可选值为 none、web、email、phone、map、all。其中 none 表示所有文字显示为普通文本形式，没有超链接功能；web 表示网站 URL 链接会显示为超链接的形式，单击可以浏览网页；eamil 表示 E-mail 地址会显示为超链接形式，单击可以发送邮件；phone 表示电话号码显示为超链接形式，单击可以拨号；map 表示地图地址显示为超链接形式；all 表示各类文字内容都显示为超链接形式
android:autoText	如果设置，将自动执行输入值的拼写纠正
android:background	设置的背景颜色或图片
android:bufferType	指定 getText()方式取得的文本类别，选项 editable 类似于 StringBuilder 可追加字符，也就是说 getText 后可调用 append 方法设置文本内容
android:capitalize	设置文本内容中的英文字母为大写，例如 android:capitalize = "characters"
android:cursorVisible	设定光标为显示或隐藏，默认状态为显示，取值为 false
android:digits	设置允许输入哪些字符，例如"1234567890.+-*/% ()"等
android:drawableBottom	在 text 的下方输出一个 drawable，例如图片。如果指定一个颜色的话，会把 text 的背景设为该颜色，并且和 background 同时使用时覆盖后者
android:drawableLeft	在 text 的左边输出一个 drawable，例如图片
android:drawableRight	在 text 的右边输出一个 drawable，例如图片
android:drawableTop	在 text 的正上方输出一个 drawable，例如图片
android:drawablePadding	设置 text 与 drawable（例如图片）的间隔，与 drawableLeft、drawableRight、drawableTop、drawableBottom 一起使用，可设置为负数，单独使用没有效果
android:editable	设置控件的文本内容是否允许编辑
android:editorExtras	设置文本的额外的输入数据
android:ellipsize	设置当文字过长，该控件的文本内容该如何显示。可选项包括"start"表示省略号显示在开头；"end"表示省略号显示在结尾；"middle"表示省略号显示在中间；"marquee"表示以跑马灯的方式显示（动画横向移动）
android:ems	设置 TextView 的宽度为 *N* 个字符的宽度
android:fontFamily	设置字体系列（由字符串命名）的文本
android:freezesText	设置保存文本的内容以及光标的位置
android:gravity	设置控件内文本的显示位置，如设置成"center"，文本将居中显示
android:hint	设置 Text 为空时显示的文字提示信息，可通过 textColorHint 设置提示信息的颜色，此属性在 EditView 中使用
android:id	定义控件的唯一标识 id
android:includeFontPadding	设置文本是否包含顶部和底部额外空白，默认为 true
android:inputMethod	为文本内容的输入指定输入法，需要完全限定名（完整的包名），例如：com.google.android.inputmethod.pinyin

续表

属　性	描　述
android:inputType	设置文本的输入类型，用于帮助输入数据时显示合适的键盘类型，其可选项有 none（无特别限定）、text（输入普通字符）、textUri（URI 格式）、textEmailAddress（电子邮件地址格式）、textPassword（密码格式）、number（数字格式）、numberSigned（有符号数字格式）、numberDecimal（带小数点的浮动格式）、phone（拨号键盘）、datetime（日期时间键盘）、date（日期键盘）和 time（时间键盘）
android:lines	设置文本的行数，设置两行就显示两行，即使第二行没有数据
android:lineSpacingExtra	设置多行文本的行间距
android:lineSpacingMultiplier	设置行间距的倍数，例如"1.5"
android:maxEms	设置 TextView 的宽度为最长为 *N* 个字符的宽度，与 ems 同时使用时覆盖 ems 选项
android:minEms	设置 TextView 的宽度为最短为 *N* 个字符的宽度，与 ems 同时使用时覆盖 ems 选项
android:maxLength	限制显示的文本长度，超出部分不显示
android:maxLines	设置文本的最大显示行数，与 width 或者 layout_width 结合使用，超出部分自动换行，超出行数将不显示
android:minLines	设置文本的最小行数，与 lines 类似
android:numeric	如果被设置，限制 TextView 只能输入数字，例如 android:numeric="integer" 设置只能输入整数，如果是小数则是 decimal
android:password	设置文本框为密码输入框，以小点"•"的外观显示文本，其取值为 true 或 false，例如 android:password="true"，则设置只能输入密码
android:phoneNumber	设置为电话号码的输入方式，其取值为 true 或 false
android:privateImeOptions	设置输入法选项
android:scrollHorizontally	设置文本超出 TextView 宽度的情况下，是否出现横向滚动条
android:selectAllOnFocus	如果文本是可选择的，设置当它获取焦点时，是否自动选中所有文本
android:shadowColor	指定文本阴影的颜色，需要与 shadowRadius 一起使用
android:shadowDx	设置阴影横向坐标开始位置
android:shadowDy	设置阴影纵向坐标开始位置
android:shadowRadius	设置阴影的半径。设置为 0.1 就变成字体的颜色了，一般设置为 3.0 的效果比较好
android:singleLine	设置是否为单行显示，其取值为 true 或 false。如果和 layout_width 一起使用，当文本不能全部显示时，后面用"…"来表示，例如对于 android:text="test_ singleLine "，如设置 android:singleLine="true"，android:layout_width="20dp"，则文字不会自动换行，将只显示"…"。如果不设置 singleLine 或者设置为 false，文本将自动换行
android:text	设置控件要显示的文字。可以直接指定其为某个字符串，例如 android:text="姓名"；也可以让它引 res\value\strings.xml 字符串资源中的某个字符串，例如 android:text="@string/strname"
android:textAllCaps	设置文本是否为大写，可选值为 true 或 false
android:textColor	设置文本颜色，可以通过指定红、绿、蓝三种颜色值设定颜色值，例如 android:textColor = "#ff8c00"，三种颜色用十六进制方式指定，每种颜色的范围为 00~FF

续表

属　性	描　述
android:textColorHighlight	设置被选中文字的底色，默认为蓝色，例如 android:textColorHighlight="#cccccc"
android:textColorHint	设置提示信息文字的颜色，默认为灰色，与 hint 一起使用，例如 android:textColorHint ="#ffff00"
android:textColorLink	设置文字链接的颜色
android:textIsSelectable	设置不可编辑文本内容是否可被选中，其取值为 true 或 false
android:textScaleX	设置文字横向拉伸倍数，默认为 1.0，例如 android:textScaleX="1.5"
android:textSize	设置文字的字体大小，推荐度量单位为"sp"，例如 android:textSize="20dip"
android:textStyle	设置文字的字体，可选值为 bold（粗体）-0、italic（斜体）-1、bolditalic（粗全+斜体）-2，可以设置一个或多个，用"|"隔开，例如 android:textStyle="bold"
android:typeface	设置文本字体，可选值为 normal-0、sans-1、serif-2、monospace-3（等宽字体），例如 android:typeface="monospace"
android:height	设置控件的高度，支持度量单位有 px（像素）、dp、sp、in、mm（毫米）
android:width	设置控件的宽度，支持度量单位有 px（像素）、dp、sp、in、mm（毫米）
android:maxHeight	设置文本区域的最大高度
android:maxWidth	设置文本区域的最大宽度
android:minHeight	设置文本区域的最小高度
android:minWidth	设置文本区域的最小宽度

EditText 的基本属性如表 2-3 所示。

表 2-3　EditText 的基本属性

属　性	描　述
android:text	设置控件显示的文本
android:contentDescription	定义文本简要描述内容
android:id	设置一个标识符名称
android:hint	设置 EditText 为空时显示的提示信息
android:gravity	设置控件文本内容的显示位置
android:layout_gravity	设置控件相对于父容器的显示位置，默认为 top
android:onClick	控件被单击时调用的方法名称
android:visibility	控制控件的初始可视性

3．重要方法

通过调用控件的方法可以动态修改 TextView 控件与 EditText 控件的属性。

- public CharSequence getText()

方法 getText()用于获取文本控件的文本内容，返回值为控件当前显示的字符串，通过方法 toString()将其转化为熟悉的 String 类型。

示例代码如下：

```
TextView tv=(TextView)findViewById(R.id.text);
```

```
String strText=tv.getText().toString();
```

● public final void setText(int resid)

该方法用于设置 TextView 的显示内容为某个字符串资源。
示例代码如下：

```
TextView tv=(TextView)findViewById(R.id.text);
tv.setText(R.string.username);
```

使用 findViewById 方法通过控件的 id 获得控件的对象，R.id.text 是 TextView 控件的 id，tv 是该 TextView 控件对象，R.string.username 是某个字符串资源的 id。

● public final void setText(CharSequence text)

该方法用于设置 TextView 的显示内容为参数给定的字符串。
示例代码如下：

```
TextView tv=(TextView)findViewById(R.id.text);
tv.setText("用户名");
```

4. 示例代码

```
<TextView
    android:id="@+id/tvname"
    android:layout_width="wrap_content"
    android:layout_height="wrap_content"
    android:text="用户名"
    android:textSize="10pt" />
<EditText
    android:id="@+id/editname"
    android:layout_width="match_parent"
    android:layout_height="wrap_content"
    android:hint="请输入用户名"
    android:selectAllOnFocus="true" />
```

2.8 Button 控件

1. 功能说明

Button 控件也称按钮控件，Button 在界面上生成一个按钮，按钮可以供用户进行单击操作，单击按钮后一般会触发一系列处理。Button 按钮上通常显示文字，也可以通过 android:background 属性为 Button 增加背景颜色或背景图片。Button 类继承自 android.widget.TextView 类，TextView 控件的大部分属性和方法在 Button 中都可使用。在 android.widget 包中，其常用子类有 CheckBox、RadioButton 和 ToggleButton。

2. 重要方法

Button 控件的重要方法如下：

● setClickable(boolean clickable)

设置按钮是否允许单击，取值为 true 时表示允许单击，取值为 false 时则禁止单击。

● setBackgroundResource(int resid)

通过资源文件设置背景色，resid 为资源 XML 文件的 id。按钮默认背景为 android.R.drawable.btn_default。

- setText(CharSequence text)

设置按钮显示的文字内容。

- setTextColor(int color)

设置按钮显示文字的颜色，color 可以使用系统 Color 常量，例如 Color.BLACK 等。

- setOnClickListener(OnClickListener l)

设置按钮的单击事件。

3．示例代码

```
<Button
    android:layout_width="fill_parent"              //充满父控件
    android:layout_height="wrap_content"            //控件充满内容
    android:id="@+id/btnLogin"                      //设置 button 的 id
    android:text="登录"    />                       //设置按钮的文本显示信息
<Button
    android:layout_width="150dip"                   //按钮 2 的宽度
    android:layout_height="30dip"                   //按钮 2 的高度
    android:background="#aa00aa"                    //设置按钮 2 的背景颜色
    android:textColor="#00aa00"                     //设置按钮 2 上的文本颜色
    android:layout_gravity="center"                 //设置控件居中显示
    //注意：android:gravity="center"表示文本在控件中居中显示
    android:id="@+id/btnRegister"
    android:text="注册"    />
```

2.9 Android 资源应用

编程时，大部分情况下提到的 Android 资源应用，都是指位于 res 目录下的应用资源，Android SDK 编译该应用时将在 R 类中为它们创建对应的索引项。

1．资源的类型及存储方式

Android 要求在 res 目录下使用不同的子文件夹保存不同的应用资源，如表 2-4 所示为 Android 不同资源在 res 目录下的存储方式。

表 2-4　Android 不同资源在 res 目录下的存储方式

文 件 夹	存放的资源
/res/drawable/	该文件下存放各种位图文件（如*.png、*.png、*.jpg、*.gif）等，除此之外还可以编译成如下各种 Drawable 对象的 XML 文件：BitmapDrawable 对象、NinePatchDrawable 对象、StateListDrawable 对象、ShapeDrawable 对象、AnimationDrawable 对象、Drawable 的其他各种子类的对象
/res/layout/	存放各种用户界面的布局文件

续表

文 件 夹	存放的资源
/res/values/	存放各种简单值的 XML 文件。这些简单值包括字符串值、整数值、颜色值、数组等。 字符串、整数值、颜色值、数组等各种值都是存放在该文件夹下，而且这些资源文件的根文件夹都是<resources…/>元素，为该<resource…./>元素添加不同的子元素则代表不同的资源。例如 string/integer/bool 子元素，代表添加一个字符串值/整数值/boolean 值；color 子元素，代表添加一个颜色值；array 子元素或 string-array、int-array 子元素，代表添加一个数组；style 子元素，代表添加一个样式；dimen，代表添加一个尺寸。 由于各种简单值都可以定义在/res/values/目录下的资源文件中，如果在同一份资源文件中定义各种值，势必增加程序维护的难度。为此，Android 建议使用不同的文件来存放不同类型的值：①arrays.xml：定义数组资源；②colors.xml：定义颜色值资源；③dimens.xml：定义尺寸值资源；④strings.xml：定义字符串资源；⑤styles.xml：定义样式资源

2．使用资源

（1）在 Java 代码中使用资源。

由于 Android SDK 编译应用时将在 R 类中为 res 文件夹下的所有资源创建索引项，因此在 Java 代码中访问资源主要通过 R 类来完成。其完整的语法格式为：

```
[<package_name>.]R.<resource_type>.<resource_name>
```

各个参数的含义如下：

①<package_name>：指定 R 类所在包，实际上就是使用全限定类名。当然，如果在 Java 程序中导入 R 类所在包，就可以省略包名。

②<resource_type>：R 类中代表不同资源类型的子类，例如 string 代表字符串资源。

③<resource_name>：指定资源的名称。该资源名称可能是无后缀的文件名（如图片资源），也可能是 XML 资源文件中由 android:name 属性所指定的名称。

（2）在 XML 代码中使用资源。

当定义 XML 资源文件时，其中的 XML 元素可能需要指定不同的值，这些值就可以设置为已定义的资源项。在 XML 中使用资源的完整语法格式为：

```
@[<package_name>:]<resource_type>/<resource_name>
```

各个参数的含义如下：

①<package_name>：指定资源类所在应用包，如果引用的资源和当前资源位于同一个包下，则可以省略。

②<resource_type>：R 类中代表不同资源类型的子类，例如 string 代表字符串资源。

③<resource_name>：指定资源的名称。该资源名称可能是无后缀的文件名（如图片资源），也可能是 XML 资源文件中由 android:name 属性所指定的名称。

3．使用字符串、颜色、尺寸资源

字符串资源、颜色资源、尺寸资源，它们对应的 XML 文件都位于/res/values 目录下，它们默认的文件名以及在 R 类中对应的内部类如表 2-5 所示。

表 2-5 字符串资源、颜色资源、尺寸资源说明

资 源 类 型	资源文件的默认名	对应于 R 类中的内部类的名称
颜色资源	/res/values/colors.xml	R.color
字符串资源	/res/values/strings.xml	R.string
尺寸资源	/res/values/dimens.xml	R.dimen

Android 允许使用资源文件定义 boolean 常量，默认名为/res/values/bools.xml，该文件的根元素也是<resources…/>，根元素内通过<bool…/>子元素定义 boolean 常量，对应 R 类中内部类的名称为 R.bool。

Android 允许使用资源文件定义整型常量，默认名为/res/values/integers.xml，该文件的根元素也是<resources…/>，根元素内通过<integer…/>子元素定义整型常量，对应 R 类中内部类的名称为 R.integer。

4. 数组（Array）资源

Android 采用位于/res/values 目录下的 arrays.xml 文件来定义数组，定义数组时 XML 资源文件的根目录也是<resources…/>元素，该元素内可包含如下三种子元素：

- <array…/>子元素：定义普通类型的数组，例如 Drawable 数组。
- <string-array…/>子元素：定义字符串数组。
- <integer-array…/>子元素：定义整数数组。

数组在 Java 代码中的访问形式：[<package_name>.]R.array.array_name

数组在 XML 代码中的访问形式：@[<package_name>:]array/array_name

为了能在 Java 程序中访问到实际数组，Resources 提供了如下方法：

- String[] getStringArray(int id)：根据资源文件中字符串数组资源的名称来获取实际的字符串数组。
- int[] getIntArray(int id)：根据资源文件中整型数组资源的名称来获取实际的整型数组。
- TypedArray obtainTypedArray(int id)：根据资源文件中普通数组资源的名称来获取实际的普通数组。TypedArray 代表一个通用类型的数组，该类提供了 getXxx(int index)方法来获取指定索引处的数组元素。

【任务实战】

【任务 2-1】 使用文字标签显示欢迎信息

【任务描述】

创建 Android 项目 App0201，在 strings.xml 文件中定义字符串“loginInfo”，设置 TextView 控件的 text、宽度、高度、padding、文字大小、文字加粗、文字居中等多项属性。控件属性设置完成后浏览布局文件 activity_main.xml 和 MainActivity.java 的代码，然后运行程序，运行结果如图 2-4 所示。

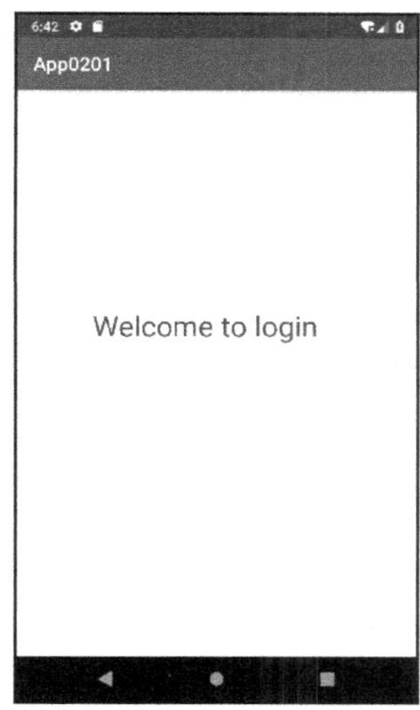

图 2-4　Android 项目 App0201 的运行结果

【知识索引】

（1）在 strings.xml 文件中定义字符串。

（2）RelativeLayout 布局。

（3）TextView 控件及其属性设置。

【实施过程】

1．创建 Android 项目 App0201

在 Android Studio 集成开发环境中创建 Android 项目，将该项目命名为 App0201。

2．在 strings.xml 文件中定义字符串

打开字符串定义文件 strings.xml，在该文件中添加新的字符串定义，字符串名称为“loginInfo”，其值为“Welcome to login”。strings.xml 文件的代码如表 2-6 所示。

表 2-6　strings.xml 文件的代码

序　号	字符串定义代码
01	<resources>
02	<string name="app_name">App0201</string>
03	<string name="hello_world">Hello world!</string>
04	<string name="action_settings">Settings</string>
05	<string name="loginInfo">Welcome to login</string>
06	</resources>

3．添加控件与设置其属性

（1）查看布局文件 activity_main.xml 中自动生成的代码。

打开布局文件 activity_main.xml，系统自动添加的代码如表 2-7 所示，可以看出界面的布局方式为相对布局（RelativeLayout），并且自动添加了 1 个 TextView 控件，该控件的 Text 属性值为“Hello world!”。

表 2-7 布局文件 activity_main.xml 自动添加的代码

```
<?xml version="1.0" encoding="utf-8"?>
<android.support.constraint.ConstraintLayout
xmlns:android="http://schemas.android.com/apk/res/android"
    xmlns:app="http://schemas.android.com/apk/res-auto"
    xmlns:tools="http://schemas.android.com/tools"
    android:layout_width="match_parent"
    android:layout_height="match_parent"
    tools:context=".MainActivity">
    <TextView
        android:layout_width="wrap_content"
        android:layout_height="wrap_content"
        android:text="Hello World!"
        app:layout_constraintBottom_toBottomOf="parent"
        app:layout_constraintLeft_toLeftOf="parent"
        app:layout_constraintRight_toRightOf="parent"
        app:layout_constraintTop_toTopOf="parent" />
</android.support.constraint.ConstraintLayout>
```

（2）删除默认添加的 TextView 控件。

为了说明添加控件的过程，这里先将默认添加的 TextView 控件删除。在编辑工作区单击【Design】标签，切换到设计视图，在设计界面单击选中已有的 TextView 控件，被选中的控件周围会出现 4 个小正方形，如图 2-5 所示。然后按【Delete】键删除该控件。

（3）重新添加 1 个 TextView 控件。

Android Studio 提供了非常丰富的各类控件，包括 Common（如图 2-6 所示）、Text（如图 2-7 所示）、Buttons（如图 2-8 所示）、Widgets（如图 2-9 所示）、Layouts（如图 2-10 所示）、Containers（如图 2-11 所示）、Google（如图 2-12 所示）、Legacy（如图 2-13 所示）共 8 种类型，这 8 种类型的控件又包含了多种控件。为了快速设置程序界面，对这些控件的外观和功能应做到十分熟悉。

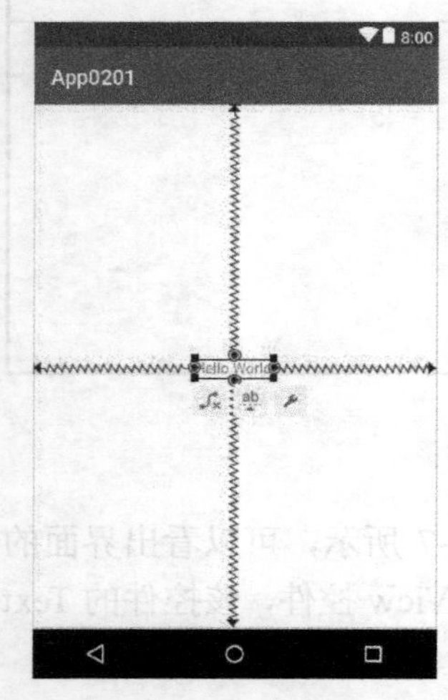

图 2-5 在设计界面选中控件

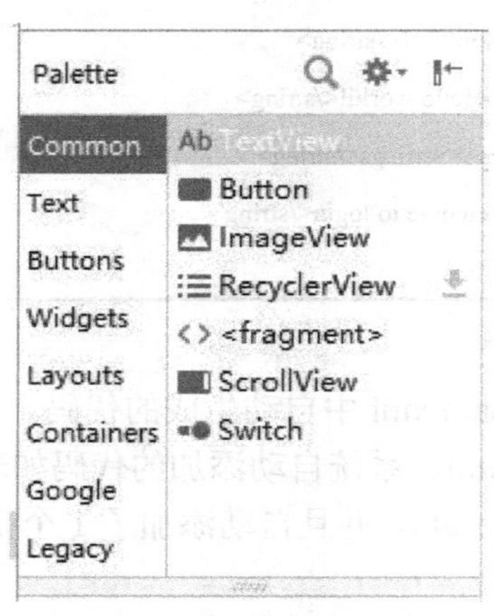

图 2-6 Common 类控件

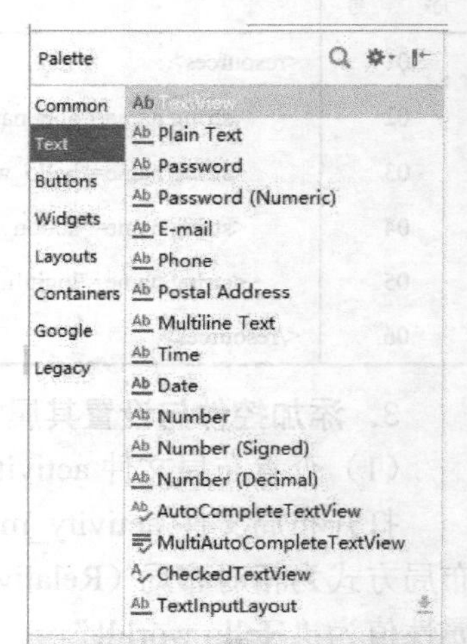

图 2-7 Text 类控件

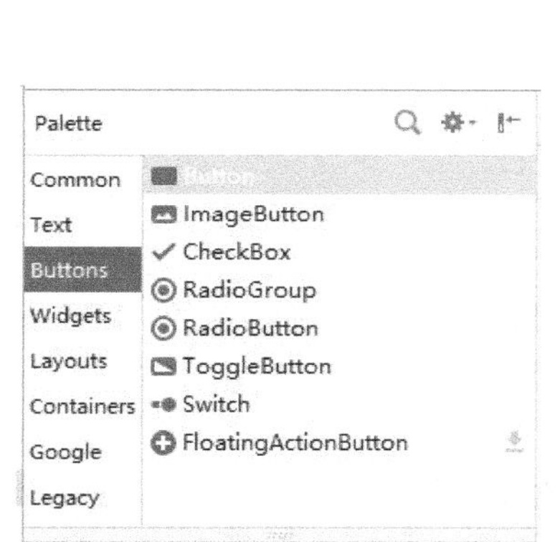

图 2-8　Buttons 类控件

Palette
Common
Text
Buttons
Widgets
Layouts
Containers
Google
Legacy
ImageView
WebView
VideoView
CalendarView
ProgressBar
ProgressBar (Horizontal)
SeekBar
SeekBar (Discrete)
RatingBar
SearchView
TextureView
SurfaceView
Horizontal Divider
Vertical Divider

图 2-9　Widgets 类控件

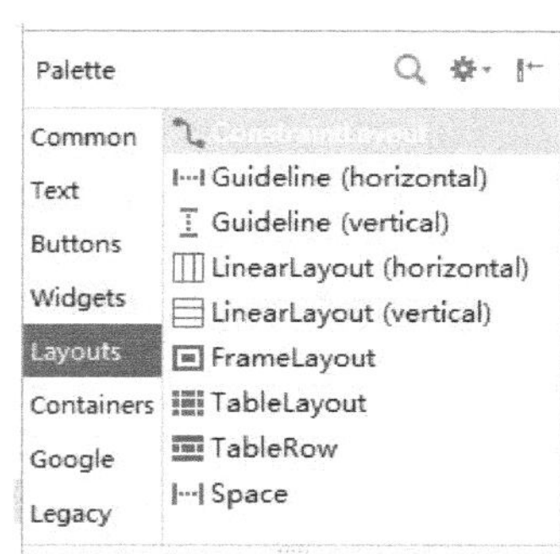

图 2-10　Layouts 类控件

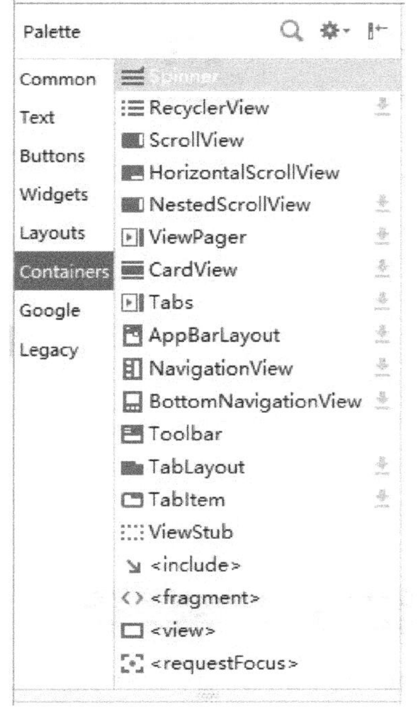

图 2-11　Containers 类控件

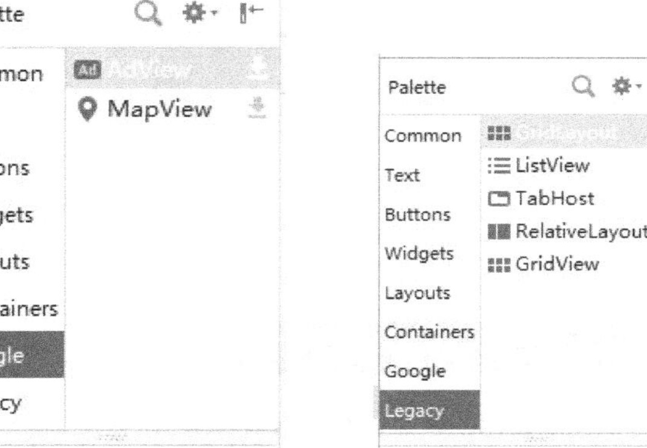

图 2-12　Google 类控件　　图 2-13　Legacy 类控件

这里需要添加 1 个 TextView 控件，在【Palette】面板的“Text”区域单击控件“TextView”，用鼠标将其拖进界面设计区域，此时显示一个控件框，TextView 控件【Attributes】面板中间布局结构如图 2-14 所示。虽说现在 TextView 已经添加到界面上了，但是由于我们还没有给 TextView 添加任何的约束，因此 TextView 并不知道自己应该出现在什么位置。现在我们在预览界面上看到的 TextView 位置并不是它最终运行后的实际位置。如果一个控件没有添加任何约束，它在运行之后将会自动位于界面的左上角。

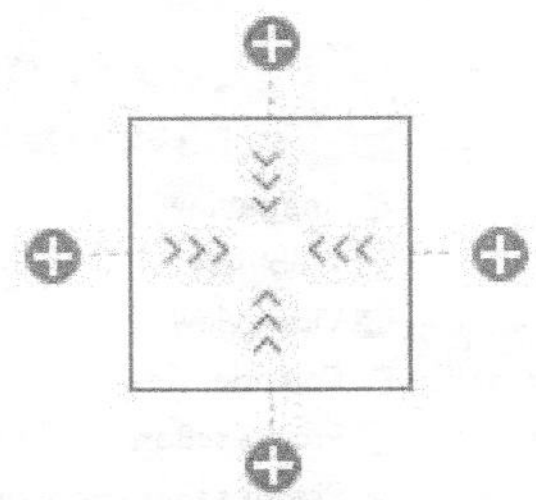

图 2-14 TextView 控件【Attributes】面板中间布局结构

单击该控件，将在四边各出现一个小圆圈，这 4 个小圆圈就是用来添加约束的；四个角出现 4 个实心小正方形，这 4 个小正方形是用来调整控件大小的，如图 2-15 所示。

（4）为 TextView 控件手工添加约束。

下面为 TextView 控件添加约束。每个控件的约束都分为垂直和水平两类，可以在四个方向上为控件添加约束。TextView 控件的上下左右各有一个圆圈，鼠标指针指向 TextView 控件下方的小圆圈，然后按住鼠标左键，向下拖动鼠标，出现一根带箭头的线条，如图 2-16 所示，当箭头接近布局区域下边缘时松开鼠标按钮。

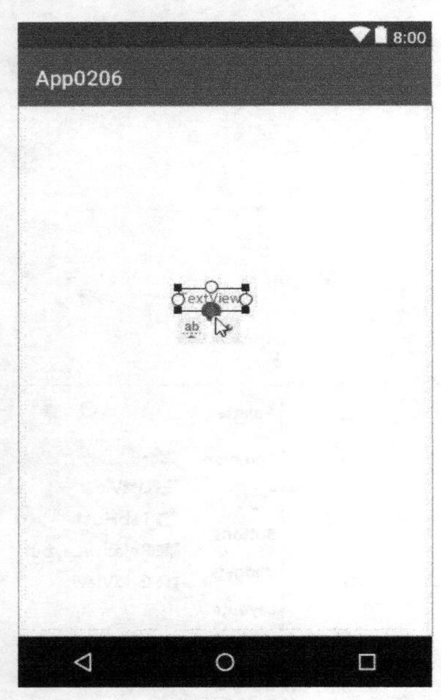

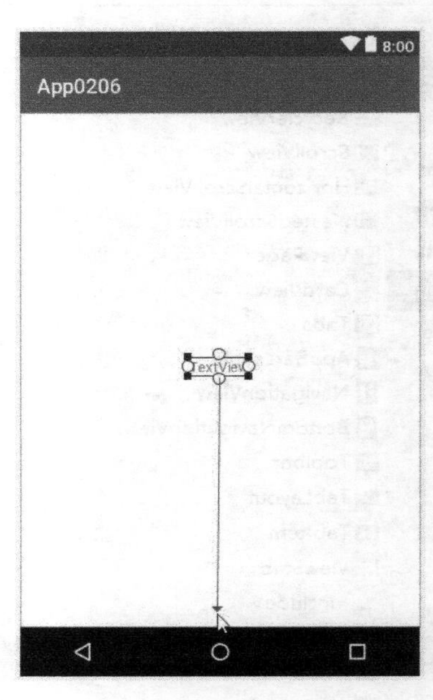

图 2-15 在界面设计区域添加 1 个 TextView 控件

图 2-16 给 TextView 控件添加约束

接下来给其他三个方向（上、左、右）添加约束。

（5）设置 TextView 控件的属性。

在设计界面单击选中已添加的 TextView 控件，然后在“TextView”区域找到“text”属性，单击其右侧的【…】按钮，打开【Resources】对话框，在该对话框中选择 strings.xml 文件中已定义字符串“loginInfo”，如图 2-17 所示，然后单击【OK】按钮，完成 text 属性的设置。

图 2-17 【Resources】对话框

接着在"Attributes"区域设置 TextView 控件的宽度、高度等多项属性，属性设置完成后的"Attributes"和"TextView"区域如图 2-18 所示。

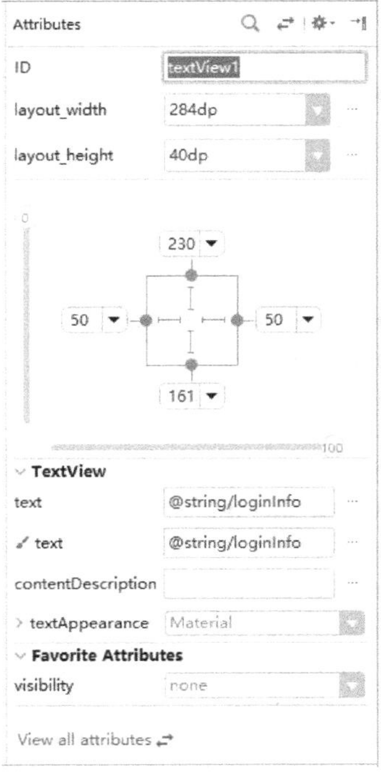

图 2-18 设置界面控件属性

4. 查看布局文件 activity_main.xml 的代码

添加必要的控件，并完成控件属性设置后，布局文件 activity_main.xml 的代码如表 2-8 所示。

表 2-8 布局文件 activity_main.xml 的代码

布局代码

```xml
<?xml version="1.0" encoding="utf-8"?>
<android.support.constraint.ConstraintLayout
xmlns:android="http://schemas.android.com/apk/res/android"
    xmlns:app="http://schemas.android.com/apk/res-auto"
    xmlns:tools="http://schemas.android.com/tools"
    android:layout_width="match_parent"
    android:layout_height="match_parent"
    tools:context=".MainActivity">
    <TextView
        android:id="@+id/textView1"
        android:layout_width="284dp"
        android:layout_height="38dp"
        android:layout_marginStart="50dp"
        android:layout_marginLeft="50dp"
        android:layout_marginTop="230dp"
        android:layout_marginEnd="50dp"
        android:layout_marginRight="50dp"
        android:layout_marginBottom="161dp"
        android:width="200dp"
        android:height="120dp"
        android:gravity="center"
        android:text="@string/loginInfo"
        android:textColor="@color/colorPrimaryDark"
        android:textIsSelectable="true"
        android:textSize="30sp"
        android:textStyle="bold"
        android:visibility="visible"
        app:layout_constraintBottom_toBottomOf="parent"
        app:layout_constraintEnd_toEndOf="parent"
        app:layout_constraintHorizontal_bias="1.0"
        app:layout_constraintStart_toStartOf="parent"
        app:layout_constraintTop_toTopOf="parent"
        app:layout_constraintVertical_bias="0.0"
        tools:text="@string/loginInfo" />
    <android.support.constraint.Barrier
        android:id="@+id/barrier"
        android:layout_width="wrap_content"
        android:layout_height="wrap_content"
        app:barrierDirection="left" />
</android.support.constraint.ConstraintLayout>
```

布局文件 activity_main.xml 中包含了多个样式设置，Android 常用的样式设置说明如下：

（1）设置元素宽度：android:layout_width。

（2）设置元素高度：android:layout_height。

（3）设置文本内容：android:text="@string/loginInfo"。

（4）设置文字大小：android:textSize，例如 android:textSize="30sp"。

（5）设置文字加粗：android:textStyle，例如 android:textStyle="bold"。

（6）设置文字居中：android:gravity，例如 android:gravity="center"。

（7）设置元素可见：android:visibility，例如 android:visibility="visible"。

（8）设置文字可选择：android:textIsSelectable，例如 android:textIsSelectable="true"。

5．程序运行与查看结果

Android 项目 App0201 的运行结果如图 2-4 所示。

【任务 2-2】 设计包含多种控件的用户登录界面

【任务描述】

创建 Android 项目 App0202，设计包含多种控件的用户登录界面；在 strings.xml 文件中定义多个字符串；在布局文件中添加多个控件，并设置各个控件的属性。该项目的预览效果如图 2-19 所示。

要求启用 Inference 功能，并使用 Guidelines 功能将【登录】按钮与【退出】按钮水平方向上居中显示，在垂直方向上都距离底部 64dp。

【知识索引】

（1）在 strings.xml 文件中定义字符串。

（2）Inference 功能和 Guidelines 功能。

（3）TextView、EditText、CheckBox、RadioGroup、RadioButton、Button 等控件以及各个控件的属性设置。

【实施过程】

1．创建 Android 项目 App0202

在 Android Studio 集成开发环境中创建 Android 项目，将该项目命名为 App0202。

2．在 strings.xml 文件中定义字符串

打开字符串定义文件 strings.xml，在该文件中添加多个字符串定义。strings.xml 文件的代码如表 2-9 所示。

图 2-19　Android 项目 App0202 的预览效果

表 2-9　字符串定义文件 strings.xml 的代码

序　号	布 局 代 码
01	<resources>
02	<string name="app_name">App0202</string>
03	<string name="hello_world">Hello world!</string>

续表

序　号	布 局 代 码
04	<string name="action_settings">Settings</string>
05	<string name="loginInfo">Welcome to login</string>
06	<string name="InfoPasswordInput">请输入密码</string>
07	<string name="LoginName">Name</string>
08	<string name="InfoNameInput">请输入用户名</string>
09	<string name="chkLogin">下次自动登录</string>
10	<string name="rbtnLogin1">二维码登录</string>
11	<string name="rbtnLogin2">邮箱账号登录</string>
12	<string name="btnLogin">登录</string>
13	<string name="btnExit">退出</string>
14	</resources>

单击右上角的【Open editor】链接，可切换到字符串内容编辑窗口【Translations Editor】，如图 2-20 所示。

+ − Show All Keys Show All Locales ?

Key	Resource Folder	Untranslatable	Default Value
app_name	app\src\main\res	☐	App0202
hello_world	app\src\main\res	☐	Hello world!
action_settings	app\src\main\res	☐	Settings
loginInfo	app\src\main\res	☐	Welcome to login
InfoPasswordInput	app\src\main\res	☐	请输入密码
LoginName	app\src\main\res	☐	Name
InfoNameInput	app\src\main\res	☐	请输入用户名
chkLogin	app\src\main\res	☐	下次自动登录
rbtnLogin1	app\src\main\res	☐	二维码登录
rbtnLogin2	app\src\main\res	☐	邮箱账号登录
btnLogin	app\src\main\res	☐	登录
btnExit	app\src\main\res	☐	退出

Key: hello_world
Default Value: Hello world!
Translation:

图 2-20　字符串内容编辑窗口【Translations Editor】

3. 完善布局文件 activity_main.xml 与界面设计

项目创建时默认添加了 1 个 TextView 控件，在“Properties”区域设置“text”属性值为已定义字符串“loginInfo”。

然后添加 1 个 EditText 控件，在【Palette】面板的“Text”区域单击控件“Plain Text”，用鼠标将其拖入界面设计区域，此时显示一个控件实线框，这里的相对定位可以是相对于设计区域的边框定位，也可以是相对于已添加控件定位，图中控件相对于左边框左对齐。

接着按类似方法继续添加 1 个 EditText 控件、1 个 CheckBox 控件、1 个 RadioGroup 控件，在 RadioGroup 控件中添加 2 个 RadioButton 控件，并设置好各个控件的属性。

4. 启用 Inference 功能

在 Android Studio 工具栏中单击【Infer Constraints】按钮，即可启用 Inference 功能。为界面中所有已添加的控件自动添加约束了。程序 App0202 添加部分控件的界面如图 2-21 所示。

5. 添加【登录】与【退出】按钮

首先单击【Layouts】面板中的 Guidelines 图标可以添加一个垂直方向上的 Guideline，而 Guideline 默认是使用的 dp 尺，我们需要选中 Guideline，并单击最上面的箭头图标将它改成百分比尺，然后将垂直方向上的 Guideline 调整到 50%的位置，如图 2-22 所示。

图 2-21　在程序 App0202 的界面添加部分控件

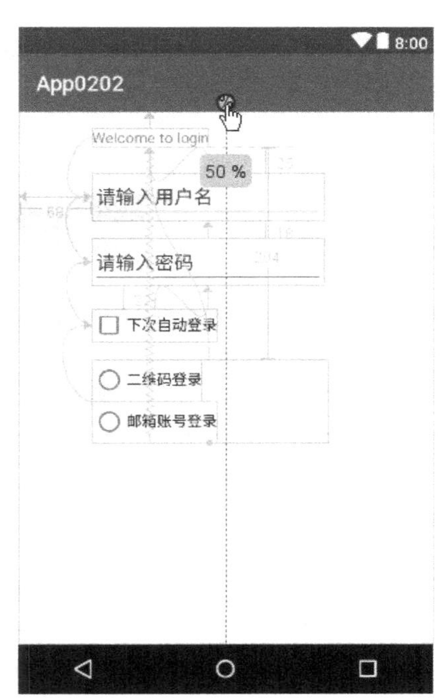

图 2-22　在界面中添加一个垂直方向上的 Guideline

接下来添加两个 Button 按钮，一个为【登录】按钮，另一个为【退出】按钮。

给【登录】按钮的右边向 Guideline 添加约束，并拖动按钮让它距离垂直中心线为 20dp；【登录】按钮的下面向底部添加约束，并拖动按钮让它距离底部 120dp。然后给【退出】按钮的左边向 Guideline 添加约束，并拖动按钮让它距离垂直中心线为 20dp；【退出】按钮的下面向【登录】按钮的下面添加约束，并拖动按钮让它距离底部 120dp。这样就实现了让两个按钮在水平方向上居中显示，在垂直方向上都距离底部 120dp 的功能了。

程序 App0202 的界面布局与添加的全部控件如图 2-23 所示。

布局文件 activity_main.xml 中控件对应的代码如表 2-10 所示。

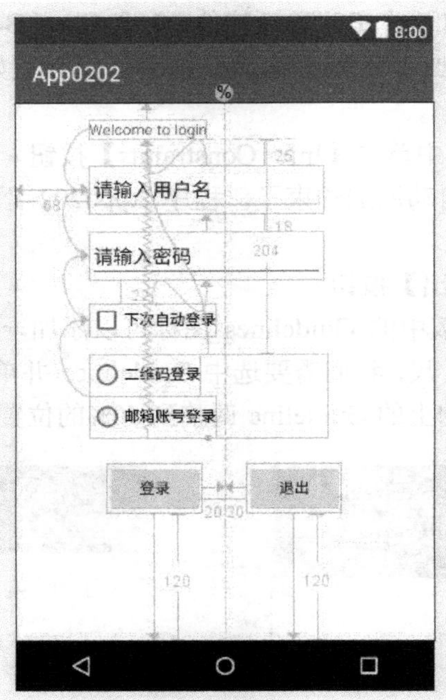

图 2-23 程序 App0202 的界面布局与添加的全部控件

表 2-10 布局文件 activity_main.xml 中控件对应的代码

序 号	布 局 代 码
01	<?xml version="1.0" encoding="utf-8"?>
02	<android.support.constraint.ConstraintLayout
03	xmlns:android="http://schemas.android.com/apk/res/android"
04	xmlns:app="http://schemas.android.com/apk/res-auto"
05	xmlns:tools="http://schemas.android.com/tools"
06	android:layout_width="match_parent"
07	android:layout_height="match_parent"
08	tools:context=".MainActivity">
09	<TextView
10	android:id="@+id/textView1"
11	android:layout_width="wrap_content"
12	android:layout_height="wrap_content"
13	android:layout_marginTop="16dp"
14	android:layout_marginBottom="217dp"
15	android:text="@string/loginInfo"
16	android:textStyle="bold"
17	app:layout_constraintBottom_toTopOf="@+id/radioGroup1"
18	app:layout_constraintStart_toStartOf="@+id/editText1"

续表

序　　号	布 局 代 码
19	app:layout_constraintTop_toTopOf="parent" />
20	<EditText
21	android:id="@+id/editText1"
22	android:layout_width="wrap_content"
23	android:layout_height="wrap_content"
24	android:ems="10"
25	android:inputType="textPersonName"
26	android:text="@string/InfoNameInput"
27	android:textStyle="bold"
28	tools:layout_editor_absoluteX="68dp"
29	tools:layout_editor_absoluteY="60dp" />
30	<EditText
31	android:id="@+id/editText2"
32	android:layout_width="wrap_content"
33	android:layout_height="wrap_content"
34	android:layout_marginTop="18dp"
35	android:ems="10"
36	android:inputType="textPersonName"
37	android:text="@string/InfoPasswordInput"
38	android:textStyle="bold"
39	app:layout_constraintStart_toStartOf="@+id/editText1"
40	app:layout_constraintTop_toBottomOf="@+id/editText1" />
41	<CheckBox
42	android:id="@+id/checkBox1"
43	android:layout_width="wrap_content"
44	android:layout_height="wrap_content"
45	android:layout_marginTop="22dp"
46	android:text="@string/chkLogin"
47	android:textStyle="bold"
48	app:layout_constraintStart_toStartOf="@+id/editText2"
49	app:layout_constraintTop_toBottomOf="@+id/editText2" />
50	<RadioGroup
51	android:id="@+id/radioGroup1"
52	android:layout_width="219dp"
53	android:layout_height="80dp"
54	android:layout_marginTop="204dp"
55	app:layout_constraintStart_toStartOf="@+id/checkBox1"
56	app:layout_constraintTop_toBottomOf="@+id/textView1">

续表

序号 | 布局代码

```
        <RadioButton
            android:id="@+id/radioButton1"
            android:layout_width="wrap_content"
            android:layout_height="wrap_content"
            android:layout_weight="1"
            android:text="@string/rbtnLogin1"
            android:textStyle="bold" />
        <RadioButton
            android:id="@+id/radioButton2"
            android:layout_width="wrap_content"
            android:layout_height="wrap_content"
            android:layout_weight="1"
            android:text="@string/rbtnLogin2"
            android:textStyle="bold" />
    </RadioGroup>
    <android.support.constraint.Guideline
        android:id="@+id/guideline"
        android:layout_width="wrap_content"
        android:layout_height="wrap_content"
        android:orientation="vertical"
        app:layout_constraintGuide_percent="0.5" />
    <Button
        android:id="@+id/button"
        android:layout_width="wrap_content"
        android:layout_height="wrap_content"
        android:layout_marginEnd="20dp"
        android:layout_marginRight="20dp"
        android:layout_marginBottom="120dp"
        android:text="@string/btnLogin"
        android:textStyle="bold"
        app:layout_constraintBottom_toBottomOf="parent"
        app:layout_constraintEnd_toStartOf="@+id/guideline" />
    <Button
        android:id="@+id/button2"
        android:layout_width="wrap_content"
        android:layout_height="wrap_content"
        android:layout_marginStart="20dp"
        android:layout_marginLeft="20dp"
```

续表

序　号	布 局 代 码
95	android:layout_marginBottom="120dp"
96	android:text="@string/btnExit"
97	android:textStyle="bold"
98	app:layout_constraintBottom_toBottomOf="parent"
99	app:layout_constraintStart_toStartOf="@+id/guideline" />
100	</android.support.constraint.ConstraintLayout>

6. 预览用户登录界面的设计效果

Android 项目 App0202 的预览效果如图 2-19 所示。

【任务 2-3】 设计开关与调节声音的界面

【任务描述】

创建 Android 项目 App0203，设计开关与调节声音的界面；在 strings.xml 文件中定义多个字符串；在布局文件中添加多个控件，并设置各个控件的属性。该项目的初始运行结果如图 2-24 所示。要求添加控件时启用 Autoconnect 功能。

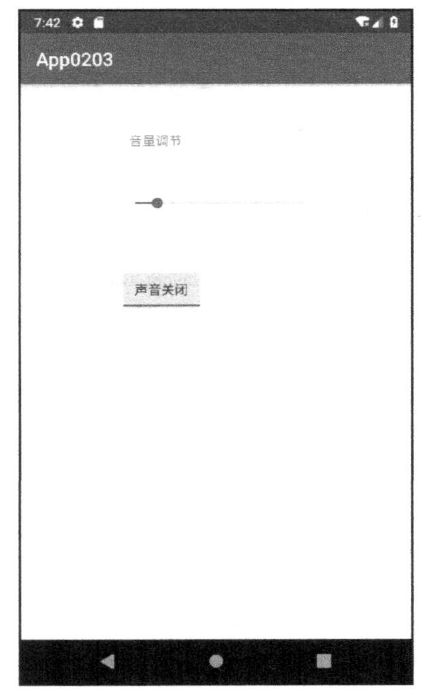

图 2-24　Android 项目 App0203 的初始运行结果

【知识索引】

（1）在 strings.xml 文件中定义字符串。

（2）RelativeLayout 布局。

（3）TextView、ToggleButton、SeekBar 等控件及其属性设置。

【实施过程】

1. 创建 Android 项目 App0203

在 Android Studio 集成开发环境中创建 Android 项目，将该项目命名为 App0203。

2. 在 strings.xml 文件中定义字符串

打开字符串定义文件 strings.xml，在该文件中添加多个字符串定义。strings.xml 文件的代码如表 2-11 所示。

表 2-11　字符串定义文件 strings.xml 的代码

序　号	布 局 代 码
01	<resources>
02	<string name="app_name">App0203</string>
03	<string name="action_settings">Settings</string>
04	<string name="tbTextOn">声音开启</string>
05	<string name="tbTextOff">声音关闭</string>

续表

```
    <string name="tvInfo1">音量调节</string>
    <string name="tbtn">ToggleButon</string>
</resources>
```

3. 启动 Autoconnect 功能

在 Android Studio 工具栏中单击【Turn On Autoconnect】按钮，即可启用 Autoconnect 功能。

4. 完善布局文件 activity_main.xml 与界面设计

完善项目 App0203 的 res\layout 文件夹下的布局文件 activity_main.xml，除了项目创建时默认添加的 TextView 控件外，另外添加 1 个 SeekBar 控件和 1 个 ToggleButton 控件，Autoconnect 可以根据我们拖放控件的状态自动判断应该如何添加约束。

然后设置好各个控件的属性。布局文件 activity_main.xml 中控件对应的代码如表 2-12 所示。

表 2-12　布局文件 activity_main.xml 中控件对应的代码

```
<TextView
    android:id="@+id/textView"
    android:layout_width="wrap_content"
    android:layout_height="wrap_content"
    android:layout_marginTop="52dp"
    android:text="@string/tvInfo1"
    app:layout_constraintHorizontal_bias="0.32"
    app:layout_constraintLeft_toLeftOf="parent"
    app:layout_constraintRight_toRightOf="parent"
    app:layout_constraintTop_toTopOf="parent" />
<SeekBar
    android:id="@+id/seekBar"
    android:layout_width="212dp"
    android:layout_height="22dp"
    android:layout_marginStart="104dp"
    android:layout_marginLeft="104dp"
    android:layout_marginTop="48dp"
    app:layout_constraintStart_toStartOf="parent"
    app:layout_constraintTop_toBottomOf="@+id/textView" />
<ToggleButton
    android:id="@+id/toggleButton"
    android:layout_width="wrap_content"
```

续表

序　号	布局代码
23	android:layout_height="wrap_content"
24	android:layout_marginStart="104dp"
25	android:layout_marginLeft="104dp"
26	android:layout_marginTop="60dp"
27	android:text="ToggleButton"
28	android:textOff="@string/tbTextOff"
29	android:textOn="@string/tbTextOn"
30	app:layout_constraintStart_toStartOf="parent"
31	app:layout_constraintTop_toBottomOf="@+id/seekBar" />

5．程序运行与查看结果

Android 项目 App0203 的初始运行结果如图 2-24 所示，拖动音量调节滑块，然后单击【声音关闭】按钮后结果如图 2-25 所示。

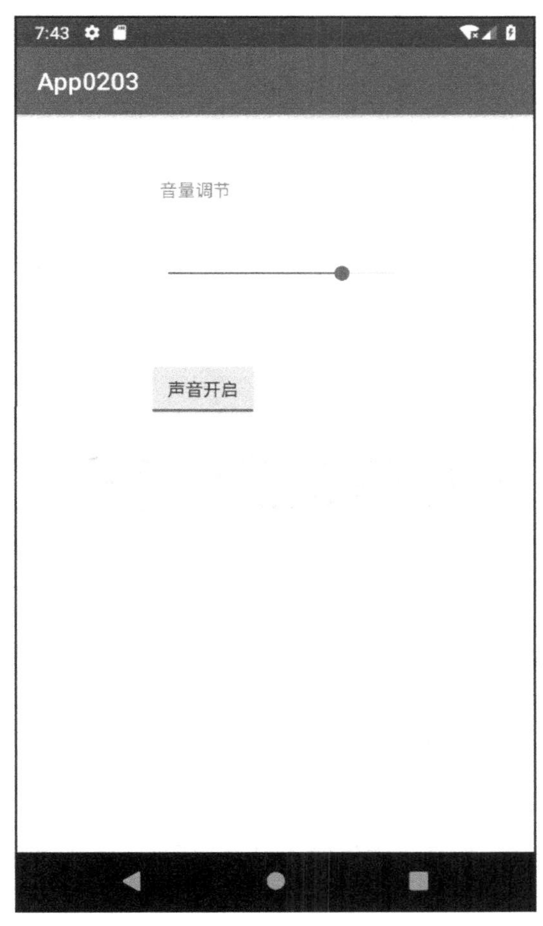

图 2-25　在界面中拖动音量调节滑块与单击【声音关闭】的结果

【任务 2-4】 使用 LinearLayout 布局设计用户注册界面

【任务描述】

创建 Android 项目 App0204，使用 LinearLayout 布局设计用户注册界面；在 strings.xml 文件中定义多个字符串；在布局文件中添加多个控件，并设置各个控件的属性。该项目的预览效果如图 2-26 所示。

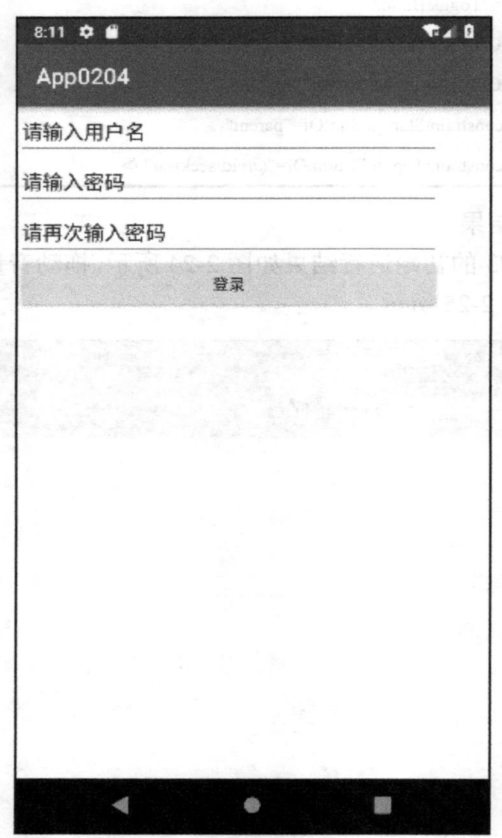

图 2-26 Android 项目 App0204 的预览效果

【知识索引】

（1）在 strings.xml 文件中定义字符串。

（2）LinearLayout 布局。

（3）TextView 控件、EditText 控件、Button 控件及各控件的属性设置。

【实施过程】

1. 创建 Android 项目 App0204

在 Android Studio 集成开发环境中创建 Android 项目，将该项目命名为 App0204。

2. 在 strings.xml 文件中定义字符串

打开字符串定义文件 strings.xml，在该文件中添加多个字符串定义。strings.xml 文件的代码如表 2-13 所示。

表 2-13　字符串定义文件 strings.xml 的代码

```
<resources>
    <string name="app_name">App0204</string>
    <string name="action_settings">Settings</string>
    <string name="LoginName">LoginName</string>
    <string name="InfoLoginName">请输入用户名</string>
    <string name="InfoPassword">请输入密码</string>
    <string name="InfoPassword2">请再次输入密码</string>
    <string name="TextLogin">登录</string>
</resources>
```

3．完善布局文件 activity_main.xml 与界面设计

先将默认添加的 TextView 控件删除，然后在界面中添加垂直方向的线性布局方式，即 LinearLayout(vertical)。接着添加 3 个 EditText 控件和 1 个 Button 控件，将 EditText 控件的 id 属性分别设置为 edtLoginName、edtPassword、edtPassword2，将 Button 控件的 id 属性设置为 btnLogin。

4．预览用户登录界面的设计效果

Android 项目 App0204 的预览效果如图 2-26 所示。

【任务 2-5】 使用 FrameLayout 布局实现图片相框效果

【任务描述】

创建 Android 项目 App0205，使用 FrameLayout 布局实现图片相框效果；在布局文件中添加 1 个 ImageView 控件，并设置好控件的属性。该项目的预览效果如图 2-27 所示。

图 2-27　Android 项目 App0205 的预览效果

【知识索引】

（1）FrameLayout 布局。

（2）ImageView 控件及其属性设置。

【实施过程】

1．创建 Android 项目 App0205 与资源准备

在 Android Studio 集成开发环境中创建 Android 项目，将该项目命名为 App0205。将本任务所需的图片文件 img01.jpg 导入或复制到 res\drawable 文件夹中。

2．完善布局文件 activity_main.xml 与界面设计

先将默认添加的 TextView 控件删除，然后在界面添加帧布局方式（FrameLayout），接着添加 1 个 ImageView 控件。打开如图 2-28 所示【Resources】

对话框，在该对话框中搜索前面添加的图片文件 img01.jpg，单击【OK】按钮关闭该对话框。

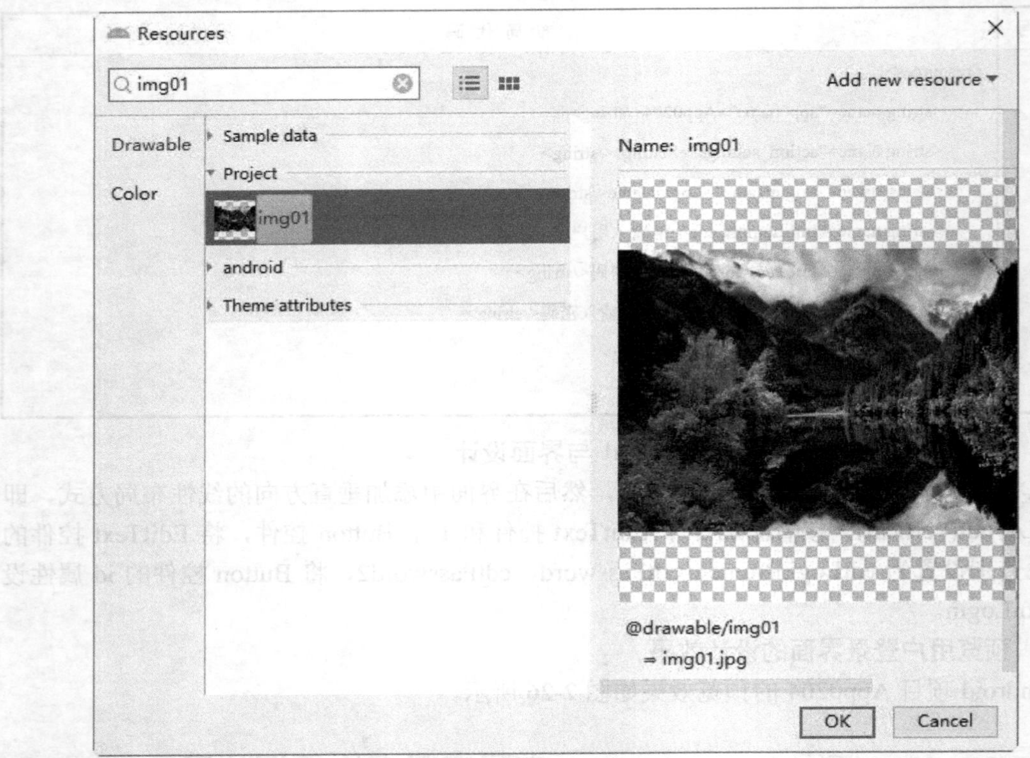

图 2-28 【Resources】对话框

设置好各个控件的属性。

布局文件 activity_main.xml 的代码如表 2-14 所示。

表 2-14 布局文件 activity_main.xml 的代码

布局代码

```
<?xml version="1.0" encoding="utf-8"?>
<android.support.constraint.ConstraintLayout
xmlns:android="http://schemas.android.com/apk/res/android"
    xmlns:app="http://schemas.android.com/apk/res-auto"
    xmlns:tools="http://schemas.android.com/tools"
    android:layout_width="match_parent"
    android:layout_height="match_parent"
    tools:context=".MainActivity">
    <FrameLayout
        android:layout_width="368dp"
        android:layout_height="495dp"
        tools:layout_editor_absoluteX="8dp"
        tools:layout_editor_absoluteY="8dp">
```

续表

布局代码

```
        <ImageView
            android:id="@+id/imageView2"
            android:layout_width="wrap_content"
            android:layout_height="wrap_content"
            app:srcCompat="@drawable/img01" />
    </FrameLayout>
</android.support.constraint.ConstraintLayout>
```

3．预览用户登录界面的设计效果

Android 项目 App0205 的预览效果如 2-27 所示。

【单元小结】

用户界面是 Android 应用程序的重要组成部分。Android 系统中提供了许多控件，包括文本控件、按钮控件、图片控件等。控件可以为应用程序构建美观、易用的用户界面。本单元主要介绍了 Android 的 View 与 ViewGroup、Android 的布局对象、Android 中创建 UI 界面的方式、Android 常用的 UI 控件及其基本属性、Android 尺寸的单位等内容，重点探析了 TextView、EditText、Button 等常用控件的功能、基本属性以及重要方法。通过完成多个界面的设计任务，学会灵活运用控件和布局对象设置美观的用户界面。

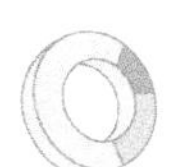

【单元习题】

1．填空题

（1）写出 Android 中的 4 种常用布局：（　　　　　　　　）、（　　　　　　　　）、（　　　　　　　　）、（　　　　　　　　）。

（2）Android 相对布局中，表示“是否跟父布局左对齐”的属性是（　　　　　　）。

（3）创建 Android 程序时，默认的布局是（　　　　　　　　）。

（4）在 Android 控件使用过程中，经常需要根据控件的 id 获取控件的对象，我们可以使用（　　　　　　　）方法。

（5）在创建控件的时候，可以在布局文件的界面视图中拖拽控件，但本质上还是编辑的（　　　　　　）文件。

（6）如果界面的某个控件的 id 设置为 btnLogin，那么调用方法 findViewById()时，引用该控件的参数应为（　　　　　　）。

2．选择题

（1）Android 中有许多控件，这些控件都继承自（　　）类。

A．Control　　　B．Window　　　C．TextView　　　D．View

（2）Android 中有许多布局，它们均是用来容纳子控件和子布局的，这些布局均继承自（　　）。

A. Layout B. ViewGroup C. Container D. LinerLayout

（3）下列属性中，（ ）属性可以“在指定控件左边”。

A. android:layout_alignleft B. android:layout_alignParentLeft

C. android:layout_left D. android:layout_toLeftOf

（4）相对布局中，“是否跟父布局底部对齐”是属性（ ）。

A. android:layout_alignBottom B. android:layout_alignParentBottom

C. android:layout_alignBaseline D. android:layout_below

（5）以下哪一个控件是用来显示图片的？（ ）

A. ImageView B. TextView C. EditText D. Button

（6）如果要实现用户单击后触发一定的处理，以下哪一个控件最合适？（ ）

A. ImageView B. TextView C. EditText D. Button

（7）以下哪个控件可以用来显示进度？（ ）

A. EditText B. ProgressBar C. TextView D. Button

（8）以下哪个方法可以用来获得进度条的当前进度值？（ ）

A. getProgress() B. setIndeterminate()

C. setProgress() D. incrementProgressBy()

（9）ListView 是常用的（ ）类型控件。

A. 按钮 B. 图片 C. 列表 D. 下拉列表

（10）以下哪个属性用来表示引用图片的资源 id？（ ）

A. text B. img C. id D. src

（11）相对布局中，如果指定一个控件位于引用控件的左侧，应该使用（ ）属性。

A. android:layout_toParentLeftOf B. android:layout_alignParentLeft

C. android:layout_alignLeft D. android:layout_toLeftOf

（12）表格布局中，android:layout_column 属性的作用是指定（ ）。

A. 行数 B. 列数 C. 总行数 D. 总列数

3. 简答题

（1）简述 Android 常用布局的特点和运用场合。

（2）简述本单元所介绍控件的特点和作用。

（3）Android 的属性、方法如何使用？它们分别起什么作用？

单元3　Android的事件处理与交互实现程序设计

Android 应用程序更多的时候是需要与用户进行交互的，即对用户的操作进行响应，这就涉及 Android 的事件处理机制。Android 系统给事件提供了两套功能强大的处理机制：

（1）基于监听的事件处理机制；

（2）基于回调的事件处理机制。

【教学导航】

【教学目标】

（1）理解 Android 的应用组件及其功能、特点；

（2）理解并掌握 Android 的 Activity 组件、Intent 组件；

（3）理解并掌握 Android 的事件处理机制，掌握基于监听的事件处理机制和基于回调的事件处理机制使用方法；

（4）了解 Android 的对话框与消息框，掌握 Android 的 Toast。

【教学方法】　任务驱动法，理论实践一体化，探究学习法，分组讨论法。

【课时建议】　8 课时。

【知识导读】

3.1　Android 的应用组件

应用组件是一个 Android 应用程序的基本构建块。Android 应用程序由多个联系松散的应用组件构成，遵守着一个应用程序清单文件 AndroidManifest.xml 的约束，这个清单文件描述了每个组件以及它们如何交互，还包含了应用程序的硬件和平台需求的元数据（metadata）。以下控件提供了应用程序的基础部分：

（1）Activities（活动）。

Activities 是应用程序的表示层，应用程序的每个界面都将是 Activity 类的扩展。Activities 用视图（View）构成 GUI，来显示信息、响应用户操作。

一个活动（Activity）表示一个单一的屏幕上的用户界面，就桌面开发而言，一个活动（Activity）相当于一个窗体（Form）。例如，电子邮件应用程序可能有一个活动，显示新的电子邮件列表；另一个活动，撰写电子邮件、阅读电子邮件和其他活动。如果应用程序有一个以上的 Activity，其中一个 Activity 应标记为入口，表明该 Activity 最先被启动。

（2）Broadcast Receivers（广播接收器）。

Broadcast Receivers 是 Intent 广播的接收器，广播接收器简单地响应其他应用程序或系统的广播消息。如果创建并注册了一个 Broadcast Receiver，应用程序就可以监听匹配了特定过滤标准的广播 Intent。Broadcast Receiver 会自动开启应用程序以响应一个收到的 Intent，使得可以用它们完美地创建事件驱动的应用程序。

Widgets 是可以添加到主屏幕界面（home screen）的可视应用程序控件。作为 Broadcast Receiver 的特殊变种，Widgets 可以为用户创建可嵌入到主屏幕界面的、动态的、交互的应用程序控件。

（3）ContentProviders（内容提供者）。

ContentProviders 是可共享的数据存储，主要用于对外共享数据，也就是通过 ContentProvider 把应用中的数据共享给其他应用访问，其他应用可以通过 ContentProvider 对指定应用中的数据进行操作。

（4）Intents（意图）。

Intents 是一个应用程序间（inter-application）的消息传递框架，使用 Intents 可以在系统范围内广播消息或者对一个目标 Activity 或 Service 发送消息，来表示要执行一个动作。系统将辨别出相应要执行活动的目标（target）。

（5）Services（服务）。

Services 是应用程序中的隐形工作者，是在不定的时间运行在后台，不和用户交互的应用组件。例如播放音乐的时候用户启动了其他 Activity，此时程序要在后台继续播放，而不阻塞用户交互与活动。Services 在后台更新程序的数据源、触发通知（Notification）。在应用程序的 Activities 不激活或不可见时，用于执行依然需要继续的长期处理。

3.2 Activity

1. Activity 概述

Activity 是 Android 组件中最基本也是最为常用的四大组件（Activity，Service，Content Provider，BroadcastReceiver）之一。Activity 是一个应用组件，提供一个屏幕，用户可以通过交互完成某项任务。Activity 中的所有操作都与用户密切相关，是一个负责与用户交互的组件，可以通过 setContentView(View)来显式指定控件。

在一个 Android 应用程序中，一个 Activity 通常就是布满整个窗口或者悬浮于其他窗口上的交互界面，它上面可以显示一些控件，也可以监听并处理用户的事件、做出响应。Activity 之间通过 Intent 进行通信。

在一个应用程序中通常有多个 Activity，需要在 AndroidManifest.xml 文件中指定程序运行时首先加载的 Activity，即指定一个主 Activity，设置代码如下：

```
<action android:name="android.intent.action.MAIN" />
```

程序第一次运行时用户就会看到这个 Activity，这个 Activity 可以通过启动其他的 Activity 进行相关操作。当启动其他的 Activity 时，这个当前的 Activity 将会停止，新的 Activity 将会压入栈中，同时获取用户焦点，这时就可在这个新的 Activity 上操作了。我们知道栈遵循先进后出的原则，那么当用户按【Back】键时，当前的这个 Activity 销毁，前一个 Activity 重新恢复。

2. Activity 的基本状态及状态转换

在 Android 中，Activity 有四种基本状态：

（1）Active/Runing。

一个新 Activity 启动入栈后，它显示在屏幕最前端，此时它处于可见并可与用户交互的激活状态，叫作活动状态或者运行状态（active or running）。

（2）Paused。

当 Activity 失去焦点，一个新的非全屏的 Activity 或者一个透明的 Activity 被放置在栈顶，此时的状态叫作暂停状态（Paused）。此时它依然与窗口管理器保持连接，Activity 依然保持活力（保持所有的状态和成员信息，和窗口管理器保持连接），但是在系统内存极端低下的情况下将被强行终止掉。所以它仍然可见，但已经失去了焦点，故不可与用户进行交互。

（3）Stopped。

如果一个 Activity 被另外的 Activity 完全覆盖掉，叫作停止状态（Stopped）。它依然保持所有状态和成员信息，但是它不再可见，所以它的窗口被隐藏。当系统内存需要被用在其他地方的时候，Stopped 的 Activity 将被强行终止掉。

（4）Killed。

如果一个 Activity 是 Paused 或者 Stopped 状态，系统可以将该 Activity 从内存中删除。Android 系统采用两种方式进行删除，要么要求该 Activity 结束，要么直接终止它的进程。当该 Activity 再次显示给用户时，它必须重新开始并重置前面的状态。

当一个 Activity 实例被创建、销毁或者启动另外一个 Activity 时，它在这四种状态之间进行转换，这种转换的发生依赖于用户程序的动作。

Android 程序员可以决定一个 Activity 的“生”，但不能决定它的“死”，也就是说程序员可以启动一个 Activity，但是却不能手动地“结束”一个 Activity。

Android 是通过一种 Activity 栈的方式来管理 Activity 的，一个 Activity 实例的状态决定它在栈中的位置。处于前台的 Activity 总是在栈的顶端，当前台的 Activity 因为异常或其他原因被销毁时，处于栈第二层的 Activity 将被激活，上浮到栈顶。当新的 Activity 启动入栈时，原 Activity 会被压入栈的第二层。一个 Activity 在栈中的位置变化反映了它在不同状态间的转换。

3. Activity 的生命周期

如图 3-1 所示展示了 Activity 的重要状态转换，矩形框表明 Activity 在状态转换之间的回调接口，开发人员可以重载实现以便执行相关代码，椭圆形表明 Activity 所处的状态。

图 3-1 中，Activity 有三个关键的循环：

（1）整个的生命周期，从 onCreate()开始到 onDestroy()结束。

Activity 在 onCreate()设置所有的“全局”状态，在 onDestroy()释放所有的资源。例如，某个 Activity 有一个在后台运行的线程，用于从网络下载数据，则该 Activity 可以在 onCreate()中创建线程，在 onDestroy()中停止线程。

（2）可见的生命周期，从 onStart()开始到 onStop()结束。

在这段时间，可以看到 Activity 在屏幕上，尽管有可能不在前台，不能和用户交互。在这两个接口之间，需要保持显示给用户的 UI 数据和资源等。例如，可以在 onStart()中注册一个 IntentReceiver 来监听数据变化导致 UI 的变动，当不再需要显示时，可以在 onStop()中注销它。onStart()、onStop()都可以被多次调用，因为 Activity 随时可以在可见和隐藏之间转换。

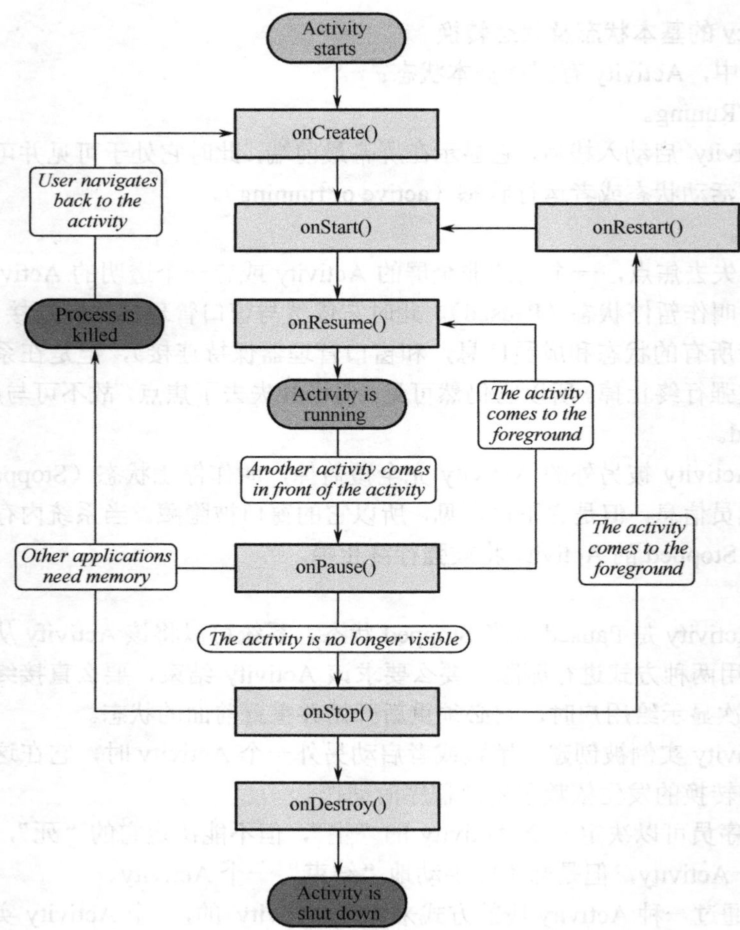

图 3-1　Activity 的重要状态转换示意图

（3）前台的生命周期，从 onResume()开始到 onPause()结束。

在这段时间里，该 Activity 处于所有 Activity 的最前面，和用户进行交互。Activity 可以经常性地在 Resumed 和 Paused 状态之间切换，例如，当设备准备休眠时，当一个 Activity 处理结果被分发时，当一个新的 Intent 被分发时。所以，在这些接口方法中的代码应该属于非常轻量级的。

4. Activity 的生命周期方法

Android 提供了很多 Activity 的生命周期方法，常用的方法有以下几个：onCreate()、onStart()、onResume()、onPause()、onStop()、onDestroy()、onRestart()。从名称上就可以粗略看出来这些方法在什么时候执行。

（1）onCreate()。

创建 Activity 时调用此方法，用于 Activity 的初始化，还有个 Bundle 类型的参数，可以访问以前存储的状态。在这个方法中需要完成所有的正常静态设置，例如创建一个视图（view）、绑定列表的数据等。调用该方法后一般会调用 onStart()方法。

（2）onRestart()。

在 Activity 被停止后重新启动时会调用此方法，其后续会调用 onStart 方法。

（3）onStart()。

Activity 在屏幕上对用户可见时调用此方法。

（4）onResume()。

Activity 开始和用户交互时调用此方法，这时该 Activity 是在 Activity 栈的顶部，并且接受用户的输入。其后续会调用 onPause()方法。

（5）onPause()。

Activity 被暂停时调用此方法，这个方法中通常用来提交一些还没保存的数据更改、停止一些动画或其他一些消耗 CPU 资源的操作等。无论在该方法里面进行何种操作，都需要较快速地完成，因为如果它不返回的话，下一个 Activity 将无法恢复出来。如果 Activity 返回到前台将会调用 onResume()，如果 Activity 变得对用户不可见将会调用 onStop()。

（6）onStop()。

Activity 被停止或者 Activity 变成不可见时调用此方法。可能会因为当前 Activity 正在被销毁，或另一个 Activity（已经存在的 Activity 或新的 Activity）已经恢复并正准备覆盖它，而调用该方法。如果 Activity 正准备返回与用户交互时后续会调用 onRestart()，如果 Activity 正在被释放则会调用 onDestroy()。

（7）onDestroy()。

Activity 被从内存中销毁时调用此方法，这是 Activity 能接收到的最后一个调用。可能会因为有人调用了 finish()方法使得当前 Activity 正在被关闭，或系统为了保护内存临时释放这个 Activity 的实例，而调用此方法。

Activity 程序入口为方法 onCreate()或 onStart()。一些初始化的操作需要在这两个方法中进行，例如设置 layout、初始化控件、添加事件监听等。每次启动 Activity 都是从 OnCreare()开始，接着执行 onStart()和 onResume()。

一个 Activity 在启动的时候会执行 onCreate()→onStart()→onResume()，在结束（或离开）的时候会执行 onPause()→onStop()→onDestroy()，这就是一个 Activity 的生命周期。因此我们要在 onCreate()方法里把 Activity 需要的东西准备好，也就是初始化；在 onResume()方法里对 Activity 里的东西做一些调整；在 onPause()方法里做一些清理和保存工作（保存持久状态），因为这是最后的机会，因为 onPause()完成之前 Android 不会结束托管 Activity 类的进程，而之后进程可能被关闭。

展示 Activity 生命周期及方法应用的程序代码如表 3-1 所示。

表 3-1　展示 Activity 生命周期及方法应用的程序代码

```
package com.example.exampleapp0301;
import android.app.Activity;
import android.os.Bundle;
import android.util.Log;
public class MainActivity extends Activity {
    private final static String TAG="ActivityLifeDemo";
    @Override
    protected void onCreate(Bundle savedInstanceState) {
```

续表

```
        super.onCreate(savedInstanceState);
        setContentView(R.layout.activity_main);
        Log.i(TAG, "onCreate");
    }
    @Override
    protected void onStart() {
        Log.i(TAG, "onStart");
        super.onStart();
    }
    @Override
    protected void onRestart() {
        super.onRestart();
        Log.i(TAG, "onRestart");
    }
    @Override
    protected void onResume() {
        super.onResume();
        Log.i(TAG, "onResume");
    }
    @Override
    protected void onPause() {
        super.onPause();
        Log.i(TAG, "onPause");
    }
    @Override
    protected void onStop() {
        super.onStop();
        Log.i(TAG, "onStop");
    }
    @Override
    protected void onDestroy() {
        super.onDestroy();
        Log.i(TAG, "onDestroy");
    }
}
```

接下来，我们通过记录操作和查看日志输出信息的方式来看看 Activity 的生命周期过程。运行如表 3-1 所示程序，可以看到如下日志输出信息：

```
I/InstantRun: starting instant run server: is main process
I/ActivityLifeDemo: onCreate
```

```
I/ActivityLifeDemo: onStart
I/ActivityLifeDemo: onResume
```

在模拟器中按下【Back】按钮◁，可以看到如下日志输出信息：

```
I/ActivityLifeDemo: onPause
D/EGL_emulation: eglMakeCurrent: 0xe4d05300: ver 2 0 (tinfo 0xe4d03720)
I/ActivityLifeDemo: onStop
I/ActivityLifeDemo: onDestroy
```

再次运行该程序，然后在模拟器中按【Home】按钮○，可以看到如下日志输出信息：

```
I/ActivityLifeDemo: onPause
D/EGL_emulation: eglMakeCurrent: 0xe4d05120: ver 2 0 (tinfo 0xe4d036d0)
I/ActivityLifeDemo: onStop
```

通过日志输出信息，我们可以看到 Activity 的启动过程如下：onCreate→onStart→onResume。按下【Back】按钮时，此 Activity 弹出栈，程序销毁，其运行过程如下：onPause→onStop→onDestroy。再次打开时的启动过程又回到 onCreate→onStart→onResume。启动之后按下【Home】按钮，运行过程如下：onPause→onStop。

我们通过对 Activity 的各种操作，构成了 Activity 的生命周期。可以看出，无论对 Activity 做何种的操作，都会接收到相关的回调方法。那么我们在开发的过程中通过调用这些回调方法就可以完成一些操作，例如释放一些重量级的对象、网络连接、数据库连接、文件读取等。

5. Activity 的启动模式

简单地说，启动模式就是 Activity 启动时的策略，通过在 AndroidManifest.xml 中对 android:launchMode 属性进行设置。

Activity 的启动模式有 4 种，分别为 standard、singleTop、singleTask 和 singleInstance。

在讲解启动模式之前，先分析一下“任务栈”的概念。每个应用都有一个任务栈，是用来存放 Activity 的，功能类似于函数调用的栈，先后顺序代表了 Activity 的出现顺序，例如 Activity1→Activity2→Activity3。

（1）standard 模式。

每次激活 Activity 时（startActivity），都创建 Activity 实例，并放入任务栈。

（2）singleTop 模式。

如果某个 Activity 自己激活自己，即任务栈栈顶就是该 Activity，则不需要创建，其余情况都要创建 Activity 实例。

（3）singleTask。

如果要激活的那个 Activity 在任务栈中存在该实例，则不需要创建，只需要把此 Activity 放入栈顶，并把该 Activity 以上的 Activity 实例都弹出。

（4）singleInstance。

假设应用 1 的任务栈中创建了 MainActivity 实例，如果应用 2 也要激活 MainActivity，则不需要创建，两个应用共享该 Activity 实例即可。

6. Android Activity 的基本属性

（1）android:allowTaskReparenting。

是否允许 Activity 更换从属的任务，例如从短信息任务切换到浏览器任务。

（2）android:alwaysRetainTaskState。

是否保留状态不变，例如返回 home，再重新打开。

（3）android:enabled。

Activity 是否可以被实例化。

（4）android:excludeFromRecents。

是否可被显示在最近打开的 Activity 列表里。

（5）android:exported。

是否允许 Activity 被其他程序调用。

（6）android:finishOnTaskLaunch。

当用户重新启动这个任务时，是否关闭已打开的 Activity。

（7）android:launchMode。

Activity 启动方式，其取值为 standard、singleTop、singleTask、singleInstance。

（8）android:multiprocess。

设置是否允许多进程。

（9）android:name。

Activity 的类名。

（10）android:process。

一个 Activity 运行时所在的进程名，所有程序控件运行在应用程序默认的进程中，这个进程名跟应用程序的包名一致。

（11）android:screenOrientation。

Activity 显示的模式，unspecified 为默认值；landscape 为风景画模式，宽度比高度大一些；portrait 为肖像模式，高度比宽度大。

（12）android:theme。

Activity 的主题样式，如果没有设置，则 Activity 的主题样式从属于应用程序。

7. Activity 的切换

首先简单介绍 Intent。Intent 类相当于平台中应用程序之间的通信网络，Intent 是一个要执行的操作的抽象说明，相当于各个 Activity 之间的桥梁。从一个 Activity 中切换到另一个 Activity，需要使用方法 startActivity()，并需要定义一个 Intent 来指定 Intent 的组件类。

（1）最简单的 Activity 切换。

定义 Intent，使用 Intent 设置需要切换到哪个 Activity。Activity 的切换一般是通过 Intent 来实现的，Intent 是一个 Activity 到达另一个 Activity 的引路者，它描述了起点（当前 Activity）和终点（目标 Activity）。

使用 Activity 的 startActivity(Intent)方法进行切换的示例代码如下：

```
Intent intent = new Intent();                                   //创建一个 Intent 对象
intent.setClass(activity1.this, activity2.class);               //描述起点和目标
startActivity(intent);                                          //开始跳转
```

（2）使用 Intent 传递数据。

在切换 Activity 的时候允许传递数据，可以直接使用 Intent 的 putExtra()方法，也可以通过新建一个 Bundle 类传入。

通常，我们在 Activity 的切换中，希望把前一个 Activity 的某些数据传递给下一个 Activity。这时，我们可以借助 Bundle 来实现。Bundle 相当于数据存储包，用于存放我们想要转达的数据。这里的 Intent 就像一封邮件，里面有送信人地址（原始 Activity），也有收信人地址（目标 Activity），而 Bundle 就是附件，也可看作是信件内容。以下是它的实现方法：

①Activity1 发送。

```
Intent intent = new Intent();
intent.setClass(activity1.this, activity2.class);            //描述起点和目标
Bundle bundle = new Bundle();                                 //创建 Bundle 对象
bundle.putString("something", "Activity1 发来的数据");        //装入数据
intent.putExtras(bundle);                                     //把 Bundle 塞入 Intent 里面
startActivity(intent);                                        //开始切换
```

②Activity2 接受从 Activity1 发来的数据。

```
Intent intent = this.getIntent();                             //获取已有的 Intent 对象
Bundle bundle = intent.getExtras();                           //获取 Intent 里面的 Bundle 对象
string = bundle.getString("something");                       //获取 Bundle 里面的字符串
```

（3）接受从目标 Activity 返回的处理结果。

接受从目标 Activity 返回的处理结果有两种方式方式。一种方式是在 onRestart 方法（onRestrart 表示重启 Activity 时激发的事件）里面接受处理结果，方法实现和 Activity2 接受从 Activity1 发来的数据处理一样。

另一种方式，是采用应答模式切换。应答模式切换和普通切换的不同之处在于，普通的切换是有去无回，应答则是有来有往。代码实现也不一样：

①从 Activity1 切换到 Activity2 调用方法 startActivityForResult(intent,0)；

②从 Activity2 返回到 Activity1 调用方法 setResult(RESULT_OK, intent)；

③接受返回结果调用方法 protected void onActivityResult()。

3.3　Intent

1. Intent 概述

Intent 主要是解决 Android 应用的各项组件之间的通信。Intent 负责对应用中一次操作的动作、动作涉及数据、附加数据进行描述，Android 则根据此 Intent 的描述，负责找到对应的组件，将 Intent 传递给调用的组件，并完成组件的调用。因此，Intent 在这里起着一个媒体中介的作用，专门提供组件互相调用的相关信息，实现调用者与被调用者之间的解耦。

Intent 是一种运行时绑定（run-time binding）机制，它能在程序运行过程中连接两个不同的组件。通过 Intent，程序可以向 Android 表达某种请求或者意愿，Android 会根据意愿的内容选择适当的组件来完成请求。例如，有一个 Activity 希望打开网页浏览器查看某一网页的内容，那么这个 Activity 只需要发出 WEB_SEARCH_ACTION 给 Android，Android 就会根据 Intent 的请求内容，查询各组件注册时声明的 IntentFilter，找到网页浏览器的 Activity 来浏览网页。

Android 的三个基本组件（Activity、Service 和 BroadcastReceiver）都是通过 Intent 机制激活的，不同类型的组件有不同的传递 Intent 方式：

①要激活一个新的 Activity，或者让一个现有的 Activity 执行新的操作，可以通过调用

Context.startActivity()或者 Activity.startActivityForResult()方法。

②要启动一个新的 Service，或者向一个已有的 Service 传递新的指令，调用 Context.startService()方法或者调用 Context.bindService()方法，将调用此方法的上下文对象与 Service 绑定。

③Context.sendBroadcast()、Context.sendOrderBroadcast()、Context.sendStickBroadcast()这 3 个方法可以发送 Broadcast Intent。发送之后，所有已注册并拥有与之相匹配 IntentFilter 的 BroadcastReceiver 就会被激活。

Intent 一旦发出，Android 都会准确找到相匹配的一个或多个 Activity、Service 或者 BroadcastReceiver 做出响应。所以，不同类型的 Intent 消息不会出现重叠，即 Broadcast 的 Intent 消息只会发送给 BroadcastReceiver，而决不会发送给 Activity 或者 Service。由 startActivity()传递的 Intent 也只会发给 Activity，由 startService()传递的 Intent 只会发送给 Service。

在应用中，我们可以有以下两种形式来使用 Intent：

（1）显式 Intent。

显式 Intent 是通过调用 setComponent(ComponentName)或者 setClass(Context, Class)指定了 component 属性的 Intent。通过明确指定具体的组件类，通知应用启动对应的组件。

以下代码方式可以创建显式 Intent 实例化对象，并设定需要传递的参数信息。由于显式 Intent 指定了具体的组件对象，不需要设置 Intent 的其他 Intent 过滤对象。

```
Intent intent = new Intent();
intent.setClass(Context packageContext, Class<?> cls) ;
//内部调用 setComponent(ComponentName)
intent.setClassName(Context packageContext, String className) ;
//内部调用 setComponent(ComponentName)，可以激活外部应用
intent.setClassName(String packageName, String className) ;
intent.setComponent(new ComponentName(this, Class<?> cls));
intent.setComponent(new ComponentName(this, "package Name"));
```

（2）隐式 Intent。

隐式 Intent 是没有指定 component 属性的 Intent，即没有明确指定组件名，系统根据隐式 Intent 中设置的动作（action）、类别（category）、数据 URI 等来匹配最合适的组件。这些 Intent 需要包含足够的信息，这样系统才能根据这些信息，在所有的可用组件中，确定满足此 Intent 的组件。

对于显式 Intent 直接调用就可以了，Android 不需要去做解析，因为目标组件已经很明确。Android 需要解析的是那些隐式 Intent，通过解析将 Intent 映射给可以处理此 Intent 的 Activity、Service 或 BroadcastReceiver。

当一个应用要激活另一个应用中的 Activity 时，只能使用隐式 Intent，根据 Activity 配置的 Intent 过滤器创建一个 Intent，让 Intent 中的各项参数的值都跟过滤器匹配，这样就可以激活其他应用中的 Activity。所以，隐式 Intent 是在应用与应用之间使用的。

2. Intent 的构成

要在不同的 Activity 之间传递数据，就要在 Intent 中包含相应的内容。一般来说 Intent 传递的数据最基本的应该包括以下几个方面：

（1）action。

action 用来指明要实施的动作是什么，例如说 ACTION_VIEW、ACTION_EDIT 等。

一些常用的 action 如下：

①ACTION_CALL activity：启动一个电话。

②ACTION_EDIT activity：显示用户编辑的数据。

③ACTION_MAIN activity：作为 Task 中第一个 Activity 启动。

④ACTION_SYNC activity：同步手机与数据服务器上的数据。

⑤ACTION_BATTERY_LOW broadcast receiver：电池电量过低警告。

⑥ACTION_HEADSET_PLUG broadcast receiver：插拔耳机警告。

⑦ACTION_SCREEN_ON broadcast receiver：屏幕变亮警告。.

⑧ACTION_TIMEZONE_CHANGED broadcast receiver：改变时区警告。

（2）data。

data 是执行动作要操作的数据，Android 采用指向数据的一个 Uri 来表示，例如在联系人应用中，一个指向某联系人的 Uri 可能为 content://contacts/1。这种 Uri 表示，通过 ContentURI 这个类来描述。

以联系人应用为例，以下是一些 action/data 对，及它们要表达的意图：

VIEW_ACTION content://contacts/1：显示标识符为“1”的联系人的详细信息。

EDIT_ACTION content://contacts/1：编辑标识符为“1”的联系人的详细信息。

VIEW_ACTION content://contacts/：显示所有联系人的列表。

PICK_ACTION content://contacts/：显示所有联系人的列表，并且允许用户在列表中选择一个联系人，然后把这个联系人返回给父 activity。例如，电子邮件客户端可以使用这个 Intent，要求用户在联系人列表中选择一个联系人。

（3）category。

category 表示一个类别字符串，包含了有关处理该 Intent 组件的种类信息。例如 LAUNCHER_CATEGORY 表示 Intent 的接受者应该在 Launcher 中作为顶级应用出现，ALTERNATIVE_CATEGORY 表示当前的 Intent 是一系列的可选动作中的一个，这些动作可以在同一块数据上执行。一个 Intent 对象可以有任意个 category，Intent 类定义了许多 category 常数。addCategory()方法为一个 Intent 对象增加一个 category，removeCategory()方法用于删除一个 category，getCategories 方法()用于获取 Intent 所有的 category。

（4）type。

type 用于显式指定 Intent 的数据类型 MIME（多用途互联网邮件扩展，Multipurpose Internet Mail Extensions）。例如，一个组件是可以显示图片数据的而不能播放声音文件。一般 Intent 的数据类型能够根据数据本身进行判定，很多情况下，data 类型可在 URI 中找到，例如 content:开头的 URI，表明数据由设备上的 ContentProvider 提供。但是通过设置这个属性，可以强制采用显式指定的类型而不再进行推导。

（5）component。

component 用于指定 Intent 的目标组件的类名称。通常 Android 会根据 Intent 中包含的其他属性的信息，例如 action、data/type、category 进行查找，最终找到一个与之匹配的目标组件。但是，如果 component 这个属性有指定的话，将直接使用它指定的组件，而不再执行上述查找过程。指定了这个属性以后，Intent 的其他所有属性都是可选的。例如：

```
Intent it = new Intent(Activity.Main.this, Activity2.class); startActivity(it);
startActivity(it);
```

（6）extras。

extras 是其他所有附加信息的集合，使用 extras 可以为组件提供扩展信息。例如，如果要执行“发送电子邮件”这个动作，可以将电子邮件的标题、正文等保存在 extras 里，传给电子邮件发送组件，Intent 对象有一系列 putXxx()和 setXxx()方法来设定和获取附加信息，这些方法和 Bundle 对象很像。事实上附加信息可以使用 putExtras()和 getExtras()作为 Bundle 来读和写。例如：

```
//用 Bundle 传递数据
Intent it = new Intent(Activity.Main.this, Activity2.class);
Bundle bundle=new Bundle();
bundle.putString("name", "This is from MainActivity!");
it.putExtras(bundle);
startActivity(it); //获得数据
Bundle bundle=getIntent().getExtras();
String name=bundle.getString("name");
```

总之，action、data/type、category 和 extras 一起形成了一种语言，这种语言使系统能够理解诸如“查看某联系人的详细信息”之类的短语。随着应用不断地加入系统中，它们可以添加新的 action、data/type、category 来扩展这种语言。应用也可以提供自己的 Activity 来处理已经存在的这样的“短语”，从而改变这些“短语”的行为。

3. Intent 解析机制

Intent 解析机制主要是通过查找已在 AndroidManifest.xml 中注册的所有<intent-filter>及其中定义的Intent，最终找到匹配的Intent。在这个解析过程中，Android是通过Intent的action、type、category 这三个属性来进行判断的，判断方法如下：

（1）如果 Intent 指明定了 action，则目标组件的 IntentFilter 属性的 action 列表中就必须包含有这个 action，否则不能匹配。

（2）如果 Intent 没有提供 type，系统将从 data 中得到数据类型。和 action 一样，目标组件的数据类型列表中必须包含 Intent 的数据类型，否则不能匹配。

（3）如果 Intent 中的数据不是 content:类型的 URI，而且 Intent 也没有明确指定 type，将根据 Intent 中数据的 scheme（例如 http:或者 mailto:）进行匹配。Intent 的 scheme 也必须出现在目标组件的 scheme 列表中。

（4）如果 Intent 指定了一个或多个 category，这些类别必须全部出现在组建的类别列表中。例如 Intent 中包含了两个类别 LAUNCHER_CATEGORY 和 ALTERNATIVE_CATEGORY，解析得到的目标组件必须至少包含这两个类别。

intent-filter 的属性设置实例如下：

```
<activity android:name="NotesList" android:label="@string/title_notes_list">
    <intent-filter>
        <action android:name="android.intent.action.MAIN" />
        <category android:name="android.intent.category.LAUNCHER" />
    </intent-filter>
    <intent-filter>
```

```
            <action android:name="android.intent.action.VIEW" />
            <action android:name="android.intent.action.EDIT" />
            <action android:name="android.intent.action.PICK" />
            <category android:name="android.intent.category.DEFAULT" />
            <data android:mimeType="vnd.android.cursor.dir/vnd.google.note" />
        </intent-filter>
        <intent-filter>
            <action android:name="android.intent.action.GET_CONTENT" />
            <category android:name="android.intent.category.DEFAULT" />
            <data android:mimeType="vnd.android.cursor.item/vnd.google.note" />
        </intent-filter>
    </activity>
```

4. Activity 的 Intent 数据传递

（1）Activity 间的数据传递。

①直接向 Intent 对象中传入键值对，相当于 Intent 对象具有 Map 键值对功能。示例代码如下：

```
intent.putExtra("first", text1.getText().toString());
intent.putExtra("second", text2.getText().toString());
```

②定义一个 Bundle 对象，在该对象中加入键值对，然后将该对象加入 Intent 中。示例代码如下：

```
Bundle bundle = new Bundle();
bundle.putString("name", "zhang");
bundle.putInt("age", 20);
intent.putExtras(bundle);
```

③向 Intent 中添加 ArrayList 集合对象。示例代码如下：

```
intent.putIntegerArrayListExtra(name, value);
intent.putIntegerArrayListExtra(name, value);
```

④Intent 传递 Object 对象，被传递对象实现 Parcelable 接口，或者实现 Serialiable 接口。示例代码如下：

```
public Intent putExtra(String name, Serializable value)
public Intent putExtra(String name, Parcelable value)
```

（2）Activity 退出时的返回结果。

①通过 startActivityForResult 方式启动一个 Activity。示例代码如下：

```
MainActivity.this.startActivityForResult(intent, 200);          //200 表示 requestCode 请求码
```

②新 activity 设定 setResult 方法，通过该方法可以传递 responseCode 和 Intent 对象。 示例代码如下：

```
setResult(101, intent2);                  //responseCode 响应码和 Intent 对象
```

③在 MainActivity 中覆写 onActivityResult 方法，新 Activity 一旦退出，就会执行该方法。示例代码如下：

```
protected void onActivityResult(int requestCode, int resultCode, Intent data) {
    Toast.makeText(this, data.getStringExtra("info")+"requestCode:"+requestCode
                +"resultCode:"+resultCode, Toast.LENGTH_LONG).show();
}
```

3.4 Android 的事件处理机制

Android 系统提供了两套功能强大的处理机制：

（1）基于监听的事件处理机制；

（2）基于回调的事件处理机制。

1．事件

事件是一种用来收集用户与应用程序互动数据的机制，例如按键或触摸屏等放置事件，可以在程序中捕获这些事件，并按要求采取适当的动作。

在 Android 中，事件主要包括点按、长按、拖拽、滑动等，点按又包括单击和双击，另外还包括单指操作和多指操作。所有这些都构成了 Android 中的事件响应。总的来说，所有的事件都由如下三个部分作为基础：按下（ACTION_DOWN）、移动（ACTION_MOVE）和抬起（ACTION_UP）。所有的操作事件首先必须执行的是按下操作（ACTION_DOWN），之后所有的操作都是以按下操作作为前提，当按下操作完成后，接下来可能是一段移动（ACTION_MOVE）然后抬起（ACTION_UP），或者是按下操作执行完成后没有移动就直接抬起。这一系列的动作在 Android 中都可以进行控制。

我们知道，所有的事件操作都发生在触摸屏上，而在屏幕上与我们交互的就是各种各样的视图组件（View）。在 Android 中，所有的视图都继承于 View，另外通过各种布局组件（ViewGroup）来对 View 进行布局，ViewGroup 也继承于 View。所有的 UI 控件例如 Button、TextView 都是继承于 View，而所有的布局控件例如 RelativeLayout、容器控件例如 ListView 都是继承于 ViewGroup。所以，我们的事件操作主要发生在 View 和 ViewGroup 之间。

事件处理程序和事件侦听器如表 3-2 所示。

表 3-2　事件处理程序和事件侦听器

事件处理程序	事件监听器
onClick()	OnClickListener() 当用户单击任意按钮、文字、图片等控件时被调用，使用 onClick()事件处理程序来处理任何控件的事件
onLongClick()	OnLongClickListener() 当用户单击按钮、文本、图像等控件 1 秒以上时被调用，使用 onLongClick()事件处理程序来处理这样的事件
onFocusChange()	OnFocusChangeListener() 当控件失去焦点时被调用，使用 onFocusChange()事件处理程序来处理这样的事件
onKey()	OnKeyListener() 当用户按下或释放硬件键时被调用，将使用 onKey()事件处理程序来处理这样的事件

续表

事件处理程序	事件监听器
OnTouch()	OnTouchListener() 当用户按下键及释放键时，或在屏幕上任意移动手势时被调用，使用 onTouch()事件处理程序来处理这样的事件
onMenuItemClick()	OnMenuItemClickListener() 当用户选择一个菜单项时被调用，使用 onMenuItemClick()事件处理程序来处理这样的事件

2. 监听器

监听器是个抽象类，它包含了一个事件触发时系统会去调用的方法，在子类中，可以根据项目的需要重写这个方法。派生后的监听器需要绑定到按钮上，就像一个耳机可以发出声音，但如果不去戴它，是听不到它发出的声音的。一般的情况是，这个按钮可能需要这个监听器，而另外一个按钮需要另外一个监听器，每个监听器各司其职，但功能相似时，也可以多个按钮共同绑定同一个监听器。

各种控件都有常用的事件，例如单击按钮、拖动一个滚动条、切换一个 ListView 的选项等，这些控件绑定监听器的方法命名规则是 setOn****Listener。监听器其实是一种回调，它不需要执行 On****Listener，而是系统触发后自动去调用它。

当用户（也可能是系统）触发某个控件的某个事件后，往往要处理一些细节，但它们不具有通用性，例如可能单击按钮后改变它的值，也可能希望单击按钮后弹出一个网页，或者单击按钮后关闭当前 Activity。正是由于结果可能太多样，Android 系统设计者索性将实现完全留给 Android 开发者去完成。

可以使用自定义内部类继承监听器抽象类，并实现抽象方法。也可以使用 Java 提供的抽象类的匿名实现。

3. 基于监听的事件处理机制

基于监听的事件处理机制模型如图 3-2 所示。

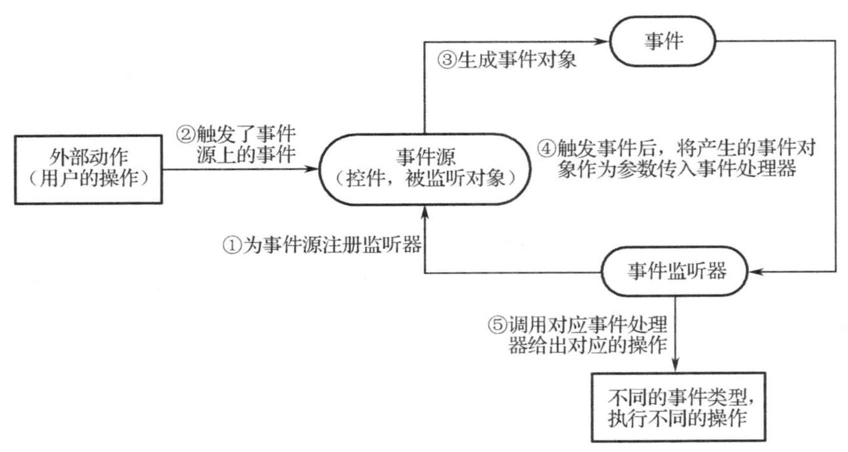

图 3-2　基于监听的事件处理机制模型

事件监听机制是一种委派式的事件处理机制，由事件源、事件、事件监听器三类对象组成，事件源（控件）将事件处理委托给事件监听器，当事件源发生特定的事件时，就通知事件监听器执行相应的操作。

事件处理模型中，主要涉及三类对象：

①EventSource（事件源）。事件发生的场所，通常就是各个控件，例如按钮、窗口、菜单。

②Event（事件）。事件封装了事件发生的相关信息。

③EventListener（事件监听器）。监听事件源发生的事件，并对事件做出相应的响应。

事件监听的处理流程如下所示：

①为某个事件源（控件）设置一个监听器，用于监听用户操作。

②用户的操作，触发了事件源的监听器。

③生成了对应的事件对象。

④将这个事件源对象作为参数传给事件监听器。

⑤事件监听器对事件对象进行判断，执行对应的事件处理方法。

4. 基于回调的事件处理机制

方法回调是将功能定义与功能分开的一种手段，是一种解耦合的设计思想，在 Java 中回调是通过接口来实现的。作为一种系统架构，必须有自己的运行环境，且需要为用户提供实现接口。接口实现依赖于客户，这样就可以达到接口统一，实现不同系统通过在不同的状态下“回调”实现类，从而达到接口和实现的分离。

相比基于监听器的事件处理模型，基于回调的事件处理模型要简单些。该模型中，事件源和事件监听器是合二为一的，也就是说没有独立的事件监听器存在，即事件源也是事件监听器。当用户在 GUI 控件上触发某事件时，由该控件自身特定的方法负责处理该事件。通常通过重写 Override 控件类的事件处理方法实现事件的处理。

在 Android 中基于回调的事件处理机制使用场景有两个：

（1）自定义 View。

当用户在 GUI 控件上激发某个事件时，控件有自己特定的方法负责处理该事件。通常继承基本的 GUI 控件，且重写该控件的事件处理方法，即自定义 View。

【注意】 在 XML 布局中使用自定义的 View 时，需要使用“全限定类名”。

Android 为 GUI 控件提供了一些事件处理的回调方法，常见 View 控件的回调方法如下：

①在该控件上触发屏幕事件：boolean onTouchEvent(MotionEvent event);

②键盘按键按下时触发：boolean onKeyDown(int keyCode,KeyEvent event);

③松开键盘按键时触发：boolean onKeyUp(int keyCode,KeyEvent event);

④长按控件某个按钮时触发：boolean onKeyLongPress(int keyCode,KeyEvent event);

⑤键盘快捷键事件发生时触发：boolean onKeyShortcut(int keyCode,KeyEvent event);

⑥当控件的焦点发生改变时触发：protected void onFocusChanged(boolean gainFocus, int direction, Rect previously FocusedRect);

自定义一个 MyButton 类继承 Button 类，然后重写 onKeyDown()方法、onKeyUp()方法、onTouchEvent()方法，其代码如表 3-3 所示。

表 3-3　自定义类 MyButton 的代码

```java
package com.example.exampleapp0302;
import android.widget.Button;
import android.view.KeyEvent;
import android.view.MotionEvent;
import android.util.Log;
import android.content.Context;
import android.util.AttributeSet;
public class MyButton extends Button{
    private static String TAG = "OK";
    public MyButton(Context context, AttributeSet attrs) {
        super(context, attrs);
    }
    //重写键盘按钮按下触发的事件
    @Override
    public boolean onKeyDown(int keyCode, KeyEvent event) {
        super.onKeyDown(keyCode,event);
        Log.i(TAG, "onKeyDown 方法被调用");
        return true;
    }
    //重写松开键盘按键触发的事件
    @Override
    public boolean onKeyUp(int keyCode, KeyEvent event) {
        super.onKeyUp(keyCode,event);
        Log.i(TAG,"onKeyUp 方法被调用");
        return true;
    }
    //控件被触摸或单击了
    @Override
    public boolean onTouchEvent(MotionEvent event) {
        super.onTouchEvent(event);
        Log.i(TAG,"onTouchEvent 方法被调用");
        return true;
    }
}
```

MyButton 类中直接重写了 Button 的 3 个回调方法，当发生单击事件后不需要进行事件监听器的绑定就可以完成方法回调，即控件会处理对应的事件，也就是事件由事件源（控件）自身处理。

XML 布局文件的代码如下所示。

```xml
<?xml version="1.0" encoding="utf-8"?>
<android.support.constraint.ConstraintLayout
```

```
xmlns:android="http://schemas.android.com/apk/res/android"
    xmlns:app="http://schemas.android.com/apk/res-auto"
    xmlns:tools="http://schemas.android.com/tools"
    android:layout_width="match_parent"
    android:layout_height="match_parent"
    tools:context=".MainActivity">
    <com.example.exampleapp0302.MyButton
        android:id="@+id/btnLogin"
        android:layout_width="wrap_content"
        android:layout_height="wrap_content"
        android:layout_marginStart="122dp"
        android:layout_marginLeft="122dp"
        android:layout_marginTop="16dp"
        android:text="登录"
        android:textStyle="bold"
        app:layout_constraintStart_toStartOf="parent"
        app:layout_constraintTop_toTopOf="parent" />
</android.support.constraint.ConstraintLayout>
```

如表 3-3 所示程序运行时，Logcat 窗口的内容如下所示：

```
2019-03-09 10:43:01.828 9852-9852/com.example.exampleapp0302 I/OK: onTouchEvent 方法被调用
```

（2）基于回调的事件传播。

事件处理的先后顺序如下：

①触发控件绑定的事件监听器。

②触发控件提供的回调方法。

③传播到该控件所在的 Activity 的回调方法。

回调方法的返回值是 boolean 类型，返回值用来标识该回调方法是否已经完全处理该事件了。如果返回值为 false，则说明没处理完，那么就会传播触发控件所在的 Activity 的相关回调方式；如果返回值为 true，就不会继续向外传播了，即后面的回调方法都不会执行。

事件传播的顺序为：监听器优先，然后到 View 组件自身，最后再到 Activity。回调方法的返回值为 false 则事件继续传播，返回值为 true 则终止事件传播。

5. 实现 Android 事件处理的常见方法

实现 Android 事件处理的常见方法有 4 种，实现这 4 种方法对应的 XML 文件代码如下：

```
<Button
    android:id="@+id/btnLogin"
    android:layout_width="wrap_content"
    android:layout_height="wrap_content"
    android:text="登录" />
```

Activity 文件中引入的包如下：

```
import android.support.v7.app.AppCompatActivity;
import android.os.Bundle;
import android.view.View;
import android.widget.Button;
```

```
import android.widget.Toast;
import android.view.View.OnClickListener;
```

（1）直接采用匿名内部类作为事件监听器。

这种方法将创建一个匿名的执行监听，如果每个类只有一个单控制器，则将参数传递给事件处理程序。在这种方法中的事件处理方法可以访问私有数据的活动。

在 setXxxListener 后重写里面的对应方法，例如重写 onClick()方法。这种方法通常都是临时使用一次，复用度不高。MainActivity 类中实现响应单击事件的主要代码如下：

```
public class MainActivity extends    Activity{
    Button btn;
    @Override
    protected void onCreate(Bundle savedInstanceState) {
        super.onCreate(savedInstanceState);
        setContentView(R.layout.activity_main);
        btn = (Button) findViewById(R.id.btnLogin);
        //绑定匿名的监听器，并执行对应的逻辑代码
        btn.setOnClickListener(new OnClickListener() {
            @Override
            public void onClick(View v) {
                //处理 Button 单击事件
                Toast tst = Toast.makeText(MainActivity.this, "单击了登录按钮",
                                                    Toast.LENGTH_SHORT);
                tst.show();
            }
        });
    }
}
```

这里没有独立地创建 OnClickListener 接口对象，而是直接将实例化对象和设定监听器的处理合二为一，然后调用 setOnClickListener()方法将该监听器与控件进行绑定。

（2）使用自定义的内部类作为事件监听器。

这种方法单独定义一个内部类，该类用于实现 OnClickListener 接口对象，并重写 onClick()方法，然后创建该类的实例，最后同样通过 setOnClickListener()方法将监听器与 Button 按钮进行绑定。这种方法可以在 Activity 类中复用事件监听类，也可以直接访问外部类的所有界面控件。

主要代码如下：

```
public class MainActivity extends    Activity{
    Button btn;
    class MyOnClickListener implements OnClickListener
    {
        @Override
        public void onClick(View v) {
            //处理 Button 单击事件
            //btn.setText("按钮被单击了");
            Toast tst = Toast.makeText(MainActivity.this, "单击了登录按钮",
                                                Toast.LENGTH_SHORT);
```

```
                tst.show();
            }
        }
        @Override
        protected void onCreate(Bundle savedInstanceState) {
            super.onCreate(savedInstanceState);
            setContentView(R.layout.activity_main);
            btn = (Button) findViewById(R.id.btnLogin);
            //btn.setOnClickListener(new MyOnClickListener());
            MyOnClickListener clickListener=new MyOnClickListener();
            btn.setOnClickListener(clickListener);
        }
    }
```

也可以独立地创建 OnClickListener 接口对象，重写该接口中的 onClick()方法，同时创建该接口的监听器对象，然后通过 setOnClickListener()方法将监听器与 Button 按钮进行绑定，这里将实现接口和实例对象的处理合二为一。主要代码如下：

```
public class MainActivity extends   Activity{
    Button btn;
    OnClickListener clickListener=new OnClickListener()
    {
        @Override
        public void onClick(View v) {
            //btn.setText("按钮被单击了");
            Toast tst = Toast.makeText(MainActivity.this, "单击了登录按钮",
                                      Toast.LENGTH_SHORT);
            tst.show();
        }
    };
    @Override
    protected void onCreate(Bundle savedInstanceState) {
        super.onCreate(savedInstanceState);
        setContentView(R.layout.activity_main);
       btn = (Button) findViewById(R.id.btnLogin);
        //绑定匿名的监听器，并执行对应的逻辑代码
        btn.setOnClickListener(clickListener);
    }
}
```

还有一种方法就是使用外部类作为事件监听器，需要另外创建一个处理事件的继承于 OnClickListener 的外部类，但由于外部类不能直接访问用户界面类中的控件，要通过构造方法将控件传入使用，代码不够简洁，一般比较少用。

（3）直接使用 Activity 类作为事件监听器。

让 Activity 类继承 View.OnClickListener，实现 OnListener 事件监听接口，在 Activity 中定义重写对应的事件处理器方法，例如重写 onClick(view)方法，当为某控件添加该事件监听器对象时，可以直接 setXxxListener(this)即可。

实现的代码如下：

```
public class MainActivity extends    Activity    implements OnClickListener{
        Button btn;
        @Override
        protected void onCreate(Bundle savedInstanceState) {
                super.onCreate(savedInstanceState);
                setContentView(R.layout.activity_main);
                btn = (Button) findViewById(R.id.btnLogin);
                btn.setOnClickListener(this);
        }
        @Override
        public void onClick(View v) {
                    //btn.setText("按钮被单击了");
                    Toast tst = Toast.makeText(MainActivity.this, "单击了登录按钮",
                                                            Toast.LENGTH_SHORT);
                    tst.show();
        }
}
```

这里 Activity 类实现 Listener 接口方法处理主活动，然后调用 setOnClickListener(this)程序。如果应用程序只有一个单一的控件，那么这种方法是很好的，但需要做进一步的编程检查生成的事件（监听器类型）。不能将参数传递到监听器，多个控件时也不起作用。

（4）在 XML 文件中显式指定按钮的 onClick 属性，并把事件绑定到标签。

在 XML 布局文件所对应的 Activity 中定义一个事件处理方法，例如 public void myclick(View source)，source 是对应的事件源，接着在布局文件中对应要触发事件的控件中设置一个属性，例如 onclick = "myclick"即可。

XML 文件对应的代码如下：

```
<Button
        android:id="@+id/btnLogin"
        android:layout_width="wrap_content"
        android:layout_height="wrap_content"
        android:onClick="myclick"
        android:text="登录" />
```

实现事件处理对应的代码如下：

```
public class MainActivity extends    Activity{
        Button btn;
        @Override
        protected void onCreate(Bundle savedInstanceState) {
                super.onCreate(savedInstanceState);
                setContentView(R.layout.activity_main);
                btn = (Button) findViewById(R.id.btnLogin);
        }
        //注意：这里没有@Override 标签
        public void myclick(View v) {
```

```
                //btn.setText("按钮被单击了");
                Toast tst = Toast.makeText(MainActivity.this, "单击了登录按钮",
                                                Toast.LENGTH_SHORT);
                tst.show();
        }
}
```

在这里，事件处理程序 Activity 类没有实现监听器接口，也没有注册任何监听器方法。相反使用布局文件（activity_main.xml），通过 android:onClick 属性指定的程序方法处理 click 事件。事件处理程序方法必须有一个返回类型为 void，并作为一个参数来检查，方法名称可以是任意的，主类不需要实现任何特定的接口。这种方法不会允许将参数传递给监听器，Android 开发人员将很难知道哪种方法处理程序控制，需要到 activity_main.xml 文件中查看才能知道；另外，不能处理除 click 事件外的任何其他事件。

6. Android Button 监听的常见方式

XML 文件对应的代码如下：

```
<LinearLayout
    android:layout_width="368dp"
    android:layout_height="495dp"
    android:orientation="vertical"
    tools:layout_editor_absoluteX="8dp"
    tools:layout_editor_absoluteY="8dp">
    <Button
        android:id="@+id/btnLogin"
        android:layout_width="match_parent"
        android:layout_height="wrap_content"
        android:text="登录" />
    <Button
        android:id="@+id/btnCancel"
        android:layout_width="match_parent"
        android:layout_height="wrap_content"
        android:text="取消" />
</LinearLayout>
```

Android button 控件目前主要有如下两种监听方式：

（1）一个 Button 控件对应一个监听。

Activity 类对应的主要代码如下：

```
public class MainActivity extends   Activity{
    Button login, cancel;
    @Override
    protected void onCreate(Bundle savedInstanceState) {
        super.onCreate(savedInstanceState);
        setContentView(R.layout.activity_main);
        login = (Button)findViewById(R.id.btnLogin);
        cancel = (Button)findViewById(R.id.btnCancel);
        login.setOnClickListener(new OnClickListener() {
            @Override
```

```
            public void onClick(View v) {
                login.setText("登录按钮被单击了");
            }
        });
        cancel.setOnClickListener(new OnClickListener() {
            @Override
            public void onClick(View v) {
                cancel.setText("取消按钮被单击了");
            }
        });
    }
}
```

上述这种方法的麻烦之处在于，如果有很多的 Button，那么就需要对每一个 Button 都写一个类，代码比较复杂。

（2）多个 Button 控件对应一个监听。

可以让 MainActivity 实现接口函数，通过 switch 语句判断 R.id，来对不同的 Button 按钮做出不同的响应。Activity 类对应的主要代码如下：

```
public class MainActivity extends   Activity{
    Button login, cancel;
    class MyClickListener implements OnClickListener {
        @Override
        public void onClick(View v) {
            switch (v.getId()) {
                case R.id.btnLogin:
                    login.setText("登录按钮被单击了");;
                    break;
                case R.id.btnCancel:
                    cancel.setText("取消按钮被单击了");;
                    break;
                default:
                    break;
            }
        }
    }
    @Override
    protected void onCreate(Bundle savedInstanceState) {
        super.onCreate(savedInstanceState);
        setContentView(R.layout.activity_main);
        login = (Button) findViewById(R.id.btnLogin);
        cancel = (Button) findViewById(R.id.btnCancel);
        login.setOnClickListener(new MyClickListener());
        cancel.setOnClickListener(new MyClickListener() );
    }
}
```

3.5 Android 的对话框与消息框

在 Android 的图形界面中，对话框与消息框是人机交互的重要形式。

1. Android 的 Toast

Android 中的 Toast 是一种简易的消息提示框。和 Dialog 不一样的是，它永远不会获得焦点，无法被用户单击。Toast 显示的时间有限，Toast 会根据用户设置的显示时间自动消失。Toast 类的最简单的方法是调用静态方法构造所需要的一切，并返回一个新的 Toast 对象。

使用 Toast 类需引入包：

```
import android.widget.Toast;
```

例如，在当前的 Activity 中，为某单击事件加入下列代码：

```
Toast.makeText(getApplicationContext(), "提示信息",Toast.LENGTH_SHORT).show();
```

则单击时会出现浮框提示。

（1）创建 Toast 对象。

创建 Toast 有如下两种方法：

方法 1：makeText(Context context, int resId, int duration)

参数 context 是 toast 显示在哪个上下文，通常是当前 Activity；resId 指显示内容引用 Resouce 哪条数据，就是从 R 类中去指定显示的消息内容；duration 指定显示时间，Toast 默认有 LENGTH_SHORT 和 LENGTH_LONG 两个常量，分别表示短时间显示和长时间显示。

方法 2：makeText(Context context, CharSequence text, int duration)

参数 context 和 duration 与方法 1 相同，参数 text 可以自己写消息内容。

用上面的方法创建 Toast 对象之后调用方法 show()即可显示。

示例代码如下：

```
Toast toast = Toast.makeText(MainActivity.this, "信息内容", Toast.LENGTH_LONG);
toast.show();
```

也可写成以下形式：

```
Toast.makeText(MainActivity.this, "信息内容", Toast.LENGTH_LONG).show();
```

（2）设置 Toast 显示位置。

设置显示位置有如下两种方法：

方法 1：setGravity(int gravity, int xOffset, int yOffset)，三个参数分别表示起点位置、水平向右位移和垂直向下位移。

方法 2：setMargin(float horizontalMargin, float verticalMargin)，以横向和纵向的百分比设置显示位置，参数均为 float 类型（水平位移正右负左，竖直位移正上负下）。

使用方法 1 设置 Toast 显示位置的示例代码如下：

```
toast.setGravity(Gravity.TOP | Gravity.LEFT, 0, 200);
```

使用方法 2 设置 Toast 显示位置的示例代码如下：

```
toast.setMargin(-0.5f, 0f);
```

2. Android 的 AlertDialog

AlertDialog 的构造方法全部是 Protected 的，所以不能直接通过 new 来创建出一个 AlertDialog。要创建一个 AlertDialog，就要用到 AlertDialog.Builder 中的 create()方法。

使用 AlertDialog.Builder 创建对话框需要用到以下几个方法：

setTitle()：为对话框设置标题。

setIcon()：为对话框设置图标。

setMessage()：为对话框设置提示内容。

setView()：为对话框设置自定义样式。

setItems()：设置对话框要显示的一个 list，一般用于显示多个命令。

setMultiChoiceItems()：用来设置对话框显示一系列的复选框。

setNeutralButton()：表示普通按钮。

setPositiveButton()：给对话框添加【Yes】按钮。

setNegativeButton()：给对话框添加【No】按钮。

create()：创建对话框。

show()：显示对话框。

创建一个简单对话框的代码如下：

```
Dialog alertDialog = new AlertDialog.Builder(this).
                        setTitle("标题").
                        setMessage("对话框的内容").
                        setIcon(R.drawable.ic_launcher).
                        create();
alertDialog.show();
```

也可以写成以下形式：

```
new AlertDialog.Builder(self) .setTitle("标题" .setMessage("对话框的内容")
 .setIcon(R.drawable.ic_launcher)..show();
```

这里的代码中新建了一个 AlertDialog，并用 Builder 方法形成了一个对象链，通过一系列的设置方法，构造出我们需要的对话框，然后调用 show 方法显示出来。注意 Builder 方法的参数 self，这个其实是 Activity 对象的引用，根据所处的上下文来传入相应的引用就可以了。例如在 onCreate 方法中调用，只需传入 this 即可。

创建一个带【确认】和【取消】按钮的对话框的示例代码如下：

```
new AlertDialog.Builder(self) .setTitle("确认") .setMessage("确定吗？")
 .setPositiveButton("是", null) .setNegativeButton("否", null) .show();
```

【注意】这里的代码包含两个 null 参数，这里要放的其实是这两个按钮单击的监听程序，由于此处不需要监听这些动作，所以传入的 null 值简单忽略掉。但是实际开发时一般都是需要传入监听器的，用来响应用户的操作。

创建一个可以输入文本的对话框的代码如下：

```
new AlertDialog.Builder(self) .setTitle("请输入")
 .setIcon(android.R.drawable.ic_dialog_info) .setView(new EditText(self))
 .setPositiveButton("确定", null) .setNegativeButton("取消", null)
 .show();
```

这里使用 setView 方法为对话框传入了一个文本编辑框，当然，也可以传入任何的视图对象，例如图片框、WebView 等。

3. Android 中的通知（Notification）

（1）Notification 概述。

Notification 是 Android 中常用的一种通知方式，当有未读短信或者未接电话时，屏幕的状态栏就会有提示图标，这时可以通过状态栏来读取通知。就像在使用微信时（微信在后台运行），如果有新消息便会发出声音提示，状态栏也有相应的微信提示。

Notification 是一个用户通知框架，Notification 让程序不必获取焦点或中断当前 Activities 就能通知用户。例如，当设备收到一条短消息或一个电话，它会通过闪光灯、发出声音、显示图标或显示消息来进行提醒。也可以在应用程序中使用 Notification 触发相同的事件。

（2）Android 中 Notification 通知的实现步骤。

使用 Notification 时需要导入以下 3 个类：

```
import android.app.PendingIntent;
import android.app.NotificationManager;
import android.app.Notification;
```

Android 中 Notification 通知的实现步骤如下：

①获取 NotificationManager 对象。

NotificationManager 的三个公共方法：

cancel(int id)：取消以前显示的一个通知。如果是一个短暂的通知，视图将隐藏；如果是一个持久的通知，将从状态条中移走。

cancelAll()：取消以前显示的所有通知。

notify(int id, Notification notification)：把通知持久地发送到状态条上。

②初始化 Notification 对象。

③设置通知的显示参数。

使用 PendingIntent 来包装通知 Intent，使用 Notification 的 setLatestEventInfo 来设置通知的标题、通知内容等信息。

④发送通知。

使用 NotificationManager 的 notify(int id, Notification notification)方法来发送通知。

（3）Notification 的主要属性。

Notification 的主要属性如下：

audioStreamType：当声音响起时所用音频流的类型。

contentIntent：当通知条目被单击时执行的 Intent。

contentView：当通知被显示在状态条上时将同时显示的视图。

defaults：指定哪个值要被设置成默认的。

deleteIntent：当用户单击【Clear All Notifications】按钮区删除所有的通知时执行的 Intent。

icon：状态条所用的图片。

sound：通知的声音。

tickerText：通知被显示在状态条时，所显示的信息。

vibrate：振动模式。

when：通知的时间戳。

【说明】 要使 Notification 常驻状态栏，可将 Notification 的 flags 属性设置为 FLAG_ONGOING_EVENT。

3.6 Android 输出日志信息的方法

开发 Android 程序时，不仅要注意程序代码的正确性与合理性，还要处理程序中可能出现的异常情况。Android SDK 中提供了 Log 类来获取程序运行时的日志信息，还提供了 Logcat 管理器来查看程序运行的日志信息及错误日志。

Log 类位于 android.util 包中，它继承自 java.lang.Object 类。Log 类提供了一些方法，用来输出日志信息，常用的方法有以下 5 个：Log.v()、Log.d()、Log.i()、Log.w()以及 Log.e()，根据首字母对应 Verbose、Debug、Info、Warning、和 Error。

（1）Log.v 方法的输出内容颜色为黑色，任何消息都会输出。

（2）Log.d 方法的输出内容颜色为蓝色，仅输出 debug 故障日志信息。

（3）Log.i 方法的输出内容颜色为绿色，输出一般提示性的消息 information。它不会输出 Log.v 和 Log.d 的信息，但会显示 Log.w 和 Log.e 的信息。

（4）Log.w 方法的输出内容颜色为橙色，输出 warning 警告日志信息。一般需要我们注意优化 Android 代码，选择它后还会同时输出 Log.e 的信息。

（5）Log.e 方法的输出内容颜色为红色，输出错误信息。这些错误就需要我们认真地分析，查看栈的信息了。

3.7 OnTouchEvent

OnTouchEvent 事件的调用流程比较特别，而这个事件也是我们实际开发中使用得比较多的。所有的 View 控件都重写了该方法，应用程序可以通过该方法处理手机屏幕的触摸事件。

（1）方法声明。

方法声明如下：

```
public boolean onTouchEvent(MotionEvent event);
```

（2）使用流程。

①为某个 View（控件）调用方法 setOnTouchListener(new OnTouchListener())。

②重写 onTouch()方法。

③因为有三种比较常用的触摸状态：

MotionEvent.ACTION_DOWN：按下

MotionEvent.ACTION_MOVE：移动

MotionEvent.ACTION_UP：放开

所以我们通常是通过 switch(event.getAction)进行分类处理的，然后每个实例处理对应事件。

（3）方法调用顺序。

由方法声明我们知道，onTouchEvent 返回的是一个 boolean 值，其值为 true 或者 false，而这两个的不同之处就是，调用 onTouch()中的方法后是否再调用外部的方法。

如果我们为某个按钮设置了 onTouch()、onClick()、onLongClick()三个方法，那么它们的调用顺序是什么样的呢？

当 onTouchEvent 返回 true：按下时调用 ACTION_DOWN 方法，然后调用 ACTION_MOVE 方法，只要手指一直按着系统就会不断地响应这个方法，原因是 Android 系统对触摸事件比较敏感，虽然我们感觉手指是静止不动的，但事实上手指却在不停地微颤抖动。当手指离开屏幕时，调用 MotionEvent.ACTION_UP 方法。

当 onTouchEvent 返回 false：和上面的流程一样，只是手指离开屏幕时调用另外的 2 个方法——如果是短按的话，那么会调用 onClick()方法；如果是长按的话，那么会调用 onLongClick()方法。

3.8 MotionEvent

MotionEvent 是一个触控事件对象，一般是在 View 的 onTouchEvent 方法中处理 MotionEvent 对象的，方法原型如下：

```
public boolean onTouchEvent(MotionEvent event)
```

Android 在 MotionEvent 里定义了一系列的手势事件，常见的用户事件类型介绍如下。

（1）ACTION_DOWN：当屏幕检测到第一个触点按下之后就会触发。

（2）ACTION_MOVE：当触点在屏幕上移动时触发，触点在屏幕上停留也会触发，主要是由于它的灵敏度很高，而我们的手指又不可能完全静止（即使我们感觉不到移动，但其实我们的手指也在不停地抖动）。

（3）ACTION_UP：当最后一个触点松开时被触发。

（4）ACTION_POINTER_DOWN：屏幕上已有触点处于按下状态，当再有新的触点被按下时触发。

（5）MotionEvent.ACTION_POINTER_UP：屏幕上有多个点被按住，当松开其中一个点时触发（并非最后一个点被放开时）。

获取用户屏幕操作的常见方法如下：

（1）getX 和 getY 方法：得到用户触摸或单击的位置。

（2）getAction 方法：得到操作事件的类型。

（3）getDownTime 方法：得到用户按下的时间。

（4）getEventTime 方法：得到用户操作的时间。

（5）getPressure 方法：得到用户的触摸压力值。

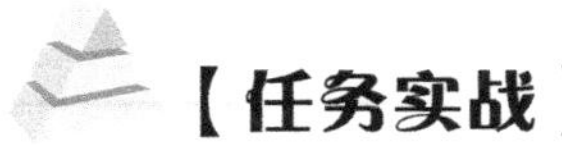

【任务实战】

【任务 3-1】　用户登录时检测用户名的长度合法性

【任务描述】

我们经常用到用户登录功能，登录时先要输入用户名，通常情况下用户名需要满足一定的要求，例如用户名长度在 5～9 个字符之间，不得包含特殊字符等。设计用户登录界面时，可以在用户名文本框的后面添加一个用户名检测按钮，当用户单击此按钮时检测文本输入框中的内容是否满足输入要求，然后根据判断的结果给出提示信息。

【知识索引】

（1）EditText 控件的 layout_width、layout_height、inputType、ems、id、text、layout_alignParentTop、layout_centerHorizontal 等属性。

（2）Button 控件的 layout_width、layout_height、text、id、layout_below、layout_centerHorizontal、layout_marginTop、onClick 等属性。

（3）findViewById()方法、getText()方法和 setText()方法。

（4）在界面布局文件中直接为指定标签绑定事件处理方法 checkLen。

【实施过程】

1．创建 Android 项目 App0301

在 Android Studio 集成开发环境中创建 Android 项目，将该项目命名为 App0301。

2．完善布局文件 activity_main.xml 与界面设计

先将默认添加的 TextView 控件删除，然后添加 1 个 EditText 控件、1 个 Button 控件和 1 个 TextView 控件。将 EditText 控件的 inputType 属性设置为“textPersonName”，id 属性设置为 etName，text 属性设置为“请输入用户名”；将 Button 控件的 id 属性设置为 etName，text 属性设置为“注册”，onClick 属性设置为“checkLen”（表示绑定的单击调用方法，当单击【注册】按钮时，调用方法 checkLen 执行其代码）；将 TextView 控件的 id 属性设置为 tvInfo，text 属性设置为 TextInfo，layout_marginTop 属性设置为“48dp”。

3．完善 MainActivity 类与实现程序功能

（1）声明对象。

在主活动 MainActivity 中，首先声明 1 个 TextView 对象和 1 个 EditText 对象，具体代码如下所示：

```
private TextView tv;              //声明 TextView 对象
private EditText et;              //声明 EditText 对象
```

（2）在 onCreate()方法中编写代码获取当前布局的控件对象。

在 onCreate()方法中，编写代码获取当前布局的控件对象，其他代码为创建项目时自动生成，其代码如表 3-4 所示。

表 3-4　onCreate()方法的代码

序　号	代　码
01	@Override
02	protected void onCreate(Bundle savedInstanceState) {
03	super.onCreate(savedInstanceState);
04	setContentView(R.layout.activity_main);
05	//获取当前布局的控件对象
06	et = (EditText)findViewById(R.id.etName);
07	tv = (TextView)findViewById(R.id.tvInfo);
08	}

（3）定义方法 checkLen 实现用户名长度合法性的检测。

编写代码定义方法 checkLen()，该方法首先获取用户输入的用户名长度，然后根据用户名长度给出对应的提示信息，其代码如表 3-5 所示。

表 3-5　checkLen()方法的代码

序　号	代　码
01	public void checkLen(View v){
02	//获取用户输入的用户名长度
03	int len = et.getText().toString().length();
04	//根据输入的用户名长度，给出对应的提示信息
05	if (len > 5 && len < 9) {
06	tv.setText("用户名合法");
07	}else{
08	tv.setText("用户名长度非法");
09	}
10	}

4. 程序运行与功能测试

Android 项目 App0301 运行的初始状态如图 3-3 所示。在文本框中输入 5~9 个合法字符，例如“Android”，然后单击【注册】按钮，则显示“用户名合法”提示信息，如图 3-4 所示；在文本框中输入的字符大于 9 个，例如“Android Studio”，然后单击【注册】按钮，则显示“用户名长度非法”提示信息，如图 3-5 所示。

图 3-3　Android 项目 App0301 运行的初始状态

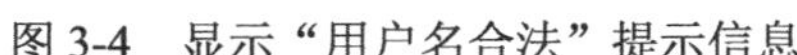
图 3-4　显示“用户名合法”提示信息

图 3-5　显示“用户名长度非法”提示信息

【任务 3-2】 获取屏幕单击位置

【任务描述】

随着手机越来越智能，用户与手机交互的手段也越来越多样化，其中最主要的一种形式就是手指触摸屏幕实现单击和双击操作，这也是许多应用基于屏幕触摸操作来吸引用户的地方。试编程实现用户单击屏幕时显示当前单击位置的屏幕坐标。

【知识索引】

（1）findViewById()方法、onTouchEvent()方法、setText()方法。

（2）MotionEvent 类及常见用户事件类型，getAction()方法、getX()和 getY()方法。

【实施过程】

1. 创建 Android 项目 App0302

在 Android Studio 集成开发环境中创建 Android 项目，将该项目命名为 App0302。

2. 完善布局文件 activity_main.xml 与界面设计

将默认添加的 TextView 控件的 id 属性设置为 tv，text 属性设置为“单击屏幕得到相对屏幕位置”，该控件用于显示单击屏幕的坐标。

3. 完善 MainActivity 类与实现程序功能

（1）声明对象。

在主活动 MainActivity 中，首先声明 1 个 TextView 对象，代码如下所示：

```
private TextView tv;
```

（2）在 onCreate()方法中编写代码获取当前布局的控件对象。

在 onCreate()方法中，编写代码获取当前布局的控件对象，其他代码为创建项目时自动生成，其代码如表 3-6 所示。

表 3-6　onCreate()方法的代码

序　号	代　码
01	@Override
02	protected void onCreate(Bundle savedInstanceState) {

续表

```
    super.onCreate(savedInstanceState);
    setContentView(R.layout.activity_main);
    tv = (TextView)findViewById(R.id.tv);   //得到当前布局的控件对象
}
```

（3）实现 Activity 的回调方法 onTouchEvent 获取触摸位置的屏幕坐标。

编写代码实现回调方法 onTouchEvent()，该方法得到用户单击屏幕的事件，并获取用户触摸屏幕的位置，然后修改 TextView 控件的显示内容，其代码如表 3-7 所示。

表 3-7　回调方法 onTouchEvent()的代码

```
@Override
public boolean onTouchEvent(MotionEvent event) {
    //当按下屏幕时，获取单击位置的 x、y 坐标
    if (MotionEvent.ACTION_DOWN == event.getAction()) {
        float x = event.getX();
        float y = event.getY();
        tv.setText("当前单击的位置是：\nx:"+x+"\ny:"+y);
    }
    return super.onTouchEvent(event);
}
```

回调方法 onTouchEvent()中有一个 event 参数，代表用户的操作事件，通过该对象的 getAction()方法可以得到该用户的操作类型。当用户触摸屏幕时，通过方法 getX()和 getyY()得到用户触摸或单击的位置，然后修改 TextView 控件的显示内容为屏幕单击的位置信息。

4．程序运行与功能测试

Android 项目 App0302 运行的初始状态如图 3-6 所示，在其运行状态下触摸或单击屏幕上任意位置，屏幕上显示对应位置的坐标值，如图 3-7 所示。

图 3-6　Android 项目 App0302 运行的初始状态

图 3-7　屏幕上显示触摸或单击位置的坐标值

【任务 3-3】 用户注册时检测 E-mail 格式

【任务描述】

实现用户注册功能时通常需要输入 E-mail 邮箱。用户注册界面中包含一个 E-mail 邮箱输入文本框和显示检测邮箱格式结果的图片，当输入的邮箱格式符合相应的规则时，显示带“正确”标识的图片，否则显示带“错误”标识的图片。

【知识索引】

（1）EditText 控件 inputType、layout_width、layout_height、ems、id、layout_alignParentTop、layout_toEndOf、selectAllOnFocus 等属性。

（2）OnKeyListener 类、setOnKeyListener()方法、onKey()方法、getAction()方法。

（3）View 类、KeyEvent 类及常见的用户事件类型。

（4）getText()方法、matches()方法、setImageResource()方法。

【实施过程】

1．创建 Android 项目 App0303 与资源准备

在 Android Studio 集成开发环境中创建 Android 项目，将该项目命名为 App0303，将本任务所需的图片 right.png 和 wrong.png 导入或复制到 res\drawable 文件夹中。

2．完善布局文件 activity_main.xml 与界面设计

先将默认添加的 TextView 控件删除，然后添加 1 个 TextView 控件、1 个 EditText 控件和 1 个 ImageView 控件。将 TextView 控件的 id 属性设置为 tvInfo、text 属性设置为“请输入 E-mail:”；将 EditText 控件 inputType 属性设置为“textEmailAddress”，id 值设置为“etEmail”，selectAllOnFocus 属性设置为“true”；将 ImageView 控件的 id 属性设置为 ivStatus。

3．完善类 MainActivity 与实现程序功能

（1）声明对象。

在主活动 MainActivity 中，首先声明多个对象，代码如下所示：

```
private EditText et = null;
private ImageView iv = null;
```

（2）在 onCreate()方法中编写代码获取当前布局的控件对象。

在 onCreate()方法中，编写代码获取当前布局的控件对象，其他代码为创建项目时自动生成，其代码如表 3-8 所示。

表 3-8　onCreate()方法的代码

```
@Override
protected void onCreate(Bundle savedInstanceState) {
    super.onCreate(savedInstanceState);
    setContentView(R.layout.activity_main);
    //获得文本框控件
        et = (EditText) findViewById(R.id.etEmail);
```

续表

序　号	代　码
07	//获得图片控件
08	iv = (ImageView) findViewById(R.id.ivStatus);
09	setListener();
10	}

表 3-8 中第 06 行得到布局中的 EditText 对象，第 08 行得到布局中的 ImageView 对象。

（3）实现方法 setListener()设置单击事件监听器。

编写代码实现方法 setListener()，该方法为 EditText 对象设置了键盘事件监听器，在 EditText 控件中每次输入字符时都会回调 onKey 方法。setListener()方法的代码如表 3-9 所示。

表 3-9　setListener()方法的代码

序　号	代　码
01	private void setListener() {
02	//为文本框控件绑定键盘事件
03	et.setOnKeyListener(new View.OnKeyListener() {
04	@Override
05	public boolean onKey(View v, int keyCode, KeyEvent event) {
06	switch (event.getAction()) {　　//得到操作类型
07	case KeyEvent.ACTION_DOWN:　　//键盘按下
08	String strInput = et.getText().toString();　　//获得文本框的内容
09	if (strInput.matches("\\w+@\\w+\\.\\w+")) {　　//验证通过
10	iv.setImageResource(R.drawable.right);
11	}else {
12	iv.setImageResource(R.drawable.wrong);
13	}
14	break;
15	case KeyEvent.ACTION_UP:　　//键盘弹起
16	break;
17	}
18	return false;
19	}
20	});
21	}

4．程序运行与功能测试

Android 项目 App0303 的初始运行状态如图 3-8 所示。

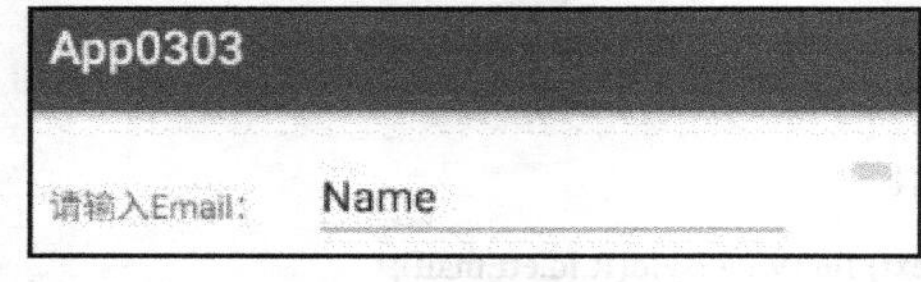

图 3-8　Android 项目 App0303 的初始运行状态

在 E-mail 文本框输入“better”，由于不符合 E-mail 格式规则，显示错误标识图片，如图 3-9 所示。

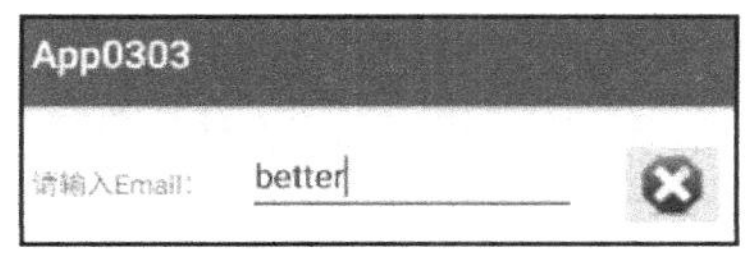

图 3-9　显示“错误”标识图片

在 E-mail 文本框输入完整的 E-mail 地址“better@163.com”，由于符合 E-mail 格式规则，显示正确标识图片，如图 3-10 所示。

图 3-10　显示“正确”标识图片

【任务 3-4】 实现动态添加联系人

【任务描述】

我们在使用手机发送短信时，可以依次添加多个联系人，这就要求当接收到用户某个操作时，能够动态修改当前的页面布局。试编程实现在手机屏幕中动态添加联系人的功能，当用户单击【动态添加联系人】按钮时，下方就会添加一个联系人的输入框。

【知识索引】

（1）EditText 类、findViewById()方法、setHint()方法。

（2）OnClickListener 类、setOnClickListener()方法、onClick()方法。

（3）Toast 类及 makeText()方法、show()方法。

【实施过程】

1．创建 Android 项目 App0304

在 Android Studio 集成开发环境中创建 Android 项目，将该项目命名为 App0304。

2．完善布局文件 activity_main.xml 与界面设计

先添加垂直方向的线性布局方式（LinearLayout），设置线性布局的 id 为“llAdd”，且将默认添加的 TextView 控件删除。然后添加 1 个 Button 控件，将 Button 控件 text 属性设置为“动态添加联系人”，设置其 id 值为“btnAdd”，方便在 Activity 中取得该对象。

3．完善 MainActivity 类与实现程序功能

（1）声明对象。

在主活动 MainActivity 中，首先声明多个对象，代码如下所示：

```
private Button btn;
private LinearLayout ll;
private int count = 0;
```

（2）在 onCreate()方法中编写代码获取当前布局的控件对象。

在 onCreate()方法中，编写代码获取当前布局的控件对象，其他代码为创建项目时自动生成，其代码如表 3-10 所示。

表 3-10　onCreate()方法的代码

序　号	代　码
01	@Override
02	protected void onCreate(Bundle savedInstanceState) {
03	super.onCreate(savedInstanceState);
04	setContentView(R.layout.activity_main);
05	//得到当前布局的控件对象
06	ll = (LinearLayout)findViewById(R.id.llAdd);
07	btn = (Button)findViewById(R.id.btnAdd);
08	//设置 Button 的监听器
09	btn.setOnClickListener(new OnClickListener() {
10	@Override
11	public void onClick(View v) {
12	//添加联系人
13	addEditText();
14	count++;
15	}
16	});
17	}

表 3-10 中，第 06 行得到线性布局对象；第 07 行得到布局中的 Button 对象，方便对布局进行修改；第 09 行为 Button 对象设置了单击事件监听器，调用方法 addEditText()添加联系人。方法 addEditText()用于在线性布局中添加 EditText 对象，其代码如表 3-11 所示。

表 3-11　addEditText()方法的代码

序　号	代　码
01	private void addEditText(){
02	//初始化一个 EditText 对象
03	EditText et = new EditText(MainActivity.this);
04	et.setHint("请输入第"+count+"个联系人的信息！");
05	//将建立好的 EditText 对象加入 LinearLayout 布局中
06	ll.addView(et);
07	//设置当前页面的布局为 LinearLayout 对象
08	//显示已有的联系人的数量
09	Toast.makeText(MainActivity.this, "已经添加了"+count+"个联系人！",
10	Toast.LENGTH_SHORT).show();
11	}

4. 程序运行与功能测试

Android 项目 App0304 的初始运行状态如图 3-11 所示，显示一个 Button 按钮。

图 3-11 Android 项目 App0304 的初始运行状态

单击【动态添加联系人】按钮，屏幕上动态添加 1 个 EditText 控件，如图 3-12 所示；手机屏幕下方显示“已经添加了 1 个联系人！”提示信息，如图 3-13 所示。

图 3-12 动态添加第 1 个 EditText 控件

已经添加了1个联系人!

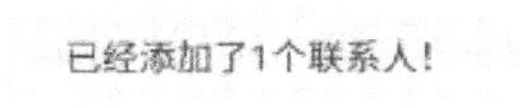

图 3-13 添加 1 个联系人时显示的提示信息

添加 3 个 EditText 控件的屏幕外观如图 3-14 所示。

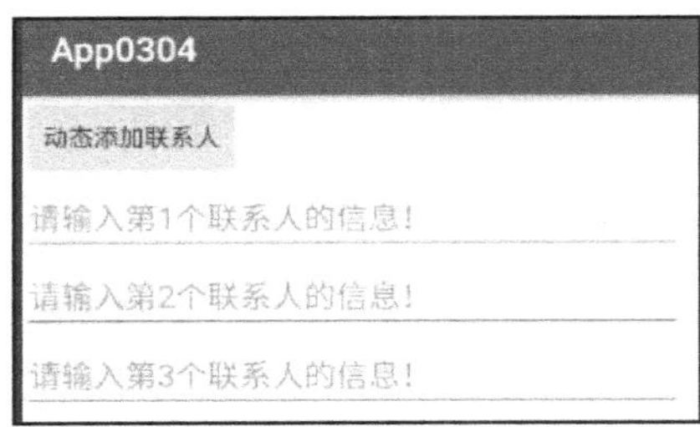

图 3-14 添加 3 个 EditText 控件的屏幕外观

【任务 3-5】 打开浏览器浏览网页

【任务描述】

在文本框输入网址，然后单击【浏览网页】按钮，即可打开浏览器显示相应的网页，并显示用户输入的网址。编程实现这一功能。

【知识索引】

（1）OnClickListener 类、setOnClickListener()方法、onClick()方法。

（2）String 类、getText()方法、toString()方法、equals()方法。

（3）Uri 类、parse()方法。

（4）Intent 类、startActivity()方法、ACTION_VIEW 常量。

（5）Toast 类、makeText()方法、show()方法、LENGTH_SHORT 常量。

【实施过程】

1. 创建 Android 项目 App0305

在 Android Studio 集成开发环境中创建 Android 项目，将该项目命名为 App0305。

2. 完善布局文件 activity_main.xml 与界面设计

将默认添加的 TextView 控件删除，然后添加 1 个 EditText 控件和 1 个 Button 控件。将 EditText 控件的 id 属性设置为 etURL，hint 属性设置为“请输入网址”，text 属性设置为“m.jd.com”；将 Button 控件的 id 属性设置为 btnOpen，hint 属性设置为“浏览网页”。

3. 完善 MainActivity 类与实现程序功能

（1）声明对象。

在 MainActivity 类定义中，首先声明 Button 对象和 EditText 对象，代码如下所示：

```
private Button btn1;
private EditText et1;
```

（2）在 onCreate()方法中编写代码实现程序功能。

在 onCreate()方法中得到 EditText 对象和 Button 对象，然后通过自定义方法 setListener()设置控件对象的监听器，其代码如表 3-12 所示。

表 3-12 onCreate()方法的代码

```
@Override
    protected void onCreate(Bundle savedInstanceState) {
        super.onCreate(savedInstanceState);
        setContentView(R.layout.activity_main);
        et1 = (EditText) findViewById(R.id.etURL);            //得到布局中的 EditText 对象
        btn1 = (Button) findViewById(R.id.btnOpen);           //得到布局中的 Button 对象
        setListener();                                        //设置对象的监听器
}
```

（3）编写代码为按钮自定义单击监听器。

编写代码自定义单击监听器 OnClickListener，方法 setListener()实现代码如表 3-13 所示。当用户单击按钮时首先获取用户在 EditText 中输入的内容，如果为空则使用 Toast 提示用户输入网址；如果不为空则将用户输入的网址构成 Uri 对象。接着定义 Intent 对象，设置 Action 为 Intent.ACTION_VIEW，通过 Intent.ACTION_VIEW 来显示此 Uri 的内容，最后调用 startActivity 方法打开对应的 Activity。

表 3-13 实现自定义单击监听器的 setListener()方法的代码

```
    private void setListener() {
        //设置 btn 的单击监听器
        btn1.setOnClickListener(new OnClickListener() {
            @Override
            public void onClick(View v) {
                //得到用户输入的网址
                String url = et1.getText().toString();
                //当用户输入不为空时
```

续表

```
            if (!"".equals(url)) {
                //在用户输入的地址前加上 http://，然后使用处理后的网址构成 Uri 对象
                Uri uri = Uri.parse("http://" + url);
                //定义 Intent 对象，通过 Intent.ACTION_VIEW 来显示此 Uri 的内容
                Intent it = new Intent(Intent.ACTION_VIEW, uri);
                //启动 Activity，打开网页
                startActivity(it);
            } else {
                //如果用户输入的 URL 为空的话，使用 Toast 提示用户
                Toast.makeText(MainActivity.this, "请输入网址...",
                        Toast.LENGTH_SHORT).show();
            }
        }
    });
}
```

4．程序运行与功能测试

Android 项目 App0305 的初始运行状态如图 3-15 所示，单击【浏览网页】按钮，弹出如图 3-16 所示的网页，且显示所输入的网址。

图 3-15　项目 App0305 的初始运行状态

图 3-16　打开浏览网页

【单元小结】

Android 系统给我们提供了两套功能强大的处理机制：

（1）基于监听的事件处理机制；

（2）基于回调的事件处理机制。

基于监听的事件处理机制简单地说就是为事件源（控件）绑定特定的监听器，当用户触发事件后，交给监听器去处理，根据不同的事件执行不同的操作。基于监听的事件处理是一种委派式（Delegation）的事件处理方式，UI 控件（事件源）将发生的事件委派给特定的对象（监听器）处理，这种委派式的事件处理方式将事件源和监听器分离，能提高程序的可维护性。基于回调的事件处理机制就是重写 UI 控件或者 Activity 的回调方法，基于回调的事件处理代码简洁，但不能访问外围类的资源。而基于监听的事件处理，可以把监听器作为内部类存在，这样就可以访问外围类的资源了。

本单元简要介绍了 Android 的应用组件及其功能、Android 的对话框与消息框，重点探析了 Activity 组件、Intent 组件和 Android 的事件处理机制，学会了编写应用程序时灵活应用 Activity 组件和 Intent 组件，学会了基于监听的事件处理机制和基于回调的事件处理机制使用方法。

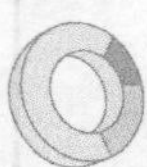

【单元习题】

1. 填空题

（1）Android 的四大组件分别是（　　　　）、（　　　　）、（　　　　）和 ContentProvider。

（2）Activity 生命周期的三种状态分别是（　　　）、（　　　）和（　　　）。

（3）Activity 的 4 种启动模式分别是（　　　）、（　　　）、（　　　）和 singleInstance。

（4）Activity 中 Intent 寻找目标控件的方式有两种，分别为（　　　　）和（　　　　）。

（5）Activity 生命周期中“回到前台，再次可见时执行”时调用的方法是（　　　）。

（6）Android 程序提供了一个（　　　　）方法来实现回传数据。在数据传递时，如果需要获取返回的数据，需要使用（　　　　）方法。

（7）Intent 可以用来开启 Activity，同样它也可以用来在（　　　）之间传递数据。

（8）创建 Toast 使用 makeText 方法的第一个参数代表 Activity 的（　　　）。

（9）Toast 的作用是用于（　　　　　　　　）。

（10）Logcat 区域中有 v、d. i、w 和 e 等 5 个字母，其中：v 代表（　　　），d 代表（　　　），i 代表（　　　），w 代表（　　　），e 代表（　　　）。

2. 选择题

（1）如果需要捕捉某个控件的事件，需要为该控件创建（　　）。

A. 属性　　B. 方法　　C. 监听器　　D. 事件

（2）一个 Android 应用程序默认会包含（　　）个 Activity。

A. 1　　B. 5　　C. 10　　D. 若干

（3）下列方法中，Activity 从启动到关闭不会执行是（　　）。

A. onCreate()　　B. onStart()　　C. onResume()　　D. onRestart()

（4）下列控件中，不能使用 Intent 启动的是（　　）。

A. Activity　　B. 启动服务　　C. 广播　　D. 内容提供者

（5）startActivityForResult 方法接收两个参数，第 1 个是 Intent，第 2 个是（　　）。

A．resultCode　B．requestCode　C．请求码　D．data

（6）下列关于 Activity 的描述中，错误的是（　　）。

A．Activity 是 Android 的四大控件之一

B．Activity 有 4 种启动模式

C．Activity 通常用于开启一个广播事件

D．Activity 就像一个界面管理员，用户在界面上的操作是通过 Activity 来管理的

（7）Android 中下列属于 Intent 的作用的是（　　）。

A．实现应用程序间的数据共享

B．可以保持应用在后台运行，不会因为切换页面而消失

C．可以实现界面间的切换，可以包含动作和动作数据，连接四大控件的纽带

D．处理一个应用程序整体性的工作

（8）在 Activity 的生命周期中，当 Activity 处于栈顶时，此时处于哪种状态？（　　）

A．活动　B．暂停　C．停止　D．销毁

（9）在 Activity 的生命周期中，当 Activity 被某个 AlertDialog 覆盖掉一部分之后，会处于哪种状态？（　　）

A．活动　B．暂停　C．停止　D．销毁

（10）Action 属性 ACTION_DIAL 代表（　　）标准动作。

A．显示电话拨号面板　B．显示直接打电话的界面

C．向用户显示数据　D．提供编辑数据的途径

（11）如果需要显示 id 为 1 的联系人信息，Intent 中的 Action 属性与 Data 属性应该设定成什么？（　　）。

A．ACTION_VIEW content://contacts/people/1

B．ACTION_DIAL content://contacts/people/1

C．ACITON_EDIT content://contacts/people/1

D．ACTION_CALL content://contacts/people/1

（12）Toast 创建完毕后，需要显示出来，此时需要调用以下哪个方法？（　　）

A．makeText　B．show　C．create　D．view

（13）以下哪个类对应 Android 中的提示对话框？（　　）

A．AlertDialog　B．Dialog　C．ShowDialog　D．Alert

（14）Android 中有一个服务用来管理通知，它是（　　）。

A．Service　B．NotificationManager

C．Notice　D．DialogBuilder

3．简答题

（1）简要说明 Activity 的 4 种启动模式的区别。

（2）简要说明 Activity 的 3 种状态以及不同状态使用的方法。

（3）Android 提供了多种提示信息方式，简述它们各自的优缺点。

（4）Intent 有哪些重要属性？Activity 之间是如何进行信息传递的？

（5）Android 的监听器如何使用？有什么作用？

单元 4　Android 的数据存储与数据共享程序设计

对于一个实用的 Android 应用程序，数据存储操作是必不可少的。Android 系统共提供了四种数据存储方式，分别是 SharedPreferences、SQLite、ContentProvider 和 File。由于 Android 系统中的数据基本都是私有的，要实现数据共享，最佳方式是使用 ContentProvider。

【教学导航】

【教学目标】

（1）熟悉 Android 系统提供的四种数据存储方式：SharedPreferences、SQLite、ContentProvider 和 File；

（2）学会编写程序使用 SQLite 数据库存储数据；

（3）学会编写程序使用 SharedPreferences 对象存储数据；

（4）学会编写程序使用 ContentProvider 对象存储数据；

（5）学会编写程序使用 File 对象存储数据。

【教学方法】　任务驱动法，理论实践一体化，探究学习法，分组讨论法。

【课时建议】　8 课时。

【知识导读】

4.1　Android 系统的数据存储方式简介

Android 系统提供了四种数据存储方式，分别是 SQLite、SharedPreferences、ContentProvider 和 File。

（1）SQLite：SQLite 是一个轻量级的数据库，支持基本 SQL 语法，是常被采用的一种数据存储方式。Android 为此数据库提供了一个名为 SQLiteDatabase 的类，封装了一些操作数据库的 API。

（2）SharedPreferences：除了 SQLite 数据库外，SharedPreferences 是另一种常用的数据存储方式，其本质就是一个 XML 文件，常用于存储较简单的参数设置。

（3）ContentProvider：Android 系统中能实现所有应用程序共享的一种数据存储方式。由于数据在各应用间通常是私密的，所以此存储方式较少使用，但是其又是一种必不可少的存储方式，例如音频、视频、图片和通信录，一般都可以采用此方式进行存储。每个 ContentProvider 都会对外提供一个公共的 URI（包装成 Uri 对象），如果应用程序有数据需要共享时，就需要使用 ContentProvider 为这些数据定义一个 URI，然后其他的应用程序就通过

ContentProvider 传入这个 URI 来对数据进行操作。URI 由“content://”、数据的路径、标识 id（可选）3 个部分组成。

（4）File：即常说的文件（I/O）存储方法，常用于存储大数量的数据。

4.2　使用 SQLite 数据库存储数据

SQLite 是一款非常流行的嵌入式数据库，它支持 SQL 语言，并且只利用很少的内存就有较好的性能。它是开源的，许多开源项目（Mozilla、PHP、Python）都使用了 SQLite。SQLite 由 SQL 编译器、内核、后端以及附件组成。SQLite 通过利用虚拟机和虚拟数据库引擎（VDBE）技术，使调试、修改和扩展 SQLite 的内核变得更加方便。

Android 在运行时（run-time）集成了 SQLite，所以每个 Android 应用程序都可以使用 SQLite 数据库。由于 JDBC 会消耗太多的系统资源，所以 JDBC 对于手机这种内存受限设备来说并不合适。因此，Android 提供了一些新的 API 来使用 SQLite 数据库，在 Android 开发中，程序员需要学会使用这些 API。

1．SQLite 的数据类型

SQLite 和其他数据库最大的不同就是对数据类型的支持。创建一个表时，可以在 Create Table 语句中指定某列的数据类型，并且可以把任何数据类型放入任何列中。当某个值插入数据库时，SQLite 将检查它的类型：如果该类型与关联的列不匹配，则 SQLite 会尝试将该值转换成该列的类型；如果不能转换，则该值将作为其本身具有的类型存储。

SQLite 是一种轻型数据库，只有五种数据类型，分别是 NULL（空值）、Integer（整数）、Real（浮点数）、Text（字符串）和 Blob（大数据）。在 SQLite 中，并没有专门设计 Boolean 和 Date 类型，因为 Boolean 型可以用 Integer 的 0 和 1 代替 true 和 false，而 Date 类型则可以用特定格式的 Text、Real 和 Integer 的值来代替显示。为了能方便地操作 Date 类型，SQLite 提供了一组函数。这样简单的数据类型设计更加符合嵌入式设备的要求。

2．SQLite 数据库操作的主要方法

在 Android 系统中提供了 android.database.sqlite 包，用于进行 SQLite 数据库的增、删、改、查操作。其主要方法如下：

①beginTransaction()：开始一个事务。

②close()：关闭连接，释放资源。

③delete(String table, String whereClause, String[] whereArgs)：根据给定条件，删除符合条件的记录。

④endTransaction()：结束一个事务。

⑤execSQL(String sql)：执行给定的 SQL 语句。

⑥insert(String table, String nullColumnHack, ContentValues values)：根据给定条件，插入一条记录。

⑦openOrCreateDatabase(String path, SQLiteDatabase.CursorFactory factory)：根据给定条件连接数据库，如果此数据库不存在则创建一个数据库。

⑧query(String table, String[] columns, String selection, String[] selectionArgs, String groupBy, String having, String orderBy)：执行查询。

⑨rawQuery(String sql, String[] selectionArgs)：根据给定 SQL，执行查询。

⑩update(String table, ContentValues values, String whereClause, String[] whereArgs)：根据给定条件，修改符合条件的记录。

3. SQLite 数据库的操作

（1）打开或创建 SQLite 数据库。通过以下几个静态方法可以打开或创建数据库：

①openDatabase(String path, SQLiteDatabase.CursorFactory factory, int flags)：打开 path 所指定的 SQLite 数据库。

参数 path 用于指定数据库的路径，如果指定的数据库不存在，则抛出 FileNotFoundException 异常。

参数 factory 用于构造查询时的游标，如果 factory 为 null，则表示使用默认的 factory 构造游标。

参数 flags 用于指定数据库打开模式。SQLite 定义了四种数据库打开模式，分别是 OPEN_READONLY（只读模式）、OPEN_READWRITE（可读可写模式）、EREATE_IF_NECESSARY（如果数据库不存在则先创建数据库模式）、NO_LOCALIZED_COLLATORS（不按照本地化语言对数据进行排序模式）。数据库打开模式可以同时指定多个，中间使用“|”进行分隔即可。

②openOrCreateDatabase(String path, SQLiteDatabase.CursorFactory factory)：打开或创建（如果数据库文件不存在）path 所指定的 SQLite 数据库。

使用 openOrCreateDatabase()方法打开或创建数据库时，数据库默认不按照本地化语言对数据进行排序，其作用同 openDatabase(path, factory, NO_LOCALIZED_COLLATORS)一样。因为创建 SQLite 数据库的过程就是在文件系统中创建一个 SQLite 数据库文件，所以应用程序必须对创建数据库的目录拥有可写的权限，否则会抛出 SQLiteException 异常。

③openOrCreateDatabase(File file, SQLiteDatabase.CursorFactory factory)：打开或创建（如果数据库文件不存在）file 所指定的 SQLite 数据库。

另外，还可以通过写一个继承 SQLiteOpenHelper 类的方式创建数据库。

（2）删除数据库。Context 上下文环境提供 deleteDatabase()方法删除指定的数据库。

（3）关闭数据库。调用 SQLiteDatabase 实例对象的 close()方法可以关闭数据库。

4. 创建数据表与插入数据

Android 系统并没有提供特别的创建数据表的方法，数据表通过 SQL 语句创建，代码如下所示：

```
db.execSQL("create table tab(_id INTEGER PRIMARY KEY AUTOINCREMENT, name TEXT NOT NULL)");
```

数据表创建好之后，通过 insert(String table, String nullColumnHack, ContentValues values)方法插入数据。其中参数含义分别为：table 为目标表名；nullColumnHack 指定表中的某列列名。因为在 SQLite 中，不允许插入所有列均为 null 的记录，因此如果初始值为空时，此列需显式赋予 null。

5. 修改数据

update(String table, ContentValues values, String whereClause, String[] whereArgs)方法用于修改数据，其四个参数的具体含义如下：table 为目标表名；values 为要被修改成为的新值；whereClause 为 where 子句，其中可带“?”占位符，如没有子句则为 null；whereArgs 用于

替代 whereClause 参数中“?”占位符的参数，如不需传入参数则为 null。

6．查询数据

可以使用 Android 提供的 query()和 rowQuery()方法执行查询操作，query()和 rawQuery()方法两者的不同在于所需参数不同。rawQuery 方法需要开发者手动写出查询 SQL，而 query 方法由系统组成 SQL 语句。两个方法都返回 Cursor 对象，使用完毕后调用 close()方法关闭。

7．删除数据

删除数据只需要调用 delete 方法，传入参数即可。方法 delete(String table, String whereClause, String[] whereArgs)的三个参数的具体含义如下：table 为目标表名；whereClause 为 where 子句，其中可带“?”占位符，如没有子句则为 null；whereArgs 用于替代 whereClause 参数中“?”占位符的参数，如不需传入参数则为 null。

示例代码如下：

```
db.delete("tab", "_id=? or name=?", new String[]{"8", "Tom"});
```

4.3　使用 SharedPreferences 对象存储数据

除了 SQLite 数据库外，SharedPreferences 也是一种轻量级的数据存储方式，它的本质是基于 XML 文件存储 key-value 键值对数据，通常用来存储一些配置信息。可以通过 edit()方法来修改其内容，通过 commit()方法来提交修改后的内容。

（1）实现 SharedPreferences 存储的步骤。

SharedPreferences 对象本身只能获取数据而不支持存储和修改，存储、修改是通过 Editor 对象实现的。实现 SharedPreferences 存储的步骤如下：

①根据 Context 获取 SharedPreferences 对象。

②利用 edit()方法获取 Editor 对象。

③通过 Editor 对象存储 key-value 键值对数据。

④通过 commit()方法提交数据。

SharedPreferences 作为一个接口，是无法创建 SharedPreferences 实例的，可以通过 Context.getSharedPreferences(String name.int mode)来得到一个 SharedPreferences 实例。其中，name 是文件名称，不需要加后缀.xml，系统会自动添加；mode 指定读写方式，其值有三种，分别为 Context.MODE_PRIVATE（指定该 SharedPreferences 数据只能被本应用程序读和写）、Context.MODE_WORLD_READABLE（指定该 SharedPreferences 数据能被其他应用程序读，但不能写）、Context.MODE_WORLD_WRITEABLE（指定该 SharedPreferences 数据能被其他应用程序读和写）。

（2）SharedPreferences 常用的方法。

SharedPreferences 对象与 SQLite 数据库相比，免去了创建数据库、创建表、写 SQL 语句等诸多操作，相对而言更加方便、简洁。但是 SharedPreferences 也有其自身缺陷，即只能存储 boolean、int、float、long 和 String 五种简单的数据类型，无法进行条件查询。所以不论 SharedPreferences 的数据存储操作有多简单，它也只能是存储方式的一种补充，而无法完全替代如 SQLite 数据库这样的数据存储方式。

SharedPreferences 接口主要负责读取应用程序的 Preferences 数据，它提供了如下常用方法来访问 SharedPreferences 的 key-value 键值对。

①public abstract boolean contains (String key)：判断 SharedPreferences 是否包含特定 key 的数据。

②edit()：为 Preferences 创建一个编辑器 Editor，通过创建的 Editor 可以修改 Preferences 的数据，但必须执行 commit()方法。返回一个 Edit 对象用于操作 SharedPreferences。

③getAll()：获取 SharedPreferences 里全部的 key-value 键值对。

④getXXX(String key , XXX defValue)：获取 SharedPreferences 中指定 key 所对应的 value。如果该 key 不存在，返回默认值 defValue，其中 XXX 可以是 boolean、float、int、long、String 等基本类型的值。

（3）Editor 接口常用的方法。

由于 SharedPreferences 是一个接口，而且在这个接口里并没有提供写入数据和读取数据的方法。但是在其内部有一个 Editor 接口，这个接口有一系列的方法用于操作 SharedPreferences。Editor 接口的常用方法如下：

①public abstract SharedPreferences.Editor clear()：清空 SharedPreferences 里所有的数据。

②public abstract boolean commit()：当 Editor 编辑完成后，调用该方法可以提交修改，且必须调用这个方法数据才能完成修改。

③public abstract SharedPreferences.Editor putXXX (String key, boolean XXX)：向 SharedPreferences 存入指定的 key 对应的数据，其中 XXX 可以是 boolean、float、int、long、String 等基本类型的值。

④public abstract SharedPreferences.Editor remove (String key)：删除 SharedPreferences 里指定 key 对应的数据项。

4.4 使用 ContentProvider 存储数据

在 Android 中，ContentProvider 是一种数据包装器，适合在不同进程间实现信息的共享。例如，在 Android 中 SQLite 数据库是一个典型的数据源，我们可以把它封装到 ContentProvider 中，这样就可以很好地为其他应用提供信息共享服务。其他应用在访问 ContentProvider 时，可以使用一组 URI 方式进行数据操作，简化了读写信息的复杂度。

ContentProvider 是一个抽象类，是 Android 平台中在不同应用程序之间实现数据共享的一种机制。一个应用程序如果需要让别的程序可以操作自己的数据，即可采用这种机制，并且此种方式忽略了底层的数据存储实现。ContentProvider 提供了一种统一的通过 Uri 实现数据操作的方式。其步骤为：

①在当前应用程序中定义一个 ContentProvider。

②在当前应用程序的 AndroidManifest.xml 中注册此 ContentProvider。

③其他应用程序通过 ContentResolver 和 Uri 来获取 ContentProvider 的数据。

外界的程序通过 ContentResolver 接口可以访问 ContentProvider 提供的数据，在 Activity 中通过 getContentResolver()可以得到当前应用的 ContentResolver 实例。ContentResolver 提供的接口和 ContentProvider 中需要实现的接口对应。

在 Android 中，ContentProvider 是数据对外的接口，程序通过 ContentProvider 访问数据而不需要关心数据具体的存储及访问过程，这样既提高了数据的访问效率，同时也保护了数据。Activity 类中有一个继承自 ContentWapper 的 getContentResolver()无参数方法，该方法返回一个 ContentResolver 对象，通过调用其 query()、insert()、update()、delete()方法访问数据，实现对 ContentProvider 中数据的存取操作。这种存储方式相比 SQLite 和 SharedPreferences，其复杂性是显而易见的，但是在处处可见“云”的今天，程序间的数据交互需求令 ContentProvider 存储机制变成必不可少的。

4.5　使用 File 对象存储数据

在 Android 中，使用 File 对象存储数据主要有两种方式：一种是 Java 提供的 I/O 流体系，即使用 FileOutputStream 类提供的 openFileOutput()方法和 FileInputStream 类提供的 openFileInput()方法访问磁盘上的文件内容；另一种是使用 Environment 类的 getExternalStorageDirectory()方法对 Android 模拟器的 SD 卡进行数据读写。

使用 Java 提供的 I/O 流体系可以很方便地对 Android 模拟器本地存储的数据进行读、写操作，其中 FileOutputStream 类的 openFileOutput()方法用于打开相应的输出流；而 FileInputStream 类的 openFileInput()方法用于打开相应的输入流。默认情况下，使用 I/O 流保存的文件仅对当前应用程序可见，对于其他应用程序是不可见的，即不能访问其中的数据。如果用户卸载了该应用程序，则保存数据的文件也会一起被删除。

每个 Android 设备都支持共享的外部存储用来保存文件，可以是像 SD 卡这类可移除的存储介质，也可以是手机内存等不可移除的存储介质。保存在外部存储的文件是全局可读的，而且在用户使用 USB 连接计算机后，可以修改这些文件。在 Android 程序中，对 SD 卡等外部存储上的文件进行操作时，需要使用 Environment 类的 getExternalStorageDirectory()方法，该方法用于获取外部存储器（SD 卡）的文件夹。

4.6　Uri 及其组成

Uri 是一个通用资源标志符，将其分为 4 个部分：

①无法改变的标准前缀，包括“content://”“tel://”等。当前缀是“content://”时，说明通过一个 ContentProvider 控制这些数据。

②URI 的标识，它通过 authorities 属性声明，用于定义哪个 ContentProvider 提供这些数据。对于第三方应用程序，为了保证 URI 标识的唯一性，它必须是一个完整的、小写的类名。例如“content://com.test.data.myprovider”。

③路径，可以近似地理解为需要操作的数据库中表的名字，例如“content://hx.android.text.myprovider/name”中的 name。

④如果 URI 中包含需要获取记录的 id，则返回该 id 对应的数据；如果没有 id，就表示返回全部。

【任务实战】

【任务 4-1】 设计可记住用户名和密码的登录界面

【任务描述】

设计可记住用户名和密码的登录界面，即用户界面文本框中输入用户名和密码，然后单击【登录】按钮即可登录，在登录之前如果用户选择了“自动登录”复选框，则下次打开此界面时，程序会自动填写上次所输入的用户名和密码，直接单击【登录】按钮即可登录。

【知识索引】

（1）TextView、EditText、CheckBox 和 Button 控件。

（2）SharedPreferences 对象及 getSharedPreferences()方法。

（3）Editor 对象及 edit()、putBoolean()、putString()、commit()等方法。

（4）Intent 及 startActivity()方法。

（5）Toast 类及 makeText()方法、show()方法。

【实施过程】

1. 创建 Android 项目 App0401

在 Android Studio 集成开发环境中创建 Android 项目，将该项目命名为 App0401。

2. 在 strings.xml 文件中定义字符串

打开字符串定义文件 strings.xml，在该文件中添加多个字符串定义，strings.xml 文件的代码如表 4-1 所示。

表 4-1 字符串定义文件 strings.xml 的代码

序　号	布 局 代 码
01	<resources>
02	<string name="app_name">App0401</string>
03	<string name="action_settings">Settings</string>
04	<string name="tv_username">用户名：</string>
05	<string name="tv_password">密\u0020\u0020\u0020\u0020 码：</string>
06	<string name="cb_autologin">自动登录</string>
07	<string name="btn_login">登录</string>
08	<string name="tv_success">登录成功！</string>
09	</resources>

3. 完善布局文件 activity_main.xml 与界面设计

先将默认添加的 TextView 控件删除，然后分别添加 2 个 TextView 控件、2 个 EditText 控件、1 个 CheckBox 和 1 个 Button 控件，并设置好各个控件的属性，调整好每一行控件的相对位置。修改完善后布局文件 activity_main.xml 的代码如表 4-2 所示。

表 4-2　布局文件 activity_main.xml 的代码

```
<?xml version="1.0" encoding="utf-8"?>
<android.support.constraint.ConstraintLayout
    xmlns:android="http://schemas.android.com/apk/res/android"
    xmlns:app="http://schemas.android.com/apk/res-auto"
    xmlns:tools="http://schemas.android.com/tools"
    android:layout_width="match_parent"
    android:layout_height="match_parent"
    tools:context=".MainActivity">
    <TextView
        android:id="@+id/textView"
        android:layout_width="wrap_content"
        android:layout_height="wrap_content"
        android:layout_marginStart="29dp"
        android:layout_marginLeft="29dp"
        android:text="@string/tv_username"
        android:textStyle="bold"
        app:layout_constraintBaseline_toBaselineOf="@+id/et_username"
        app:layout_constraintStart_toStartOf="parent" />
    <TextView
        android:id="@+id/textView2"
        android:layout_width="wrap_content"
        android:layout_height="wrap_content"
        android:layout_marginStart="29dp"
        android:layout_marginLeft="29dp"
        android:text="@string/tv_password"
        android:textStyle="bold"
        app:layout_constraintBaseline_toBaselineOf="@+id/et_password"
        app:layout_constraintStart_toStartOf="parent" />
    <EditText
        android:id="@+id/et_username"
        android:layout_width="wrap_content"
        android:layout_height="wrap_content"
        android:layout_marginStart="23dp"
        android:layout_marginLeft="23dp"
        android:layout_marginTop="35dp"
        android:ems="10"
```

续表

```
        android:inputType="textPersonName"
        android:text="Name"
        app:layout_constraintStart_toEndOf="@+id/textView"
        app:layout_constraintTop_toTopOf="parent" />
    <EditText
        android:id="@+id/et_password"
        android:layout_width="wrap_content"
        android:layout_height="wrap_content"
        android:layout_marginTop="12dp"
        android:ems="10"
        android:inputType="textPassword"
        app:layout_constraintStart_toStartOf="@+id/et_username"
        app:layout_constraintTop_toBottomOf="@+id/et_username" />
    <CheckBox
        android:id="@+id/cb_autologin"
        android:layout_width="wrap_content"
        android:layout_height="wrap_content"
        android:layout_marginStart="29dp"
        android:layout_marginLeft="29dp"
        android:text="@string/cb_autologin"
        android:textStyle="bold"
        app:layout_constraintBaseline_toBaselineOf="@+id/btn_login"
        app:layout_constraintStart_toStartOf="parent" />
    <Button
        android:id="@+id/btn_login"
        android:layout_width="wrap_content"
        android:layout_height="wrap_content"
        android:layout_marginStart="25dp"
        android:layout_marginLeft="25dp"
        android:layout_marginTop="26dp"
        android:text="@string/btn_login"
        android:textStyle="bold"
        app:layout_constraintStart_toEndOf="@+id/cb_autologin"
        app:layout_constraintTop_toBottomOf="@+id/et_password" />
</android.support.constraint.ConstraintLayout>
```

4. 新添加布局文件 success_main.xml 与界面设计

右键单击文件夹 res 中的 layout 文件夹，在弹出的快捷菜单中选择【new】→【Layout

resource file】命令，如图 4-1 所示。

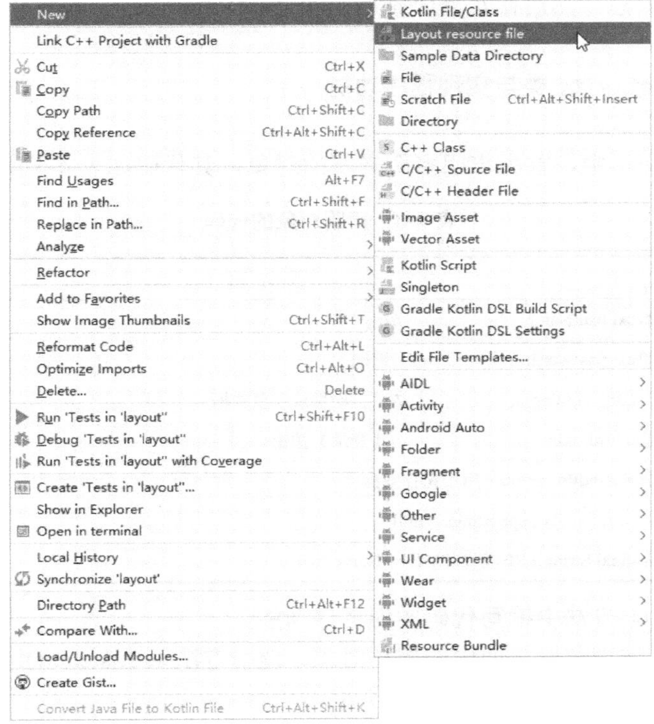

图 4-1　在快捷菜单中选择【new】→【Layout resource file】命令

在弹出的【New Resource File】对话框的“File name”文本框中输入文件名“success_main.xml”，如图 4-2 所示。

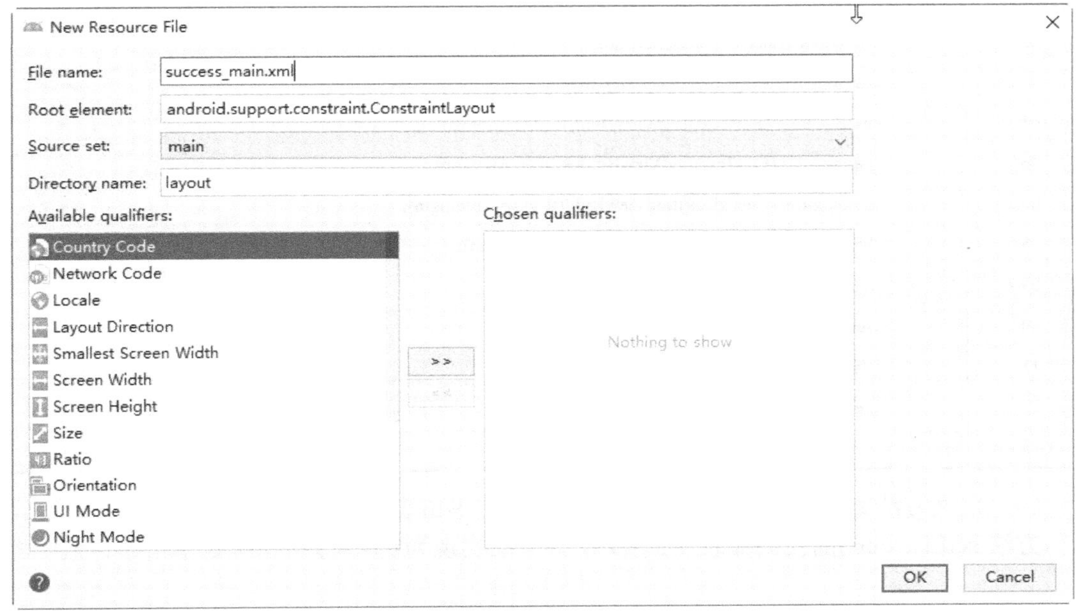

图 4-2　【New Resource File】对话框

单击【OK】按钮，在 res\layout 文件夹中新添加 1 个布局文件 success_main.xml，用于显示登录时的提示信息。然后在其界面添加 1 个 TextView 控件，设置该控件的 text 属性为 tv_success。

5. 完善 MainActivity 类与实现程序功能

（1）声明对象。

在类 MainActivity 中，首先声明多个必要的对象，其代码如表 4-3 所示。

表 4-3　声明对象的代码

序　号	代　码
01	private EditText userName;　　　　　　//用户名
02	private EditText password;　　　　　　//密码
03	private CheckBox autologin;　　　　　　//“自动登录”复选框
04	private Button btnLogin;　　　　　　//【登录】按钮
05	//声明一个 SharedPreferences 用于保存数据
06	private SharedPreferences spSettings = null;
07	private static final String PREFS_NAME = "NamePwd";

（2）在 onCreate()方法中编写代码实现程序功能。

在 onCreate()方法中获取界面中的控件对象，调用方法 setListener()绑定控件事件，调用方法 getData()获得数据，其代码如表 4-4 所示。

表 4-4　onCreate()方法的代码

序　号	代　码
01	@Override
02	protected void onCreate(Bundle savedInstanceState) {
03	super.onCreate(savedInstanceState);
04	setContentView(R.layout.activity_main);
05	userName = (EditText)findViewById(R.id.et_username);
06	password = (EditText)findViewById(R.id.et_password);
07	autologin = (CheckBox)findViewById(R.id.cb_autologin);
08	btnLogin = (Button) findViewById(R.id.btn_login);
09	//绑定控件事件
10	setListener();
11	//获取数据
12	getData();
13	}

（3）定义方法 setListener()为【登录】按钮绑定单击事件监听器。

方法 setListener()的代码如表 4-5 所示，该方法实现为【登录】按钮绑定单击事件监听器。

表 4-5　setListener()方法的代码

```
private void setListener() {
        //为【登录】按钮绑定事件
        btnLogin.setOnClickListener(new View.OnClickListener() {
            @Override
            public void onClick(View arg0) {
                //判断用户名和密码
                if ("admin".equals(userName.getText().toString())
                        && "123456".equals(password.getText().toString())) {
                    //判断复选框是否选中
                    if (autologin.isChecked()) {
                       spSettings = getSharedPreferences(PREFS_NAME,MODE_PRIVATE);
                        //得到 Editor 对象
                        SharedPreferences.Editor edit = spSettings.edit();
                        //记录保存标记
                        edit.putBoolean("isKeep", true);
                        //记录用户名
                        edit.putString("username", userName.getText().toString());
                        //记录密码
                        edit.putString("password", password.getText().toString());
                        edit.commit(); //提交
                    } else {
                        spSettings = getSharedPreferences(PREFS_NAME,MODE_PRIVATE);
                        //得到 Editor 对象
                        SharedPreferences.Editor edit = spSettings.edit();
                        //记录保存标记
                        edit.putBoolean("isKeep", false);
                        //记录用户名
                        edit.putString("username", "");
                        //记录密码
                        edit.putString("password", "");
                        edit.commit(); //提交
                    }
                    //跳转到首页
                    Intent intent = new Intent(MainActivity.this,SuccessActivity.class);
                    startActivity(intent);
                } else {
                    //显示错误提示
```

续表

序　号	代　码
38	Toast.makeText(getApplicationContext(), "用户名或密码错误",
39	Toast.LENGTH_SHORT).show();
40	}
41	}
42	});
43	}

第 07 和 08 行判断用户名和密码是否正确，这里只进行了固定值的判断。第 11 行得到系统的 SharedPreferences 对象，第 13 行得到对应的 Editor 对象，然后写入用户名和密码数据。第 34 行跳转到 SuccessActivity 页面。

【注意】 SharedPreferences 中的数据是以文件的形式存储的，只不过 Android 系统封装了这些文件存储的过程和方法，对应的文件内容是使用 XML 格式来存储的。

（4）定义方法 onResume()在界面显示数据之前获取存储的数据。

方法 onResume()的代码如表 4-6 所示，该方法用于在界面显示数据之前得到之前存储的数据。

表 4-6　onResume()方法的代码

```
@Override
    protected void onResume() {
        //在界面显示数据之前得到之前存储的数据
        super.onResume();
        getData();
}
```

（5）定义方法 getData()获取存储的数据。

方法 getData()的代码如表 4-7 所示，该方法用于获取存储的数据。

表 4-7　getData()方法的代码

```
private void getData() {
        //得到 SharedPreferences 对象
        spSettings = getSharedPreferences(PREFS_NAME, MODE_PRIVATE);
        //判断是否之前存储过用户名和密码
        if (spSettings.getBoolean("isKeep", false)) {
            //如果之前存储过，则显示在相应文本框内
            userName.setText(spSettings.getString("username", ""));
            password.setText(spSettings.getString("password", ""));
        } else {
```

续表

序　号	代　码
10	//否则显示空
11	userName.setText("");
12	password.setText("");
13	}
14	}

6. 定义 SuccessActivity 类与实现程序功能

在 Android 项目面板中右键单击文件夹【java】，在弹出的快捷菜单中选择命令【new】→【Java Class】，如图 4-3 所示。

图 4-3　在弹出的快捷菜单中选择命令【new】→【Java Class】

弹出对话框【Create New Class】，在该对话框的“Name”文本框中输入类名称“SuccessActivity”，如图 4-4 所示，然后单击【OK】按钮，即可创建新 Java 类“SuccessActivity.java”。

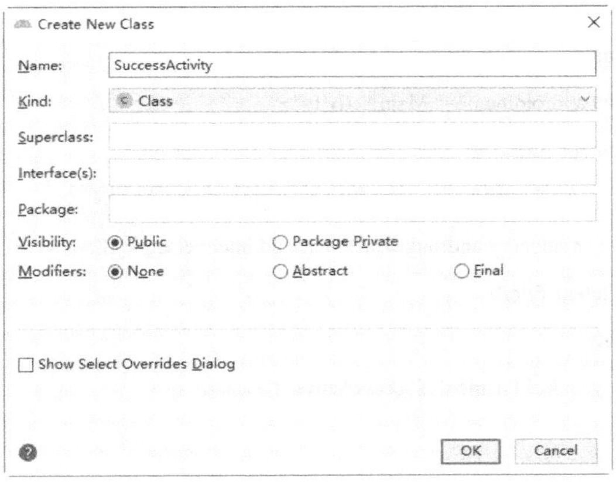

图 4-4　【Create New Class】对话框

在类 SuccessActivity 的方法 onCreate 中调用 setContentView 方法加载布局文件 success_main，其代码比较简单，如表 4-8 所示。

表 4-8　SuccessActivity 类的代码

序　号	代　码
01	package com.example.app0401;
02	import android.app.Activity;
03	import android.os.Bundle;
04	public class SuccessActivity extends Activity {
05	@Override
06	protected void onCreate(Bundle savedInstanceState) {
07	super.onCreate(savedInstanceState);
08	setContentView(R.layout.success_main);
09	}
10	}

7. 在 AndroidManifest.xml 文件中注册 Activity

类 SuccessActivity 定义完成后，必须在 AndroidManifest.xml 文件中编写代码进行注册，否则无法打开。注册 Activity 的代码如表 4-9 中第 17 行所示。

表 4-9　AndroidManifest.xml 文件的代码

序　号	代　码
01	<?xml version="1.0" encoding="utf-8"?>
02	<manifest xmlns:android="http://schemas.android.com/apk/res/android"
03	package="com.example.app0401">
04	<application
05	android:allowBackup="true"
06	android:icon="@mipmap/ic_launcher"
07	android:label="@string/app_name"
08	android:roundIcon="@mipmap/ic_launcher_round"
09	android:supportsRtl="true"
10	android:theme="@style/AppTheme">
11	<activity android:name=".MainActivity">
12	<intent-filter>
13	<action android:name="android.intent.action.MAIN" />
14	<category android:name="android.intent.category.LAUNCHER" />
15	</intent-filter>
16	</activity>
17	<activity android:name=".SuccessActivity"></activity>
18	</application>
19	</manifest>

8．程序运行与功能测试

Android 项目 App0401 运行成功时，显示一个登录界面，在“用户名”文本框中输入正确的用户名，这里输入“admin”，在“密码”文本框中输入对应的密码，这里输入“123456”，选中复选框“自动登录”，如图 4-5 所示。然后单击【登录】按钮，弹出另一个界面显示“登录成功”提示信息，如图 4-6 所示。

图 4-5　在用户登录界面输入正确的用户名和密码

图 4-6　“登录成功”提示信息

由于前一次登录时已将复选框“自动登录”选中，再一次运行该程序时，登录界面会自动填写上一次输入的用户名和密码。

【任务 4-2】　使用 SharedPreferences 实现 Activity 之间的数据传递

【任务描述】

编写程序使用 SharedPreferences 保存用户输入的用户名和密码，并在第 2 个 Activity 的界面显示用户名和密码信息。

【知识索引】

（1）FileOutputStream 类以及 openFileOutput()、openFileInput ()、write()、read()、flush()、close()等方法。

（2）FileNotFoundException 类和 IOException 类。

（3）Intent 类以及 setClass()、startActivity()方法。

【实施过程】

1．创建 Android 项目 App0402

在 Android Studio 集成开发环境中创建 Android 项目，将该项目命名为 App0402。

2．在 strings.xml 文件中定义字符串

打开字符串定义文件 strings.xml，在该文件中添加多个字符串定义。strings.xml 文件的代码如表 4-10 所示。

表 4-10　字符串定义文件 strings.xml 的代码

序　号	布 局 代 码
01	<resources>
02	<string name="app_name">App0402</string>

续表

```
    <string name="action_settings">Settings</string>
    <string name="usernameInfo">用户名：</string>
    <string name="passwordInfo">密\u0020\u0020\u0020\u0020 码：</string>
    <string name="loginInfo">登录</string>
</resources>
```

3. 完善布局文件 activity_main.xml 与界面设计

参考【任务 4-1】修改完善布局文件 activity_main.xml，“用户名”文本框的 id 属性值设置为“etUsername”，对应的标签控件的 text 属性值设置为“用户名:”；“密码”文本框的 id 属性值设置为“etPassword”，对应的标签控件的 text 属性值设置为“密　码:”；“登录”按钮的 id 属性值设置为“btnLogin”，对应的标签控件的 text 属性值设置为“登录”。

4. 新添加布局文件 result.xml 与界面设计

新添加 1 个布局文件 result.xml，用于显示用户登录时输入的用户名和密码，其界面仅包括 2 个 TextView 控件，设置 TextView 控件的 id 属性分别为 tvUsername2、tvPassword2。

5. 完善 MainActivity 类与实现程序功能

（1）声明对象。

在类 MainActivity 中，首先声明多个必要的对象，其代码如下所示：

```
private EditText username ;          //获得用户名控件
private EditText password ;          //获得密码控件
private Button login ;               //获得按钮控件
String strName;                      //获得用户名
String strPassword;                  //获得密码
```

（2）在 MainActivity 类的 onCreate()方法中编写代码实现程序功能。

在 MainActivity 类的 onCreate()方法中获取用户登录时输入的用户名和密码，然后将其保存到 SharedPreferences 类中，最后使用 Intent 跳转到 SharedPreferencesReadActivity，其代码如表 4-11 所示。

表 4-11　onCreate()方法的代码

```
protected void onCreate(Bundle savedInstanceState) {
        super.onCreate(savedInstanceState);
        setContentView(R.layout.activity_main);
        username = (EditText) findViewById(R.id.etUsername);          //获得用户名控件
        password = (EditText) findViewById(R.id.etPassword);          //获得密码控件
        login = (Button) findViewById(R.id.btnLogin);                 //获得按钮控件
        login.setOnClickListener(new View.OnClickListener() {
            @Override
            public void onClick(View v) {
```

续表

```
                strName = username.getText().toString();                       //获得用户名
                strPassword = password.getText().toString();                   //获得密码
                FileOutputStream fos = null;
                try {
                    fos = openFileOutput("LOGIN", MODE_PRIVATE);               //获得文件输出流
                    fos.write((strName + " " + strPassword).getBytes());       //保存用户名和密码
                    fos.flush();                                               //清除缓存
                } catch (FileNotFoundException e) {
                    e.printStackTrace();
                } catch (IOException e) {
                    e.printStackTrace();
                } finally {
                    if (fos != null) {
                        try {
                            fos.close();                                       //关闭文件输出流
                        } catch (IOException e) {
                            e.printStackTrace();
                        }
                    }
                }
                Intent intent = new Intent();                                  //创建 Intent 对象
                intent.setClass(MainActivity.this, ReadActivity.class);
                startActivity(intent);                                         //实现跳转
            }
        });
    }
```

6. 定义 ReadActivity 类与实现程序功能

定义一个类 ReadActivity，在其方法 onCreate 中从 SharedPreferences 中读取已保存的用户名和密码，然后使用 TextView 控件显示。类 ReadActivity 的代码如表 4-12 所示，方法 onCreate 调用了自定义方法 setLoginInfo()。

表 4-12　类 ReadActivity 中方法 onCreate()的代码

```
package com.example.app0402;
import android.os.Bundle;
import android.support.v7.app.AppCompatActivity;
import android.widget.TextView;
import java.io.FileInputStream;
```

续表

```
import java.io.FileNotFoundException;
import java.io.IOException;
public class ReadActivity extends AppCompatActivity {
    protected void onCreate(Bundle savedInstanceState) {
        super.onCreate(savedInstanceState);                //调用父类方法
        setContentView(R.layout.result);                   //使用布局文件
        setLoginInfo();
    }
    private void setLoginInfo() {
        TextView username,password ;
        String data,strUsername,strPassword ;
        FileInputStream fis = null;
        byte[] buffer = null;
        try {
            fis = openFileInput("LOGIN");              //获得文件输入流
            buffer = new byte[fis.available()];        //定义保存数据的数组
            fis.read(buffer);                          //从输入流中读取数据
        } catch (FileNotFoundException e) {
            e.printStackTrace();
        } catch (IOException e) {
            e.printStackTrace();
        } finally {
            if (fis != null) {
                try {
                    fis.close();    //关闭文件输入流
                } catch (IOException e) {
                    e.printStackTrace();
                }
            }
        }
        username = (TextView) findViewById(R.id.tvUsername2);
        password = (TextView) findViewById(R.id.tvPassword2);
        data = new String(buffer);                         //获得数组中保存的数据
        strUsername = data.split(" ")[0];                  //获得 username
        strPassword = data.split(" ")[1];                  //获得 password
        username.setText("用户名：" + strUsername);        //显示用户名
        password.setText("密    码：" + strPassword);    //显示密码
    }
}
```

7. 在 AndroidManifest.xml 文件中注册 Activity 并配置启动项

类 ReadActivity 定义完成后，必须在 AndroidManifest.xml 文件中编写代码进行注册，否则无法打开，另外还需要配置启动项，代码如表 4-13 中第 20 行所示。

表 4-13　AndroidManifest.xml 文件的代码

序　号	代　码
01	<?xml version="1.0" encoding="utf-8"?>
02	<manifest xmlns:android="http://schemas.android.com/apk/res/android"
03	package="com.example.app0402">
04	<uses-permission
05	android:name="android.permission.WRITE_EXTERNAL_STORAGE"
06	android:maxSdkVersion="18" />
07	<application
08	android:allowBackup="true"
09	android:icon="@mipmap/ic_launcher"
10	android:label="@string/app_name"
11	android:roundIcon="@mipmap/ic_launcher_round"
12	android:supportsRtl="true"
13	android:theme="@style/AppTheme">
14	<activity android:name=".MainActivity">
15	<intent-filter>
16	<action android:name="android.intent.action.MAIN" />
17	<category android:name="android.intent.category.LAUNCHER" />
18	</intent-filter>
19	</activity>
20	<activity android:name=".ReadActivity"/>
21	</application>
22	</manifest>

8. 程序运行与功能测试

Android 项目 App0402 运行成功时，显示一个登录界面，如图 4-7 所示。然后在“用户名”文本框中输入正确的用户名，这里输入“admin”，在“密码”文本框中输入对应的密码，这里输入“123456”，如图 4-8 所示。然后单击【登录】按钮，弹出另一个界面显示用户登录时输入的用户名和密码，如图 4-9 所示。

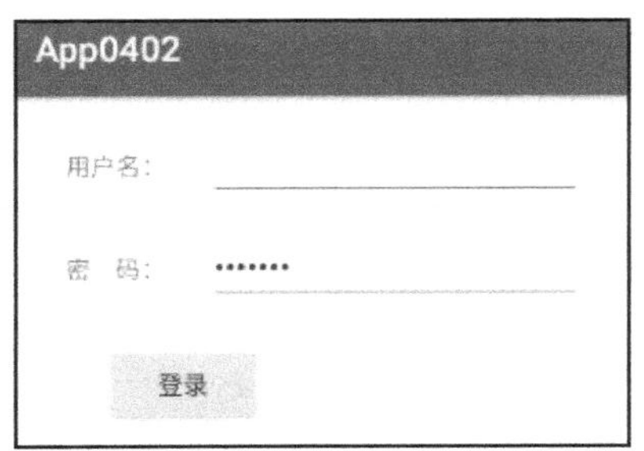

图 4-7　App0402 运行成功时显示一个登录界面

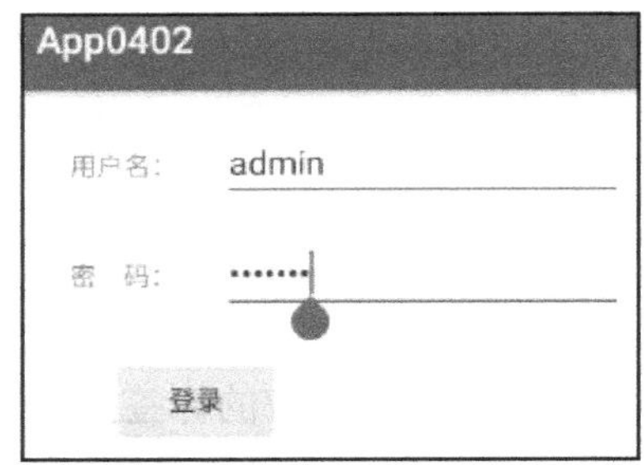

图 4-8　在用户登录界面输入正确的用户名和密码

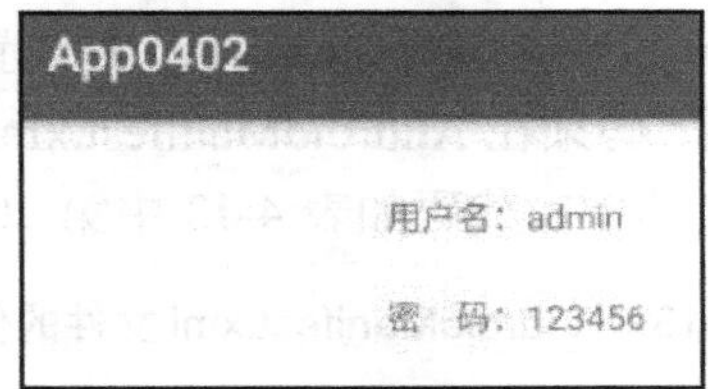

图 4-9 显示用户登录时输入的用户名和密码

【任务 4-3】 使用 SQLite 数据库保存用户输入的用户名和密码

【任务描述】

Android 提供了内置的 SQLite 数据库来存储数据，SQLite 使用 SQL 命令提供了完整的关系型数据库处理能力。使用 SQLite 数据库保存用户输入的用户名和密码，并在第 2 个 Activity 中显示。编写程序实现这一功能。

【知识索引】

（1）SQLiteDatabase 类及 execSQL()、insert()、query()等方法。

（2）SQLiteOpenHelper 类及 onCreate()、getWritableDatabase()等方法。

（3）ContentValues 类及 put()方法。

（4）Cursor 类及 getCount()、moveToFirst()、close()等方法。

（5）Intent 类以及 setClass()、startActivity()方法。

【实施过程】

1. 创建 Android 项目 App0403

在 Android Studio 集成开发环境中创建 Android 项目，将该项目命名为 App0403。

2. 在 strings.xml 文件中定义字符串

打开字符串定义文件 strings.xml，在该文件中添加多个字符串定义。strings.xml 文件的代码如表 4-14 所示。

表 4-14 字符串定义文件 strings.xml 的代码

布局代码

```
<resources>
    <string name="app_name">App0403</string>
    <string name="action_settings">Settings</string>
    <string name="tv_username">用户名：</string>
    <string name="tv_password">密\u0020\u0020\u0020\u0020码：</string>
    <string name="btn_login">登录</string>
</resources>
```

3. 完善布局文件 activity_main.xml 与界面设计

参考【任务 4-1】修改完善布局文件 activity_main.xml。“用户名”文本框的 id 属性值设置为“etUsername”，对应的标签控件的 text 属性值设置为“用户名：”；“密码”文本框的 id 属性值设置为“etPassword”，对应的标签控件的 text 属性值设置为“密　码：”；“登录”按钮的 id 属性值设置为“btnLogin”，对应的标签控件的 text 属性值设置为“登录”。

4. 新添加布局文件 result.xml 与界面设计

新添加 1 个布局文件 result.xml，用于显示用户登录时输入的用户名和密码，其界面仅包括 2 个 TextView 控件，其 id 值分别设置为“tvUsername2”和“tvPassword2”。

5. 创建用户类 User

在 com.example.app0403 包中新建 User 类，用来封装用户写入的用户名、密码等登录信息，其代码如表 4-15 所示。

表 4-15　User 类的代码

```
package com.example.app0403;
public class User {
    private int id;                        //保存用户的 id
    private String strUsername;    //保存用户名
    private String strPassword;     //保存密码
    public User() {
    }
    public User(String username, String   password) {
        this.strUsername = username;
        this.strPassword = password;
    }
    public void setUsername(String username) {
        this.strUsername = username;
    }
    public void setPassword(String password) {
        this.strPassword = password;
    }
    public int getId() {
        return id;
    }
    public String getUsername() {
        return strUsername;
    }
    public String getPassword() {
        return strPassword;
    }
}
```

6. 创建用户类 DBHelper

在 com.example.app0403 包中新建 DBHelper 类，该类定义了多个方法实现数据库操作，其中 insert()方法用于向数据表中保存数据，query()方法用于根据 id 值查询数据，其代码如表 4-16 所示。

表 4-16 DBHelper 类的代码

```
package com.example.app0403;
import android.content.ContentValues;
import android.content.Context;
import android.database.Cursor;
import android.database.sqlite.SQLiteDatabase;
import android.database.sqlite.SQLiteOpenHelper;
public class DBHelper {
    private static final String DATABASE_NAME = "datastorage";   //保存数据库名称
    private static final int DATABASE_VERSION = 1;               //保存数据库版本号
    private static final String TABLE_NAME = "users";            //保存数据表名称
    private static final String ID = "_id";                      //保存 id 值
    private static final String USERNAME = "username";           //保存用户名
    private static final String PASSWORD = "password";           //保存密码
    private DBOpenHelper helper;
    private SQLiteDatabase db;
    private static class DBOpenHelper extends SQLiteOpenHelper {
        private static final String CREATE_TABLE = "create table "
                + TABLE_NAME + " ( " + ID + " integer primary key autoincrement, "
                + USERNAME + " text not null, "
                + PASSWORD + " text not null);";                 //定义创建表格的 SQL 语句
        public DBOpenHelper(Context context) {
            super(context, DATABASE_NAME, null, DATABASE_VERSION);
        }
        @Override
        public void onCreate(SQLiteDatabase db) {
            db.execSQL(CREATE_TABLE);                            //创建表格
        }
        @Override
        public void onUpgrade(SQLiteDatabase db, int oldVersion, int newVersion) {
            db.execSQL("drop table if exists " + TABLE_NAME); //删除旧版数据表
            onCreate(db);       //创建数据表
        }
    }
    public DBHelper(Context context) {
        helper = new DBOpenHelper(context);                     //创建 SQLiteOpenHelper 对象
        db = helper.getWritableDatabase();                      //获得可写的数据库
    }
```

续表

```
    public void insert(User user) {                           //向数据表中插入数据
        ContentValues values = new ContentValues();
        values.put(USERNAME, user.getUsername());
        values.put(PASSWORD, user.getPassword());
        db.insert(TABLE_NAME, null, values);
    }
    public User query(int id) {                               //根据 id 值查询数据
        User user = new User();
        Cursor cursor = db.query(TABLE_NAME, new String[] { USERNAME, PASSWORD },
                "_id = " + id, null, null, null, null);
        if (cursor.getCount() > 0) {                          //如果获得的查询记录条数大于 0
            cursor.moveToFirst() ;                            //将游标移动到第一条记录
            user.setUsername(cursor.getString(0));            //获得用户名的值然后进行设置
            user.setPassword(cursor.getString(1));            //获得密码的值然后进行设置
            return user;
        }
        cursor.close();                                       //关闭游标
        return null;
    }
}
```

7. 完善 MainActivity 类与实现程序功能

在 MainActivity 类的 onCreate()方法中获取用户登录时输入的用户名和密码，然后将其保存到 SQLite 数据库中，最后使用 Intent 跳转到 SQLiteReadActivity，其代码如表 4-17 所示。

表 4-17　MainActivity 类中的 onCreate()方法的代码

```
@Override
public void onCreate(Bundle savedInstanceState) {
    super.onCreate(savedInstanceState);
    setContentView(R.layout.activity_main);
    final EditText username = (EditText) findViewById(R.id.etUsername);   //获得用户名控件
    final EditText password = (EditText) findViewById(R.id.etPassword);   //获得密码控件
    Button login = (Button) findViewById(R.id.btnLogin);                  //获得按钮控件
    login.setOnClickListener(new View.OnClickListener() {
        @Override
        public void onClick(View v) {
            String strUsername = username.getText().toString();           //获得用户名
```

续表

```
                String strPassword = password.getText().toString();      //获得密码
                User user = new User(strUsername, strPassword);
                DBHelper helper = new DBHelper(MainActivity.this);
                helper.insert(user);                                     //向数据表中插入数据
                Intent intent = new Intent();                            //创建 Intent 对象
                //指定跳转到 SQLiteReadActivity
                intent.setClass(MainActivity.this, SQLiteReadActivity.class);
                startActivity(intent);                                   //实现跳转
            }
        });
    }
}
```

8. 定义 SQLiteReadActivity 类与实现程序功能

在 com.example.app0403 包中定义一个类 SQLiteReadActivity，在其方法 onCreate()从 SQLite 数据库中读取已保存的用户名和密码，然后使用 TextView 控件显示，方法 onCreate()的代码如表 4-18 所示。

表 4-18　SQLiteReadActivity 类中的 onCreate()方法的代码

```
package com.example.app0403;
import android.app.Activity;
import android.os.Bundle;
import android.widget.TextView;
import com.example.app0403.DBHelper;
import com.example.app0403.User;
public class SQLiteReadActivity extends Activity {
    @Override
    protected void onCreate(Bundle savedInstanceState) {
        super.onCreate(savedInstanceState);                       //调用父类方法
        setContentView(R.layout.result);                          //设置布局文件
        TextView username = (TextView) findViewById(R.id.tvUsername2);
        TextView password = (TextView) findViewById(R.id.tvPassword2);
        DBHelper helper = new DBHelper(SQLiteReadActivity.this);
        User user = helper.query(1);
        username.setText("用户名： " + user.getUsername());        //显示用户名
        password.setText("密　　码： " + user.getPassword());      //显示密码
    }
}
```

9．在 AndroidManifest.xml 文件中注册 Activity 并配置启动项

SQLiteReadActivity 类定义完成后，必须在 AndroidManifest.xml 文件中编写代码进行注册，否则无法打开，另外还需要配置启动项，代码如表 4-19 中第 17 行所示。

表 4-19　AndroidManifest.xml 文件的代码

序　号	代　码
01	<?xml version="1.0" encoding="utf-8"?>
02	<manifest xmlns:android="http://schemas.android.com/apk/res/android"
03	package="com.example.app0403">
04	<application
05	android:allowBackup="true"
06	android:icon="@mipmap/ic_launcher"
07	android:label="@string/app_name"
08	android:roundIcon="@mipmap/ic_launcher_round"
09	android:supportsRtl="true"
10	android:theme="@style/AppTheme">
11	<activity android:name=".MainActivity">
12	<intent-filter>
13	<action android:name="android.intent.action.MAIN" />
14	<category android:name="android.intent.category.LAUNCHER" />
15	</intent-filter>
16	</activity>
17	<activity android:name=".SQLiteReadActivity"/>
18	</application>
19	</manifest>

10．程序运行与功能测试

Android 项目 App0403 运行成功时，显示一个登录界面，在“用户名”文本框中输入正确的用户名，这里输入“admin”，在“密码”文本框中输入对应的密码，这里输入“123456”，如图 4-10 所示。然后单击【登录】按钮，弹出另一个界面显示用户登录时输入的用户名和密码，如图 4-11 所示。

图 4-10　在用户登录界面输入正确的用户名和密码

用户名：admin

密　码：123456

图 4-11　显示用户登录时输入的用户名和密码

【任务 4-4】 预览选择的系统图片

【任务描述】

单击应用程序界面的按钮，打开系统的图片浏览工具进行图片选择，然后在界面中预览所选图片。试编程实现这一功能。

【知识索引】

（1）Activity 类及 getContentResolver()、onActivityResult()方法。

（2）ContentProvider 类、Uri 类。

（3）Intent 类及 startActivityForResult()、getData()方法

（4）Cursor 类及 moveToFirst()、getColumnIndex()、getString()、close()等方法。

（5）BitmapFactory 类及 decodeFile()方法。

（6）ContentResolver 对象及 query()方法。

（7）ImageView 控件。

【实施过程】

1．创建 Android 项目 App0404 与资源准备

在 Android Studio 集成开发环境中创建 Android 项目，将该项目命名为 App0404，将本任务所需的图片导入或复制到 res\drawable 文件夹中。

2．完善布局文件 activity_main.xml 与界面设计

先将默认添加的 TextView 控件删除，然后添加 1 个 ImageView 控件和 1 个 Button 控件。设置 ImageView 控件的 id 属性为 imgView；将 Button 控件的 id 属性设置为 btnSelectPicture。text 属性设置为“选择图片”。

3．完善 MainActivity 类与实现程序功能

（1）声明对象。

在 MainActivity 类定义中，首先声明 ImageView 对象和 Button 对象，代码如下所示：

```
private Button btnImage;
private ImageView loadImage;
private static int RESULT_LOAD_IMAGE=1;
```

（2）在 onCreate()方法中编写代码实现程序功能。

在 onCreate()方法中得到 ImageView 对象和 Button 对象，然后通过自定义方法 setListener()设置控件对象的监听器，其代码如表 4-20 所示。

表 4-20　onCreate()方法的代码

序　号	代　码
01	@Override
02	protected void onCreate(Bundle savedInstanceState) {
03	super.onCreate(savedInstanceState);
04	setContentView(R.layout.activity_main);
05	//绑定控件
06	btnImage = (Button) findViewById(R.id.btnSelectPicture);

续表

```
        loadImage = (ImageView) findViewById(R.id.imgView);
        //绑定控件事件
        setListener();
}
```

（3）编写代码为按钮自定义单击监听器。

编写代码定义单击监听器 OnClickListener，方法 setListener()实现代码如表 4-21 所示。当用户单击按钮时定义 Intent 对象，设置其属性为 ACTION_PICK，可以从系统中选择图片，然后通过调用方法 startActivityForResult()启动系统的图片浏览程序进行图片选择。

表 4-21　实现自定义单击监听器的 setListener()方法的代码

```
private void setListener() {
    //设置事件
    btnImage.setOnClickListener(new View.OnClickListener() {
        @Override
        public void onClick(View arg0) {
            Intent intent = new Intent( Intent.ACTION_PICK,
                android.provider.MediaStore.Images.Media.EXTERNAL_CONTENT_URI);
            intent.setType("image/*");
            //启动 Intent
            startActivityForResult(intent, RESULT_LOAD_IMAGE);
        }
    });
}
```

当图片选择完毕后，系统自动回调 onActivityResult()方法，其代码如表 4-22 所示。其中 data 得到回调的 intent 参数中包含着用户所选择的图片信息，通过 ContentResolver 对象得到此回调信息中的图片，然后设置给 ImageView 对象就可以预览所选图片。

表 4-22　回调方法 onActivityResult()的代码

```
@Override
protected void onActivityResult(int requestCode, int resultCode, Intent data) {
    super.onActivityResult(requestCode, resultCode, data);
    if (requestCode == 1 && resultCode == RESULT_OK   && null != data) {
        //获取数据
        Uri selectedImage = data.getData();
        String[] filePathColumn = { MediaStore.Images.Media.DATA };
```

续表

```
            //查询游标
            Cursor cursor = getContentResolver().query(selectedImage,filePathColumn, null, null, null);
            cursor.moveToFirst();
            //获取数据
            int columnIndex = cursor.getColumnIndex(filePathColumn[0]);
            String picturePath = cursor.getString(columnIndex);
            cursor.close();
            //设置图片
            loadImage.setImageBitmap(BitmapFactory.decodeFile(picturePath));
        }
    }
```

4．程序运行与功能测试

Android 项目 App0404 的初始运行状态如图 4-12 所示，单击【选择图片】按钮，弹出系统图片列表，选择 1 张图片后即可返回图片浏览界面预览图片。

图 4-12　Android 项目 App0404 的初始运行状态

【任务 4-5】 实现添加与查询联系人

【任务描述】

试编程实现在 Android 应用程序界面添加与查询联系人的功能。

【知识索引】

（1）Intent 类及 setType()、putExtra()、startActivity()等方法。

（2）ContentResolver 类及 query()方法。

（3）Activity 类及 getContentResolver()方法。

（4）StringBuilder 类及 append()方法。

（5）Cursor 类及 moveToNext()、getColumnIndex()、getInt()、getString()、close()等方法。

【实施过程】

1. 创建 Android 项目 App0405

在 Android Studio 集成开发环境中创建 Android 项目，将该项目命名为 App0405。

2. 完善布局文件 activity_main.xml 与界面设计

先将默认添加的 TextView 控件删除，然后添加线性布局方式（LinearLayout），接着添加 2 个 EditText 控件、2 个 Button 控件和 1 个 TextView 控件。将 EditText 控件的 id 属性分别设置为 etName 和 etPhone，text 属性分别设置为“请输入联系人姓名”和“请输入联系人电话”；将 Button 控件的 id 属性分别设置为 btnAdd 和 btnFind，text 属性分别设置为“添加联系人”和“查询联系人”；将 TextView 控件的 id 属性设置为 tvResult，layout_gravity 属性设置为“center_horizontal”。

3. 完善 MainActivity 类与实现程序功能

（1）声明对象与数组。

在 MainActivity 类定义中，首先声明多个对象和数组，代码如下所示：

```
private Button btn1,btn2;
private EditText name;
private EditText phone;
private TextView result ;
```

（2）在 onCreate()方法中编写代码实现程序功能。

在 onCreate()方法中得到 EditText 对象、Button 对象和 TextView 对象，然后通过自定义方法 setListener()设置控件对象的监听器，其代码如表 4-23 所示。

表 4-23　onCreate()方法的代码

```
@Override
protected void onCreate(Bundle savedInstanceState) {
        super.onCreate(savedInstanceState);
        setContentView(R.layout.activity_main);
        btn1 = (Button) findViewById(R.id.btnAdd);
        btn2 = (Button) findViewById(R.id.btnFind);
        name = (EditText) findViewById(R.id.etName);
        phone = (EditText) findViewById(R.id.etPhone);
        result = (TextView) findViewById(R.id.tvResult);
        //设置对象的监听器
        setListener();
}
```

（3）编写代码为按钮自定义单击监听器。

编写代码定义单击监听器 OnClickListener，方法 setListener()实现代码如表 4-24 所示。

当用户单击【添加联系人】按钮时设置 intent 的 action 为 Contacts.Intents.Insert.ACTION，实现添加联系人的姓名和电话。当用户单击【查询联系人】按钮时调用自定义方法 getQueryData() 获取联系人的信息，然后在 TextView 控件中显示查询结果。

表 4-24　实现自定义单击监听器的 setListener()方法的代码

```java
private void setListener() {
    //设置 btn1 的单击监听器
    btn1.setOnClickListener(new OnClickListener() {
        @Override
        public void onClick(View v) {
            intent = new Intent(ContactsContract.Intents.Insert.ACTION);
            intent.setType(ContactsContract.Contacts.CONTENT_TYPE);
            //添加联系人的姓名
            intent.putExtra(ContactsContract.Intents.Insert.NAME, name.getText().toString());
            //添加联系人的电话
            intent.putExtra(ContactsContract.Intents.Insert.PHONE, phone.getText().toString());
            //启动 activity
            startActivity(intent);
        }
    });
//设置 btn2 的单击监听器
btn2.setOnClickListener(new OnClickListener() {
    @Override
    public void onClick(View v) {
        result.setText(getQueryData());
    }
  });
}
```

自定义方法 getQueryData()的代码如表 4-25 所示。

表 4-25　自定义方法 getQueryData()的代码

```java
private String getQueryData() {
    StringBuilder sb = new StringBuilder();                    //用于保存字符串
    sb.append("姓名        联系电话\n");
    String displayName=intent.getStringExtra("name");
    String phoneNumber=intent.getStringExtra("phone");
    sb.append("    "+displayName + "    " + phoneNumber );     //保存数据
    return sb.toString();                                      //返回查询结果
}
```

4. 在 AndroidManifest.xml 文件中增加读取联系人记录的权限

在 AndroidManifest.xml 文件中输入如下所示的代码，增加读取联系人记录的权限：

```
<uses-permission android:name="android.permission.READ_CONTACTS"/>
<uses-permission android:name="android.permission.WRITE_CONTACTS"/>
```

5. 程序运行与功能测试

Android 项目 App0405 的初始运行状态如图 4-13 所示。

在“联系人姓名”文本框中输入姓名，这里输入“xiatian”，在“联系人电话”文本框中输入电话号码，这里输入“18837246666”，如图 4-14 所示。

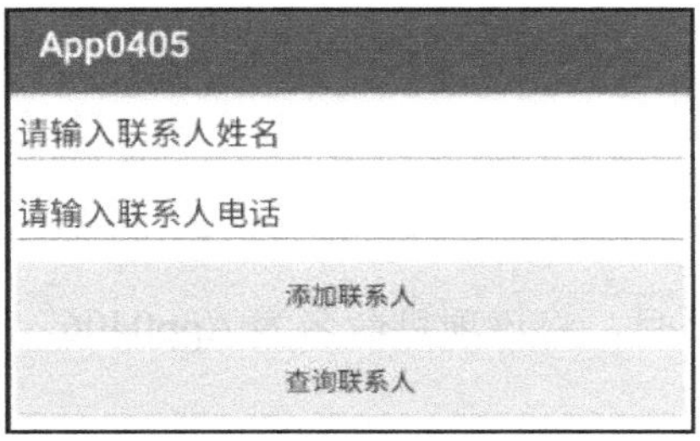

图 4-13　Android 项目 App0405 的初始运行状态

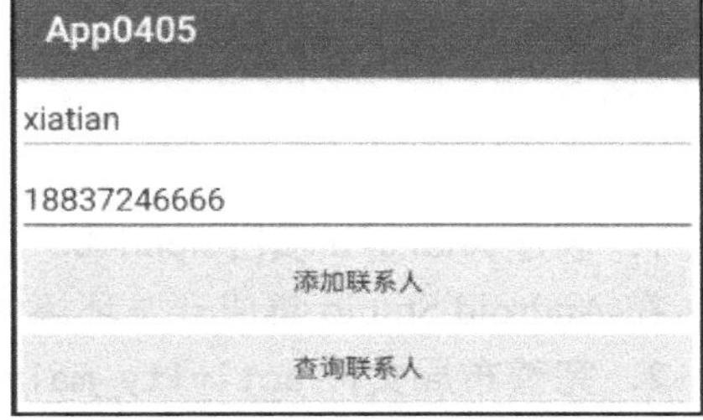

图 4-14　在文本框中输入联系人的姓名和电话

然后单击【添加联系人】按钮，弹出【新增联系人】界面，且显示前一步输入的姓名和电话，如图 4-15 所示。在该界面中还可以添加工作单位、电子邮件和地址等信息，添加完成后单击屏幕右上角的【SAVE】按钮，保存新增联系人的信息。然后返回上一界面，单击【查询联系人】按钮，显示所有联系人信息列表，如图 4-16 所示。

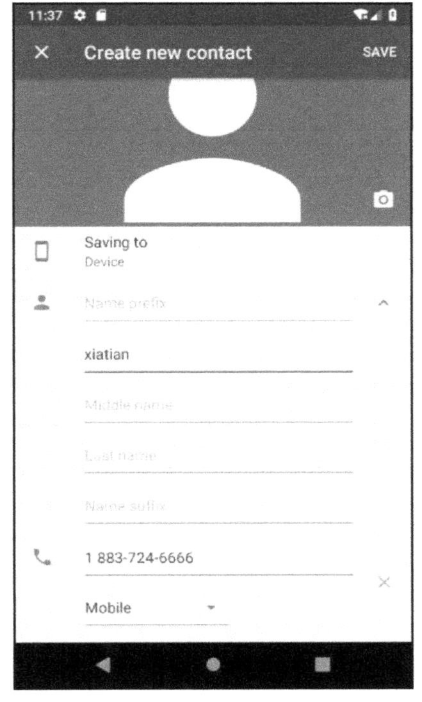

图 4-15　【新增联系人】界面

图 4-16　联系人信息列表

【任务 4-6】 使用 ContentProvider 管理联系人信息

【任务描述】

编程使用 ContentProvider 实现在 Android 应用程序界面添加、查询与删除联系人信息功能。

【知识索引】

（1）ArrayAdapter 类、Uri 类、ListView 类、ContentValues 类及 put()方法。

（2）ContentResolver 类及 query()方法、insert()方法。

（3）Activity 类及 getContentResolver()方法。

（4）StringBuilder 类及 append()方法。

（5）Cursor 类及 moveToNext()、getColumnIndex()、getInt()、getString()、close()等方法。

（6）ContextCompat 类及 checkSelfPermission()方法。

【实施过程】

1. 创建 Android 项目 App0406

在 Android Studio 集成开发环境中创建 Android 项目，将该项目命名为 App0406。

2. 完善布局文件 activity_main.xml 与界面设计

先将默认添加的 TextView 控件删除，然后添加 2 个 TextView 控件、2 个 EditText 控件、3 个 Button 控件和 1 个 ListView 控件。将 EditText 控件的 id 属性分别设置为 name 和 phone，text 属性分别设置为“请输入联系人姓名”和“请输入联系人电话”；将 Button 控件的 id 属性分别设置为 btnAdd、btnSearch 和 btnDel，text 属性分别设置为“添加联系人”、“显示联系人”和“删除联系”；将 ListView 控件的 id 属性设置为 lviDisplay。

3. 完善 MainActivity 类与实现程序功能

（1）声明对象与数组。

在 MainActivity 类定义中，首先声明多个对象，代码如下所示：

```
private Button add;
private Button search;
private Button delete;
private ListView display;
```

（2）在 onCreate()方法中编写代码实现程序功能。

在 onCreate()方法中得到 EditText 对象、Button 对象和 ListView 对象，然后通过自定义方法 setListener()设置控件对象的监听器，其代码如表 4-26 所示。

表 4-26 onCreate()方法的代码

序 号	代 码
01	@Override
02	protected void onCreate(Bundle savedInstanceState) {
03	super.onCreate(savedInstanceState);
04	setContentView(R.layout.activity_main);
05	//获取系统界面中的查找和添加两个按钮
06	add=(Button)findViewById(R.id.btnAdd);
07	search=(Button)findViewById(R.id.btnSearch);

续表

```
        delete=(Button)findViewById(R.id.btnDel);
        display=(ListView)findViewById(R.id.lviDisplay);
        setListener();
    }
```

（3）编写代码为按钮自定义单击监听器。

编写代码定义单击监听器 OnClickListener，方法 setListener()的实现代码如表 4-27 所示。

当用户单击【添加联系人】按钮时向通信录中增加联系人，实现添加联系人的姓名和电话。向通信录中增加联系人除了在清单文件中添加写入联系人 ContentProvider 的访问权限外，还需要用户在程序运行时授权，在用户允许的情况下完成插入功能。

当用户单击【显示联系人】按钮时将通信录中联系信息的相关信息查询出来并显示在下方的 ListView 控件中。从通信录中查询联系人，除了在清单文件中添加读取联系人 ContentProvider 的访问权限外，还需要用户在程序运行时授权，在用户允许的情况下完成查询功能。

当用户单击【删除联系人】按钮时，则实现删除通信录中联系人的功能。

表 4-27　实现自定义单击监听器的 setListener()方法的代码

```
private void setListener()  {
    //为 view 按钮的单击事件绑定监听器
    search.setOnClickListener(new View.OnClickListener(){
        @Override
        public void onClick(View source) {
            if (ContextCompat.checkSelfPermission(MainActivity.this,
                            Manifest.permission.READ_CONTACTS) !=
                            PackageManager.PERMISSION_GRANTED) {
                            ActivityCompat.requestPermissions(MainActivity.this,
                            new String[]{Manifest.permission.READ_CONTACTS}, 1);
            } else {
                //通过 ContentResolver 查询联系人数据
                Cursor cursor = getContentResolver().query(
                                ContactsContract.Contacts.CONTENT_URI,
                                 new String[]{ContactsContract.Contacts._ID,
                                 ContactsContract.Contacts.DISPLAY_NAME},
                                  null, null, null);
                StringBuilder cBuilder = new StringBuilder();
                if (cursor != null) {
                    //遍历查询结果，获取系统中所有联系人信息
                    while (cursor.moveToNext()) {
```

续表

```
                    //获取联系人的 id
                    int contactId = cursor.getInt(cursor.getColumnIndex(
                                ContactsContract.Contacts._ID));
                    //获取联系人的姓名
                    String strName = cursor.getString(cursor.getColumnIndex(
                            ContactsContract.Contacts.DISPLAY_NAME));
                    //使用 ContentResolver 查找联系人的电话号码
                    Cursor curPhones = getContentResolver().query(ContactsContract.
                            CommonDataKinds.Phone.CONTENT_URI,
                             new String[]{ContactsContract
                            .CommonDataKinds.Phone.NUMBER},
                            ContactsContract.CommonDataKinds.Phone
                            .CONTACT_ID + " = " + contactId, null, null);
                    if (curPhones != null) {
                      //遍历查询结果，获取联系人的多个电话号码
                      while (curPhones.moveToNext()) {
                          //获取查询结果中电话号码列中的数据
                          String phoneNumber =
                            curPhones.getString(curPhones.getColumnIndex(
                            ContactsContract.CommonDataKinds.Phone.NUMBER));
                            cBuilder.append("联系人姓名： " + strName + "        "
                            + "联系人电话： " + phoneNumber + "     " + "\n\n");
                      }
                    }
                    String[] allInfos = cBuilder.toString().split("\n\n");
                    ArrayAdapter<String> cAdapger = new ArrayAdapter<String>(
                          MainActivity.this, android.R.layout.simple_list_item_1, allInfos);
                    display.setAdapter(cAdapger);
                    curPhones.close();
                }
            }
            cursor.close();
        }
    }
});

//为 btnAdd 按钮的单击事件绑定监听器
add.setOnClickListener(new View.OnClickListener(){
```

续表

代　码

```
        @Override
        public void onClick(View view) {
          if (ContextCompat.checkSelfPermission(MainActivity.this, Manifest.permission.
                  WRITE_CONTACTS) != PackageManager.PERMISSION_GRANTED) {
                      ActivityCompat.requestPermissions(MainActivity.this,
                      new String[]{Manifest.permission.WRITE_CONTACTS},1);
        } else {
                //获取程序界面中的三个文本框中的内容
                String name = ((EditText) findViewById(R.id.name)).getText().toString();
                String phone = ((EditText) findViewById(R.id.phone)).getText().toString();
                //创建一个空的 ContentValues
                ContentValues values = new ContentValues();
                //向 RawContacts.CONTENT_URI 执行一个空值插入
                //目的是获取系统返回的 rawContactId
               Uri rawContactUri = getContentResolver().insert(
                            ContactsContract.RawContacts.CONTENT_URI, values);
                long rawContactId = ContentUris.parseId(rawContactUri);
                values.clear();
                values.put(ContactsContract.Data.RAW_CONTACT_ID, rawContactId);
                //设置内容类型
                values.put(ContactsContract.Data.MIMETYPE, ContactsContract
                        .CommonDataKinds.StructuredName.CONTENT_ITEM_TYPE);
                //设置联系人姓名
                values.put(ContactsContract.CommonDataKinds
                  .StructuredName.GIVEN_NAME, name);
                //向联系人 Uri 添加联系人姓名
                getContentResolver().insert(ContactsContract.Data.CONTENT_URI, values);
                values.clear();
                values.put(ContactsContract.Data.RAW_CONTACT_ID, rawContactId);
                values.put(ContactsContract.Data.MIMETYPE,
                                  ContactsContract.CommonDataKinds
                                  .Phone.CONTENT_ITEM_TYPE);
                //设置联系人的电话号码
                values.put(ContactsContract.CommonDataKinds.Phone.NUMBER, phone);
                //设置电话类型
                values.put(ContactsContract.CommonDataKinds.Phone.TYPE,
                                  ContactsContract.CommonDataKinds
                                  .Phone.TYPE_MOBILE);
```

续表

```
                //向联系人电话号码 Uri 添加电话号码
                getContentResolver().insert(ContactsContract.Data.CONTENT_URI, values);
                values.clear();
                Toast.makeText(MainActivity.this, "联系人数据添加成功",
                        Toast.LENGTH_SHORT).show();
            }
        }
    });

    //为 btnDel 按钮的单击事件绑定监听器
    delete.setOnClickListener(new View.OnClickListener() {
        @Override
        public void onClick(View view) {
            ContentResolver cr = getContentResolver();
            Cursor cur = cr.query(ContactsContract.Contacts.CONTENT_URI,
                null, null, null, null);
            while (cur.moveToNext()) {
                try{
                    String lookupKey = cur.getString(cur.getColumnIndex(
                            ContactsContract.Contacts.LOOKUP_KEY));
                    Uri uri = Uri.withAppendedPath(ContactsContract.
                            Contacts.CONTENT_LOOKUP_URI, lookupKey);
                    cr.delete(uri, null, null);    //删除所有联系人
                }
                catch(Exception e)
                {
                    System.out.println(e.getStackTrace());
                }
            }
        }
    });
}
```

4. 在 AndroidManifest.xml 文件中增加读取联系人记录的权限

在 AndroidManifest.xml 清单文件中输入如下所示的代码，增加读取联系人记录的权限：

```
<uses-permission android:name="android.permission.READ_CONTACTS"/>
<uses-permission android:name="android.permission.WRITE_CONTACTS"/>
```

由于 dangerous 权限需要在程序运行时由用户授权，运行时授权的代码如下：

```
    if (ContextCompat.checkSelfPermission(MainActivity.this, Manifest.permission.READ_CONTACTS) !=
PackageManager.PERMISSION_GRANTED) {
        ActivityCompat.requestPermissions(MainActivity.this, new
                                String[]{Manifest.permission.READ_CONTACTS}, 1);
        } else {
            (程序功能实现代码)
    }
```

其中，ContextCompat.checkSelfPermission(Context context,String permission)方法用于检查是否授予某个权限，方法返回值只有 PackageManager.PERMISSION_GRANTED 和 PackageManager.PERMISSION_DENIED，即权限被授予和拒绝。

利用 ActivityCompat.requestPermissions(@NonNull, Activity activity , @NonNull String[] permissions,int requestCode)方法请求获取权限，其中 requestCode 取值为 1。调用该方法后系统会弹出一个请求用户授权的提示对话框。程序在模拟器中运行后弹出请求用户授权的提示对话框，由用户决定权限，如果单击【ALLOW】按钮，如图 4-17 所示，可以完成 else 部分代码实现的功能。

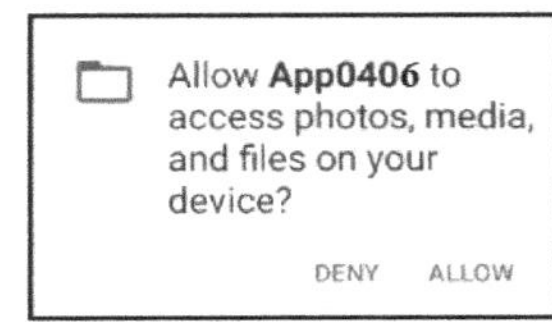

图 4-17　在请求用户授权的提示对话框单击【ALLOW】按钮

5．程序运行与功能测试

Android 项目 App0406 的初始运行状态如图 4-18 所示。

在“联系人姓名”文本框中输入姓名，这里输入“xiatian”，在“联系人电话”文本框中输入电话号码，这里输入“18837216666”，如图 4-19 所示。

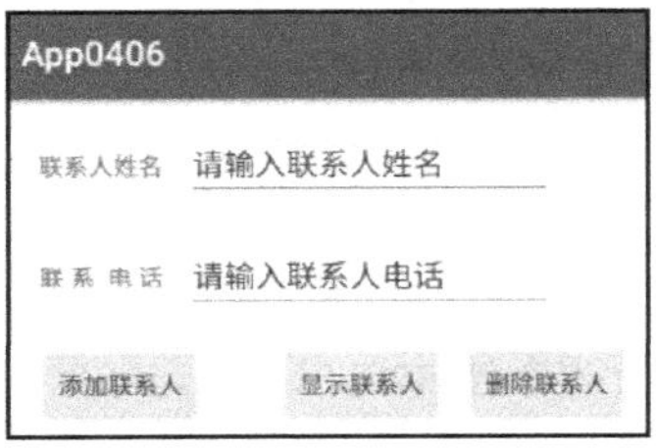

图 4-18　Android 项目 App0406 的初始运行状态

图 4-19　在文本框中输入联系人的姓名和电话

然后单击【添加联系人】按钮，向通信录中增加联系人的姓名和电话数据，且显示“联系人数据添加成功”提示信息，如图 4-20 所示。单击【显示联系人】按钮，显示所有联系人信息列表，如图 4-21 所示。

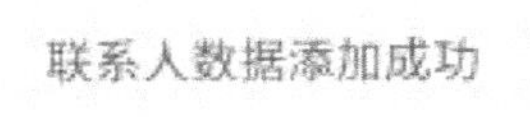

图 4-20　显示“联系人数据添加成功”提示信息

图 4-21　联系人信息列表

单击【删除联系人】按钮，则会删除通信录中所有的联系人信息。

【任务 4-7】 对 Android 模拟器中的 SD 卡进行操作

【任务描述】

编写程序实现以下功能：

（1）在 SD 卡上创建图片文件 image01.png，并在界面中显示 SD 卡的路径和成功创建文件的信息。

（2）将 drawable 文件夹中的图片文件复制到 SD 卡对应的路径“\storage\emulated\0”的文件夹中。

（3）读取存储在 SD 卡中的图像文件并在 ImageView 控件中显示出来。

【知识索引】

（1）TextView 控件、Button 控件、ImageView 控件。

（2）Environment 类及 getExternalStorageState()方法。

（3）File 类及 exists()、createNewFile()、canWrite()、getPath()等方法。

【实施过程】

1. 创建 Android 项目 App0407

在 Android Studio 集成开发环境中创建 Android 项目，将该项目命名为 App0407。

2. 完善布局文件 activity_main.xml 与界面设计

将默认添加的 TextView 控件删除，然后添加 3 个 Button 控件。设置 Button 控件的 id 属性分别为 btnCreate、btnCopy、btnDisplay，设置 text 属性分别为“创建文件”“复制图片”“浏览图片”；添加 2 个 TextView 控件，设置 TextView 控件的 id 属性分别为 tvPath、tvInfo；添加 1 个 ImageView 控件，设置 ImageView 控件的 id 属性为 imageView。

3. 完善 MainActivity 类与实现程序功能

（1）声明对象与数组。

在 MainActivity 类定义中，首先声明多个对象，代码如下所示：

```
private ImageView imgview ;
private TextView path;
private TextView info;
private Button create;
private Button copy;
private Button display;
private File rootPath;
private File file;
private String strSD;
```

（2）在 onCreate()方法中编写代码实现程序功能。

在 onCreate()方法中得到 EditText 对象、Button 对象和 ImageView 对象，然后通过自定义方法 setListener()设置控件对象的监听器，其代码如表 4-28 所示。

表 4-28　onCreate()方法的代码

```java
@Override
protected void onCreate(Bundle savedInstanceState) {
        super.onCreate(savedInstanceState);
        setContentView(R.layout.activity_main);
        path = (TextView) findViewById(R.id.tvPath);
        info = (TextView) findViewById(R.id.tvInfo);
        imgview=(ImageView) findViewById(R.id.imageView);
        create=(Button) findViewById(R.id.btnCreate);
        copy=(Button) findViewById(R.id.btnCopy);
        display=(Button) findViewById(R.id.btnDisplay);
       //绑定控件事件
        setListener();
}
```

（3）编写代码为按钮自定义单击监听器。

编写代码自定义单击监听器 OnClickListener，方法 setListener()实现代码如表 4-29 所示。

表 4-29　实现自定义单击监听器的 setListener()方法的代码

```java
private void setListener(){
   //为按钮的单击事件绑定监听器
   create.setOnClickListener(new View.OnClickListener(){
   @Override
   public void onClick(View view) {
            if (ContextCompat.checkSelfPermission(MainActivity.this,
                                Manifest.permission.WRITE_EXTERNAL_STORAGE) !=
                                PackageManager.PERMISSION_GRANTED) {
                ActivityCompat.requestPermissions(MainActivity.this, new
                        String[]{Manifest.permission.WRITE_EXTERNAL_STORAGE}, 1);
            } else {
                //取得 SD 卡当前的状态
                strSD = Environment.getExternalStorageState();
                //如果当前系统有 SD 卡存在
                if (strSD.equals(Environment.MEDIA_MOUNTED)) {
                    rootPath = Environment.getExternalStorageDirectory();//获得 SD 卡根路径
                    path.setText("SD 卡的路径为: " + rootPath.getPath());
                    if (rootPath.exists() && rootPath.canWrite()) {
```

续表

序号 | 代码

```
                    File file = new File(rootPath, "image01.jpg");
                    try {
                        if (file.createNewFile()) {
                            info.setText(file.getName() + "文件创建成功！");
                        } else {
                            info.setText(file.getName() + "文件创建失败！");
                        }
                    } catch (IOException e) {
                        e.printStackTrace();
                    }
                } else {
                    info.setText("SD 卡不存在或者不可写！");
                }
            }
        }
    }
});

  copy.setOnClickListener(new View.OnClickListener(){
    @Override
    public void onClick(View view){
        try{
            //创建 File
            File file = new File(rootPath.getPath()+"/image01.jpg");
            //文件输出流
            OutputStream os = new FileOutputStream(file);
            //把 drawable 的 picture 图片转换为位图
            Bitmap bitmap = BitmapFactory.decodeResource(getResources(),R.drawable.t02);
            //把 picture 位图复制一份到 SD 卡的 file 位置
            bitmap.compress(Bitmap.CompressFormat.JPEG,50,os);
            os.flush();
            os.close();
            info.setText(file.getName() + "图片复制成功！");
        }catch (Exception e){
            info.setText(file.getName() + "图片复制失败！");
            e.printStackTrace();
        }
    }
```

续表

序　号	代　码
57	});
58	
59	display.setOnClickListener(new View.OnClickListener() {
60	private String imgPath="img01.jpg";
61	@Override
62	public void onClick(View view) {
63	if (ContextCompat.checkSelfPermission(MainActivity.this,
64	Manifest.permission.READ_EXTERNAL_STORAGE) !=
65	PackageManager.PERMISSION_GRANTED) {
66	ActivityCompat.requestPermissions(MainActivity.this, new
67	String[]{Manifest.permission.READ_EXTERNAL_STORAGE}, 1);
68	} else {
69	if (strSD.equals(Environment.MEDIA_MOUNTED)) {
70	//获得 SD 卡中文件的存储路径
71	String wPath = Environment.getExternalStorageDirectory() + "/" + imgPath;
72	File wFile = new File(wPath);　//读取指定路径下的文件
73	if (wFile.exists()) {
74	//将图片文件转换成 Bitmap 对象
75	Bitmap bm = BitmapFactory.decodeFile(wPath);
76	imgview.setImageBitmap(bm);　//为 ImageView 控件加载图像
77	} else {
78	info.setText(file.getName() + "文件不存在！");
79	}
80	}else{
81	info.setText(file.getName() + "SD 卡不存在！");
82	}
83	}
84	}
85	});
86	}

表 4-29 中第 16 行使用 getExternalStorageDirectory()方法获得 SD 卡根路径，然后第 21 行使用 createNewFile()方法创建图片文件并给出提示信息。

4. 修改 AndroidManifest.xml 配置文件增加外部存储写入权限

读取或写入 SD 卡及其内的文件，需要在清单文件中授予相应的权限，代码如下：

```
<uses-permission android:name="android.permission
.READ_EXTERNAL_STORAGE"/>
<uses-permission android:name="android.permission
.WRITE_EXTERNAL_STORAGE"/>
```

5. 程序运行与功能测试

Android 项目 App0407 的初始运行状态如图 4-22 所示。

单击【创建文件】按钮，成功创建文件，并显示相应的提示信息，如图 4-23 所示。

单击【复制图片】按钮，成功复制图片文件，并显示相应的提示信息，如图 4-24 所示。

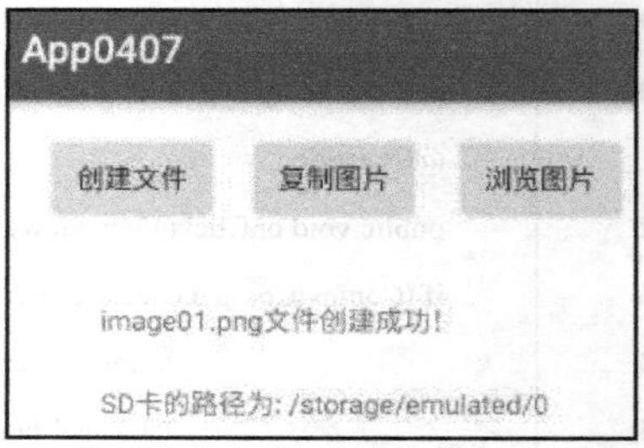

图 4-22 Android 项目 App0407 的初始运行状态

图 4-23 成功创建文件并显示相应的提示信息

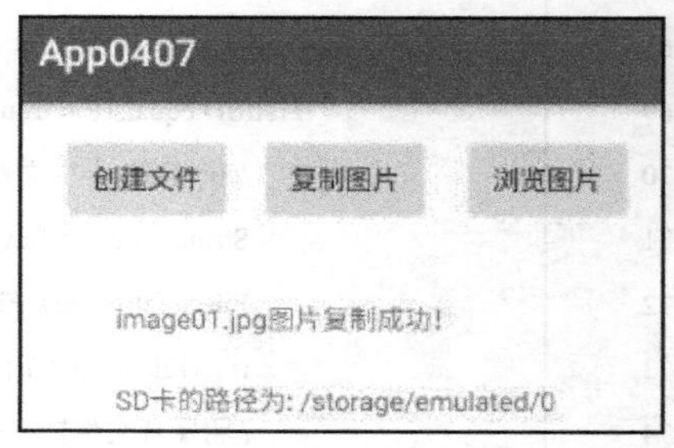

图 4-24 成功复制图片文件并显示相应的提示信息

单击【浏览图片】按钮，浏览 SD 卡中的图像，如图 4-25 所示。

【提示】 如果文件创建成功后，再一次运行程序创建同一个文件，则会出现“文件创建失败！”提示信息，如图 4-26 所示，其原因是在同一个位置创建名称相同的文件导致文件创建失败。

图 4-25 浏览 SD 卡中的图像

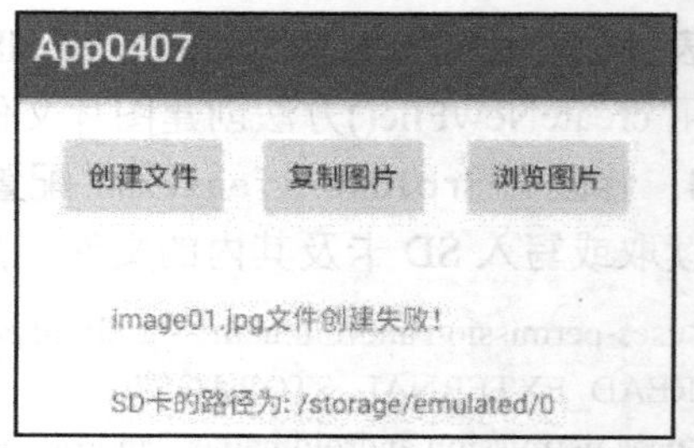

图 4-26 出现“文件创建失败！”提示信息

【单元小结】

本单元主要介绍了 Android 系统提供的四种数据存储方式：SQLite、SharedPreferences、ContentProvider 和 File。通过完成实例任务，学会了使用 SQLite 数据库存储数据、使用 SharedPreferences 对象存储数据、使用 ContentProvider 对象存储数据和使用 File 对象存储数据。

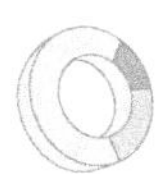

【单元习题】

1．填空题

（1）Android 中的数据存储方式主要有 5 种，分别是（　　　　　）、（　　　　　）、（　　　　　）、（　　　　　）和网络。

（2）Android 中的文件可以存储在（　　　　）和（　　　）中。

（3）SharedPreferences 是一个轻量级的存储类，主要用于存储一些应用程序的（　　　）。

（4）可以通过使用（　　　　　　）方法创建数据库。另外还可以通过写一个继承（　　　　　　　）类的方式创建数据库。

（5）要查询 SQLite 数据库中的信息需要使用（　　　　）接口，使用完毕后调用（　　　　）关闭。

（6）ContentProvider 提供了对数据进行增、删、改、查的方法，分别为（　　　）、（　　　）、（　　）和（　　　）。

（7）ContentProvider 用于（　　　）和（　　　）数据，是 Android 中不同应用程序之间共享数据的接口。

（8）在 Android 应用程序中，使用 ContentProvider 共享自己的数据，通过（　　　）对共享的数据进行操作。

（9）SharedPreferences 本质上是一个 XML 文件，所存储的数据是以（　　　　　）的格式保存在 XML 文件中的。

（10）当用户将文件保存至 SD 卡时，需要在清单文件中添加权限（　　　　　）。

（11）ContentResolver 可以通过 ContentProvider 提供的（　　　）进行数据操作。

（12）ContentProvider 与 Activity 一样，创建时首先会调用（　　　　　）方法。

2．选择题

（1）下列文件操作权限中，指定文件内容可以追加的是（　　）。

A．MODE_PRIVATE　　B．MDOE_WORLD_READABLE
C．MODE_APPEND　　D．MODE_WORLD_WRITEABLE

（2）下列代码中，用于获取 SD 卡路径的是（　　）。

A．Environment.getSD();
B．Environment.getExternalStorageState();
C．Environment.getSDDirectory();
D．Environment.getExternalStorageDirectory();

（3）下列选项中，关于文件存储数据的说法错误的是（　　）。

A．文件存储是以流的形式来操作数据的

B．文件存储可以将数据存储到 SD 卡中

C．文件存储可以将数据存储到内存中

D．Android 程序中只能使用文件存储数据

（4）如果要将程序中的私有数据分享给其他应用程序，可以使用的是（　　）。

A．文件存储　　B．SharedPreferences　　C．ContentProvider　　D．SQLite

（5）下列命令中，属于 SQLite 下的命令的是（　　）。

A．shell　　B．push　　C．quit　　D．keytool

（6）以下哪个方法能够实现数据库的数据插入？（　　）

A．onCreate　　B．onUpgrade　　C．execSQL　　D．rawQuery

（7）以下哪种数据库操作不能使用 execSQL 方法执行？（　　）

A．插入记录　　B．删除记录　　C．查询记录　　D．创建数据表

（8）使用 SQLite 数据库进行查询操作后，必须要做的操作是（　　）。（多选题）

A．关闭数据　　B．直接退出

C．关闭 Cursor　　D．使用 quit 函数退出

3．简答题

（1）简述几种 Android 数据存储的方法和特点。

（2）简要说明 SQLite 数据库创建的过程。

（3）简述使用 SharedPreferences 如何存储数据。

（4）简要说明 ContentProvider 对外共享数据的好处。

单元 5　Android 的服务与广播应用程序设计

Service（服务）是 Android 系统中的四大组件之一（Activity、BroadcastReceiver、ContentProvider、Service、），是一种在后台执行长时间程序运行、无须与用户交互的组件，并且可以和其他组件进行交互。

BroadcastReceiver（广播接收者），顾名思义，它是用来接收来自系统和应用中的广播的。Broadcast 是 Android 中一种广泛运用的在应用程序之间传输信息的机制，它用于发送广播，把要发送的信息和用于过滤的信息（如 Action、Category）装入一个 Intent 对象，然后通过调用 Context.sendBroadcast()、sendOrderBroadcast()或 sendStickyBroadcast()方法，把 Intent 对象以广播方式发送出去。而 BroadcastReceiver 是对发送出来的 Broadcast 进行过滤、接收并响应的一类组件，它用于接收广播，当 Intent 发送以后，所有已经注册的 BroadcastReceiver 会检查注册时的 IntentFilter 是否与发送的 Intent 相匹配，若匹配则就会调用 BroadcastReceiver 的 onReceive()方法。

【教学导航】

【教学目标】

（1）理解与掌握 Service 的基本概念、创建与注册、启动流程、生命周期、类型等内容；

（2）理解与掌握 BroadcastReceiver 的基本概念、生命周期、注册方式、类型等内容；

（3）学会 Service 的典型应用；

（4）学会 BroadcastReceiver 的典型应用。

【教学方法】　任务驱动法，理论实践一体化，探究学习法，分组讨论法。

【课时建议】　8 课时。

【知识导读】

5.1　Service（服务）

1. Service 的基本概念

Service（服务）是一个没有用户界面、在后台运行的应用组件，相当于后台运行的 Activity。其他应用组件能够启动 Service，并且当用户切换到另外的应用场景，Service 将持续在后台运行。另外，一个组件能够绑定到一个 Service 与之交互（IPC 机制），例如，一个 Service 可能会处理网络操作、播放音乐、操作文件 I/O 或者与内容提供者（Content Provider）交互，所有这些活动都是在后台进行的。Service 和其他组件一样，都是运行在主线程中的，因此不能用它来做耗时的请求或者动作。

本质上，一个服务可以采取两种状态：

（1）Started（启动）状态。

一个应用程序组件（例如活动）通过调用 StartService()启动一个服务，开始以后服务可以无限期地在后台运行，即使启动它的组件被破坏。

（2）Bound（绑定）状态。

一个应用程序组件可以调用 bindService()方法绑定服务，绑定服务提供客户端与服务器间的接口，允许组件之间进行交互、发送请求、得到结果，这样可以实现跨进程间通信。

2. Service 的回调方法

要创建一个服务，需要创建一个 Java 类，扩展 Service 基类或者它的子类。Service 基类定义了各种回调方法，如表 5-1 所示。但是也并不需要实现所有的回调方法，重要的是要了解每一个回调方法及其实现，以确保应用程序能如用户所期望的行为方式运行。

表 5-1 Service 的回调方法

回调方法名称	使 用 说 明
onStartCommand()	当另一个组件（例如 Activity）调用 startService()方法请求服务启动时，调用该方法。如果开发人员实现该方法，则需要在任务完成时调用 stopSelf()或 stopService()方法停止服务（如果仅想提供绑定，则不必实现该方法）
onBind()	当其他组件通过调用 bindService()绑定服务时调用这个方法。在该方法的实现中，必须提供客户端与服务通信的接口。该方法必须实现，但是如果不想允许绑定，则返回 null
onCreate()	当服务第一次创建时，系统调用该方法执行一次性建立过程（在系统调用 onStartCommand()或onBind()方法前）。如果服务已经运行，该方法不被调用
onDestroy()	当服务不再使用并将被销毁时，系统调用这个方法。服务应该实现该方法用于清理，如线程注册的侦听器、接收器等资源

3. Service 的创建与注册

创建一个 Android 项目，在该项目中创建一个继承自 Service 类的子类 LocalService，该类有一个抽象方法 onBind()，必须在子类中实现。

服务 Service 需要在 AndroidManifest.xml 文件中进行注册，注册类 LocalService 的代码如下所示：

```
<service android:name=".LocalService" />
```

该代码应位于<application>节点内，与 Activity 组件的注册位于同一层次。

4. Service 的启动流程

Service 有“启动”和“绑定”两种状态。通过 startService()启动的服务处于“启动”的状态，一旦启动，Service 就在后台运行，即使启动它的应用组件已经被销毁了。通常 Started 状态的 Service 执行单任务并且不返回任何结果给启动者。例如，当下载或上传一个文件这项操作完成时，Service 应该停止它本身。还有一种“绑定”状态的 Service，通过调用 bindService()来启动，一个绑定的 Service 提供一个允许组件与 Service 交互的接口，可以发送请求、获取返回结果，还可以通过跨进程通信来交互（IPC）。绑定的 Service 只有当应用组件绑定后才能运行，多个组件可以绑定同一个 Service，当调用 unbind()方法时，这个 Service

就会被销毁了。

Service 的启动有两种方式：Context.startService()和 Context.bindService()。

（1）Context.startService()方式启动服务。

下面通过一个简单的实例来说明使用 startService()方式启动服务。

首先创建一个 Android 项目，在该项目中创建一个继承自 Service 类的子类 LocalService，子类 LocalService 的代码如表 5-2 所示，分别重写了 onCreate()、onStartCommand()和 onDestroy()方法，通过观察 Logcat 窗口中输出的日志信息可以了解服务执行的整个过程。

表 5-2　子类 LocalService 的代码

```
package com.example.exampleapp0501;
import android.app.Service;
import android.content.Intent;
import android.os.IBinder;
import android.util.Log;
public class LocalService extends Service {
    private static final String TAG = "LocalService";
    @Override
    public IBinder onBind(Intent intent) {
        return null;
    }
    @Override
    public void onCreate() {
        Log.i(TAG, "onCreate");
        super.onCreate();
    }
    @Override
    public int onStartCommand(Intent intent, int flags, int startId) {
        Log.i(TAG, "onStartCommand");
        return START_STICKY;
    }
    @Override
    public void onDestroy() {
        Log.i(TAG, "onDestroy");
        super.onDestroy();
    }
}
```

在界面中添加两个 Button 控件，分别用于开启服务和关闭服务，XML 文件对应的代码如表 5-3 所示。

表 5-3　XML 文件对应的代码

```
<Button
    android:id="@+id/btnStart"
    android:layout_width="wrap_content"
    android:layout_height="wrap_content"
    android:layout_marginStart="84dp"
    android:layout_marginLeft="84dp"
    android:layout_marginTop="27dp"
    android:onClick="start"
    android:text="开启服务"
    app:layout_constraintStart_toStartOf="parent"
    app:layout_constraintTop_toTopOf="parent" />
<Button
    android:id="@+id/btnStop"
    android:layout_width="wrap_content"
    android:layout_height="wrap_content"
    android:layout_marginTop="27dp"
    android:layout_marginEnd="92dp"
    android:layout_marginRight="92dp"
    android:onClick="stop"
    android:text="关闭服务"
    app:layout_constraintEnd_toEndOf="parent"
    app:layout_constraintTop_toTopOf="parent" />
```

启动服务的界面外观如图 5-1 所示。

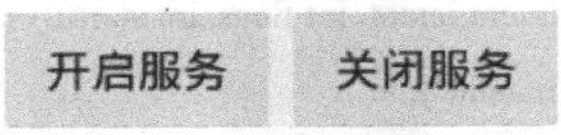

开启服务　关闭服务

图 5-1　启动服务的界面外观

在 MainActivity.java 文件中编写代码实现所需功能，对应的代码如表 5-4 所示，实现了【开启服务】和【关闭服务】按钮的单击事件。

表 5-4　MainActivity.java 文件的代码

```
package com.example.exampleapp0501;
import android.view.View;
import android.app.Activity;
import android.os.Bundle;
import android.content.Intent;
```

续表

```
public class MainActivity extends Activity {
    @Override
    protected void onCreate(Bundle savedInstanceState) {
        super.onCreate(savedInstanceState);
        setContentView(R.layout.activity_main);
    }
    //开启服务
    public void start(View view) {
        Intent intent=new Intent(this, LocalService.class);
        startActivity(intent);
    }
    //关闭服务
    public void stop(View view){
        Intent intent=new Intent(this, LocalService.class);
        stopService(intent);
    }
}
```

当前程序运行时，单击界面上的【开启服务】按钮，从 Logcat 窗口中输出服务创建的 Log 信息，从日志信息可以看出，服务创建时首先执行的是 onCreate()方法，当服务启动时执行的是 onStartCommand()。需要注意的是，onCreate()方法只有在服务创建时执行，而 onStartCommand()方法则是每次启动服务时调用。

单击【关闭服务】按钮时，在 Logcat 窗口输出服务销毁的 Log 信息，从日志信息可以看出，当单击【关闭服务】按钮时，服务执行 onDestroy()方法。

Context.startService()的启动流程如图 5-2 所示，其过程描述如下：

Context.startService()→onCreate()→onStart()→Service running→Context.stopService()→onDestroy()→Service stop

如果 Service 还没有运行，则 Android 先调用 onCreate()，然后调用 onStart()；如果 Service 已经运行，则只调用 onStart()，所以一个 Service 的 onStart()方法可能会重复调用多次。

如果直接退出而没有调用 stopService 的话，Service 会一直在后台运行，该 Service 的调用者再启动起来后可以通过 stopService 关闭 Service。

所以，调用 startService 的生命周期为：

onCreate()→onStart()（可多次调用）→onDestroy()

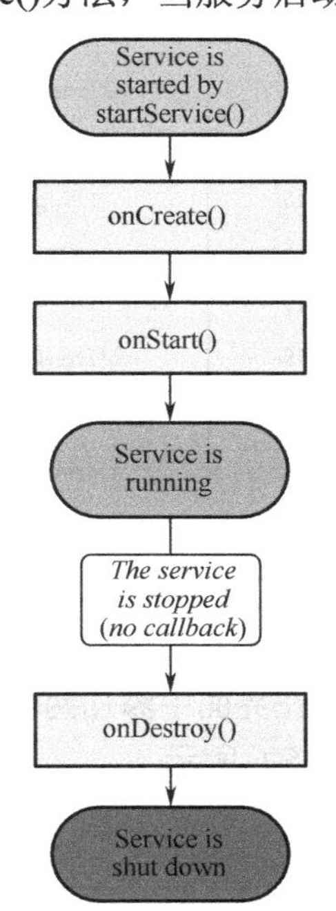

图 5-2　Context.startService()的启动流程

（2）Context.bindService()方式启动服务。

当程序使用 startService()和 stopService()启动、关闭服务时，服务与调用者之间基本不存在太多的关联，也无法与访问者进行通信、数据交互等。如果服务需要与调用者进行访问调用和数据交互时，应该使用 bindService()和 unbindService()启动、关闭服务。

下面通过一个简单的实例来说明使用 bindService()方式启动服务。

首先，创建一个 Android 项目，在该项目中创建一个继承自 Service 类的子类 MyBindService，子类 MyBindService 的代码如表 5-5 所示，分别重写了 onCreate()、onBind()和 onUnbind()方法，通过观察 Logcat 窗口中输出的日志信息可以了解服务执行的整个过程。

表 5-5 子类 MyBindService 的代码

```
package com.example.exampleapp0502;
import android.app.Service;
import android.content.Intent;
import android.os.Binder;
import android.os.IBinder;
import android.util.Log;
public class MyBindService extends Service {
    @Override
    public void onCreate(){
        super.onCreate();
        Log.i("MyBinService","创建服务，调用 onCreate()");
    }
    @Override
    public IBinder onBind(Intent intent) {
        Log.i("MyBinService","绑定服务，调用 onBind()");
        return new Binder();
    }
    @Override
    public boolean onUnbind(Intent intent){
        Log.i("MyBinService","解绑服务，调用 onUnbind()");
        return super.onUnbind(intent);
    }
}
```

在界面中添加两个 Button 控件，分别用于绑定服务和解绑服务，XML 文件对应的代码如表 5-6 所示。

表 5-6 XML 文件对应的代码

```
<Button
    android:id="@+id/btnBind"
```

续表

```
    android:layout_width="wrap_content"
    android:layout_height="wrap_content"
    android:onClick="bind"
    android:text="绑定服务"
    tools:layout_editor_absoluteX="91dp"
    tools:layout_editor_absoluteY="16dp" />
<Button
    android:id="@+id/button2"
    android:layout_width="wrap_content"
    android:layout_height="wrap_content"
    android:onClick="unbind"
    android:text="解绑服务"
    tools:layout_editor_absoluteX="198dp"
    tools:layout_editor_absoluteY="16dp" />
```

启动服务的界面外观如图 5-3 所示。

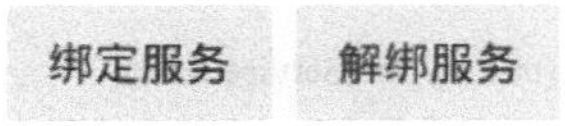

绑定服务　解绑服务

图 5-3　启动服务的界面外观

MainActivity.java 文件中的代码如表 5-7 所示，实现了【绑定服务】和【解绑服务】按钮的单击事件。

表 5-7　MainActivity.java 文件的代码

```
package com.example.exampleapp0502;
import android.app.Activity;
import android.content.ComponentName;
import android.content.ServiceConnection;
import android.os.Bundle;
import android.os.IBinder;
import android.view.View;
import android.util.Log;
import android.content.Intent;
//创建 MyConn 类，用于实现连接服务
class MyConn implements ServiceConnection {
    public void onServiceConnected(ComponentName name,IBinder service){
        Log.i("MainActivity","服务成功绑定");
    }
```

续表

序　号	代　码
15	//当服务失去连接时调用的方法
16	public void onServiceDisconnected(ComponentName name){
17	}
18	}
19	public class MainActivity extends Activity {
20	private MyConn conn;
21	@Override
22	protected void onCreate(Bundle savedInstanceState) {
23	super.onCreate(savedInstanceState);
24	setContentView(R.layout.activity_main);
25	}
26	//绑定服务
27	public void bind(View view){
28	if(conn==null){
29	conn=new MyConn();
30	}
31	Intent intent=new Intent(this,MyBindService.class);
32	//参数 1 是 Intent 对象，参数 2 是连接对象，参数 3 表示如果服务不存在则创建服务
33	bindService(intent,conn,BIND_AUTO_CREATE);
34	}
35	//解绑服务
36	public void unbind(View view){
37	if(conn==null){
38	unbindService(conn);
39	conn=null;
40	}
41	}
42	}

表 5-7 中第 33 行代码调用 bindService()方法绑定服务，第 38 行代码调用 unbindService()方法解绑服务。

Context.bindService()的启动流程如图 5-4 所示，其过程描述如下：

Context.bindService()→onCreate()→onBind()→Service running→onUnbind()→onDestroy()→Service stop

onBind()将返回给客户端一个 IBind 接口实例，IBind 允许客户端回调服务的方法，例如得到 Service 的实例、运行状态或其他操作。这时调用者（例如 Activity）会和 Service 绑定在一起，Context 退出了，Service 就会调用 onUnbind()→onDestroy()相应退出。

所以调用 bindService 的生命周期为：

onCreate()→onBind()（只一次，不可多次绑定）→onUnbind()→onDestory()

在 Service 每一次的开启、关闭过程中，只有 onStart()可被多次调用（通过多次 startService 调用），其他 onCreate()、onBind()、onUnbind()、onDestory()在一个生命周期中只能被调用一次。

如果只是想要启动一个程序，在后台服务长期进行某项任务，那么使用 startService 便可以了。如果想要与正在运行的 Service 取得联系，有两种方法：一种是使用 Broadcast，另一种是使用 bindService。前者的缺点是如果交流较为频繁，容易造成性能上的问题，并且 BroadcastReceiver 本身执行代码的时间是很短的，而后者则没有这些问题。因此我们选择使用 bindService，此时也同时在使用 startService 和 bindService 了，这在 Activity 中更新 Service 的某些运行状态时是有用的。另外，如果服务只是公开一个远程接口，供连接上的客户端远程调用执行方法，此时可以不让服务一开始就运行，而只用 bindService，这样在第一次启动 bindService 时才会创建服务的实例运行它，这会节约很多系统资源。

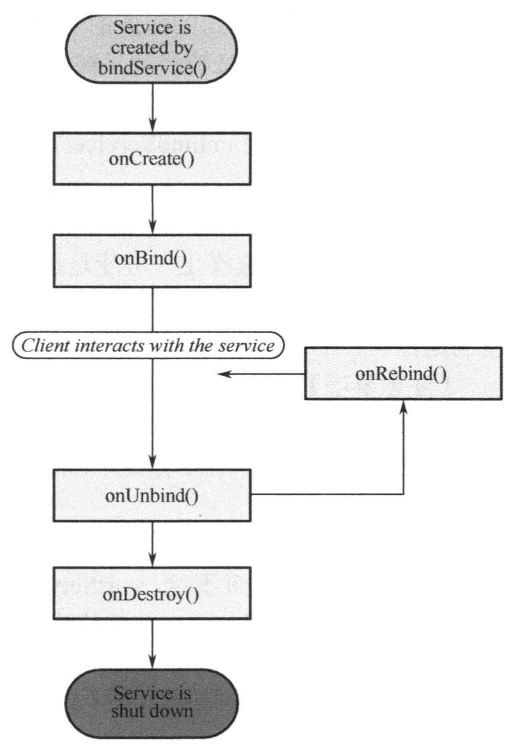

图 5-4　Context.bindService()的启动流程

5. Service 的生命周期

Service 的生命周期并不像 Activity 那么复杂，它只继承了 onCreate()、onStart()、onDestroy() 3 个方法。当我们第一次启动 Service 时，先后调用了 onCreate()、onStart()这两个方法；当停止 Service 时，则执行 onDestroy()方法。

这里需要注意的是，如果 Service 已经启动了，当我们再次启动 Service 时，不会再执行 onCreate()方法，而是直接执行 onStart()方法。它可以通过 Service.stopSelf()方法或者 Service.stopSelfResult()方法来停止自己，只要调用一次 stopService()方法便可以停止服务，而无论调用了多少次的启动服务方法。

（1）被启动服务的生命周期。

如果一个 Service 被某个 Activity 调用 Context.startService 方法启动，那么不管是否有 Activity 使用 bindService 绑定或 unbindService 解除绑定到该 Service，该 Service 都在后台运行。如果一个 Service 被 startService 方法多次启动，那么 onCreate()方法只会被调用一次，onStart()将会被调用多次（对应调用 startService 的次数），并且系统只会创建 Service 的一个实例。该 Service 将会一直在后台运行，而不管对应程序的 Activity 是否在运行，直到被调用 stopService()或自身的 stopSelf()方法。当然，如果系统资源不足，Android 系统也可能结束服务。

（2）被绑定服务的生命周期。

如果一个 Service 被某个 Activity 调用 Context.bindService()方法绑定启动，不管 bindService()被调用几次，onCreate 方法都只会被调用一次，同时 onStart 方法始终不会被调用。当连接建立之后，Service 将会一直运行，除非调用 Context.unbindService 断开连接或者之前调用 bindService 的 Context 不存在了（如 Activity 被结束的时候），系统将会自动停止 Service，对应 onDestroy 将被调用。

（3）被启动又被绑定的服务的生命周期。

如果一个 Service 又被启动又被绑定，则该 Service 将会一直在后台运行。并且不管如何调用，onCreate 始终只会被调用一次；对应 startService()调用多少次，Service 的 onStart()便会被调用多少次。调用 unbindService()将不会停止 Service，而必须调用 stopService()或 Service 的 stopSelf()来停止服务。

（4）当服务被停止时清除服务。

当一个 Service 被终止（可能是调用 stopService()或者调用 stopSelf()，或者不再有绑定的连接）时，onDestroy()方法将会被调用，在这里可以做一些清除工作，例如停止在 Service 中创建并运行的线程。

【注意事项】

①调用 bindService()绑定到 Service 时，应保证在某处调用 unbindService()解除绑定。

②使用 startService()启动服务之后，不管是否使用 bindService()，都要使用 stopService()停止服务。

③同时使用 startService()与 bindService()时，需要同时调用 unbindService()与 stopService()才能终止 Service，而不管 startService()与 bindService()的调用顺序如何。如果先调用 unbindService()此时服务不会自动终止，再调用 stopService()之后服务才会停止；如果先调用 stopService()此时服务也不会终止，而再调用 unbindService()或者之前调用 bindService()的 Context 不存在了服务才会停止。

④在 SDK 2.0 及其以后的版本中，对应的 onStart()方法已经变为 onStartCommand()，不过之前的 onStart()仍然有效。这意味着，如果开发应用程序时用的 SDK 2.0 及其以后的版本，那么应当使用 onStartCommand()而不是 onStart()。

6. Service 的类型

Service（服务）一般分为两种：

（1）本地服务（Local Service）。

Local Service 用于应用程序内部。Service 可以调用 Context.startService()启动，调用 Context.stopService()结束。在内部可以调用 Service.stopSelf()或 Service.stopSelfResult()来自己停止。无论调用了多少次 startService()，都只需调用一次 stopService()来停止。

（2）远程服务（Remote Service）。

Remote Service 用于定义接口并把接口显露出来，以便其他应用进行操作。客户端建立到服务对象的连接，并通过这个连接来调用服务。调用 Context.bindService()方法建立连接并启动，调用 Context.unbindService()关闭连接。多个客户端可以绑定至同一个服务。如果服务此时还没有加载，bindService()会先加载它。

7. 在 AndroidManifest.xml 文件中配置 Service 元素的常见选项

在 AndroidManifest.xml 文件中配置 Service 元素的示例代码如下：

```
<service
    android:name=".MyBindService"
    android:enabled="true"
    android:exported="true" >
</service>
```

在 AndroidManifest.xml 文件中配置 Service 元素的常见选项如下：

①android:name：实现服务的 Service 子类名称，类名应该是一个包含包名的完整名称，例如“com.example.exampleapp0501.LocalService”。为了简便，如果名称的第一个符号是点号，例如“.LocalService”，则会增加在 AndroidManifest.xml 文件中定义的包名，例如“com.example.exampleapp0501”。

②android:label：显示用户的服务名称，如果此项不设置，那么默认显示的服务名为类名。

③android:icon：表示服务图标，该属性必须设置成包含图片定义的可绘制资源引用。如果没有设置，使用应用程序的图标替代。

④android:permission：声明此服务的权限，这意味着只有提供了该权限的应用才能控制或连接此服务。如果 startService()、bindService()或 stopService()方法调用者没有被授权，则该调用无效，并且 Intent 对象也不会发送给服务。如果该属性没有设置，可使用<application>标签的 permission 属性设置该服务。如果<application>和<service>标签的 permission 属性都未设置，则服务不受权限保护。

⑤android:process：表示运行的进程名称。通常，应用程序的全部组件运行于为应用程序创建的默认进程，它与应用程序包名相同。如果设置了此项，那么将会在包名后面加上这段字符串，表示该服务是否运行在另外一个进程。

⑥android:enabled：如果此项设置为 true，那么 Service 将会默认被系统启动。

⑦android:exported：表示该服务是否能够被其他组件调用，true 表示可以，false 表示不可以，其默认值为 false。当其值设置为 false 时，只有同一个应用程序的组件或者具有相同用户 id 的应用程序才能启动或者绑定到服务。

5.2 BroadcastReceiver（广播）

在 Android 系统中，广播体现在方方面面，例如当开机完成后系统会产生一条广播，接收到这条广播就能实现开机启动服务的功能；当网络状态改变时系统会产生一条广播，接收到这条广播就能及时地做出提示和保存数据等操作；当电池电量改变时，系统会产生一条广播，接收到这条广播就能在电量低时告知用户及时保存进度。

Android 中的广播机制非常出色，很多事情原本需要开发者亲自操作的，现在只需等待广播告知自己就可以了，大大减少了开发的工作量和缩断开发周期。

1. BroadcastReceiver 的基本概念

BroadcastReceiver 用于异步接收广播，广播的发送是通过调用 Context.sendBroadcast()、Context.sendOrderedBroadcast()、Context.sendStickyBroadcast()来实现的。通常一个广播可以被订阅了此 Intent 的多个广播接收者所接收,广播接收者与 JMS 中的 Topic 消息接收者非常相似。

广播接收器通过调用 BroadcastReceiver()方法接收广播，对广播的通知做出反应，很多广播都产生于系统代码，例如时区改变的通知、电池电量不足、用户改变了语言偏好，或者开机启动等。广播接收器没有用户界面，但是它可以为接收到的信息启动一个 Activity 或者使用 NotificationManager 来通知用户

BroadcastReceiver（广播接收者）是一个系统全局的监听器，用于监听系统全局的 Broadcast 消息，所以它可以很方便地进行系统组件之间的通信。BroadcastReceiver 虽然是一个监听器，但是它和之前用到的 OnXxxListener 监听器不同，那些只是程序级别的监听器，

运行在指定程序的所在进程中，当程序退出时 OnXxxListener 监听器也就随之关闭了；但是 BroadcastReceiver 属于系统级的监听器，它拥有自己的进程，只要存在与之匹配的 Broadcast 被以 Intent 的形式发送出来，BroadcastReceiver 就会被激活。

2. BroadcastReceiver 的生命周期

虽然 BroadcastReceiver 同属 Android 的四大组件，但它也有自己独立的生命周期，而且和 Activity、Service 又不同。当在系统注册一个 BroadcastReceiver 之后，每次系统以一个 Intent 的形式发布 Broadcast 的时候，系统都会创建与之对应的 BroadcastReceiver 广播接收者实例，并自动触发它的 onReceive()方法，当 onReceive()方法被执行完成之后，BroadcastReceiver 实例就会被销毁。虽然它独自享用一个单独的进程，但也不是没有限制的，如果 BroadcastReceiver.onReceive()方法不能在 10 秒内执行完成，Android 系统就会认为该 BroadcastReceiver 对象无响应，然后弹出 ANR（Application No Response）对话框，所以不要在 BroadcastReceiver.onReceive()方法内执行一些耗时的操作。

BroadcastReceiver 的使用基本流程如下：

注册 receiver（静态或动态）→调用 sendBroadcast()方法发送广播→调用 onReceive (Context context, Intent intent)方法处理广播→调用 startService()方法启动服务→调用 stopService()方法关闭服务

一个 BroadcastReceiver 对象只有在被调用 onReceive(Context, Intent)方法时才有效，当从该方法返回后，该对象就无效了，其生命周期结束。

从这个特征可以看出，在所调用的 onReceive(Context, Intent)方法里，不能有过于耗时的操作，不能使用线程来执行。对于耗时的操作，应该在 startService()中来完成。因为当得到其他异步操作所返回的结果时，BroadcastReceiver 可能已经无效了。

如果需要根据广播内容完成一些耗时的操作，一般考虑通过 Intent 启动一个 Service 来完成该操作，而不应该在 BroadcastReceiver 中开启一个新线程完成耗时的操作，因为 BroadcastReceiver 本身的生命周期很短，可能出现的情况是子线程还没有结束，BroadcastReceiver 就已经退出。而如果 BroadcastReceiver 所在的进程结束了，该线程就会被标记为一个空线程，根据 Android 的内存管理策略，在系统内存紧张的时候，会按照优先级，结束优先级低的线程，而空线程无疑是优先级最低的，这样就可能导致 BroadcastReceiver 启动的子线程不能执行完成。

3. BroadcastReceiver 的注册方式

BroadcastReceiver 本质上是一个监听器，所以使用 BroadcastReceiver 的方法也是非常简单的，只需要继承 BroadcastReceiver，在其中重写 onReceive(Context context,Intent intent)即可。一旦实现了 BroadcastReceiver 并部署到系统中后，就可以在系统的任何位置，通过 sendBroadcast()、sendOrderedBroadcast()方法发送 Broadcast 给这个 BroadcastReceiver。

但是仅仅继承 BroadcastReceiver 和实现 onReceive()方法是不够的，同为 Android 系统组件，它也必须在 Android 系统中注册。注册一个 BroadcastReceiver 有两种方式：

（1）静态注册。

在清单文件 AndroidManifest.xml 的<application/>节点中使用标签< receiver>进行注册，并在标签内用<intent-filter>标签设置过滤器。在<receiver/>节点中用 android:name 属性指定注册的 BroadcastReceiver 对象，一般还会通过<Intent-filter/>指定<action/>和<category/>，并在<Intent-filter/>节点中通过 android:priority 属性设置 BroadcastReceiver 的优先级，数值越大

优先级越高。

静态注册一个广播地址的示例代码如下所示：

```
<receiver android:name=".MyReceiver">
    <intent-filter>
        <action android:name="android.intent.action.MY_BROADCAST"/>
        <category android:name="android.intent.category.DEFAULT" />
    </intent-filter>
</receiver>
```

配置了以上信息之后，只要是 android.intent.action.MY_BROADCAST 这个地址的广播，MyReceiver 都能够接收到。

【注意】 这种方式的注册是常驻型的，也就是说当应用关闭后，如果有广播信息传来，MyReceiver 也会被系统调用而自动运行。

（2）动态注册。

动态注册需要在代码中动态地指定广播地址并注册，在代码中先定义并设置好一个 IntentFilter 对象，然后在需要注册的地方调用 Context.registerReceiver()方法，需要取消时就调用 Context.unregisterReceiver()方法。如果用动态方式注册的 BroadcastReceiver 的 Context 对象被销毁，BroadcastReceiver 也就自动取消注册了。另外，如果在使用 sendBroadcast()方法时指定了接收权限，则只有在 AndroidManifest.xml 文件中用<uses-permission>标签声明了拥有此权限的 BroadcastReceiver 才会有可能接收到发送来的 Broadcast。同样，如果在注册 BroadcastReceiver 时指定了可接收 Broadcast 的权限，则只有在 AndroidManifest.xml 文件中用<uses-permission>标签声明了，拥有此权限的 Context 对象所发送的 Broadcast 才能被这个 BroadcastReceiver 所接收。

动态注册的示例代码如下：

```
MyReceiver receiver = new MyReceiver();
IntentFilter filter = new IntentFilter();
filter.addAction("android.intent.action.MY_BROADCAST");
registerReceiver(receiver, filter);
```

【注意】 registerReceiver 是 android.content.ContextWrapper 类中的方法，Activity 和 Service 都继承了 ContextWrapper，所以可以直接调用。在实际应用中，我们在 Activity 或 Service 中注册了一个 BroadcastReceiver，当这个 Activity 或 Service 被销毁时如果没有解除注册，系统会报一个异常，提示我们是否忘记解除注册了，所以要在特定的地方执行解除注册操作。解除注册的代码如下所示：

```
@Override
protected void onDestroy() {
    super.onDestroy();
    unregisterReceiver(receiver);
}
```

这种动态注册方式与静态注册相反，不是常驻型的，也就是说广播会跟随程序的生命周期。可以根据以上任意一种方法完成注册，当注册完成之后，这个接收者就可以正常工作了。可以用以下方式向其发送一条广播：

```
public void send(View view) {
    Intent intent = new Intent("android.intent.action.MY_BROADCAST");
    intent.putExtra("msg", "hello receiver.");
    sendBroadcast(intent);
}
```

【注意】 sendBroadcast 也是 android.content.ContextWrapper 类中的方法，它可以将一个指定地址和参数信息的 Intent 对象以广播的形式发送出去。

静态注册方式，由系统来管理 receiver，而且程序里的所有 receiver 可以在 XML 文件中一目了然。动态注册方式的注册代码隐藏在代码中，一般在 Activity 的 onStart()里面进行注册，在 onStop()里面进行注销。在退出程序前要记得调用 Context.unregisterReceiver()方法。如果在 Activity.onResume()里面注册了，就必须在 Activity.onPause()里注销。

虽然 Android 系统提供了两种方式注册 BroadcastReceiver，但是一般在实际开发中，还是会在清单文件 AndroidManifest.xml 中进行注册。

4. BroadcastReceiver 的类型

如果有多个接收者都注册了相同的广播地址，能同时接收到同一条广播吗？相互之间会不会有干扰呢？这就涉及普通广播和有序广播的概念了。

当系统以一个 Intent 的形式发送一个 Broadcast 出去之后，所有与之匹配的 BroadcastReceiver 都会被实例化，但是这里是有区别的。根据 Broadcast 的传播方式不同，在系统中有如下两种 Broadcast：

（1）普通广播（Normal Broadcast）。

普通广播对于多个接收者来说是完全异步的，通常每个接收者都无须等待即可以接收到广播，接收者相互之间不会有影响。对于这种广播，接收者无法终止广播，即无法阻止其他接收者的接收动作。当一个 Broadcast 被发出之后，所有与之匹配的 BroadcastReceiver 都同时接收到 Broadcast。这种方式的优点是传递效率比较高，其缺点是一个 BroadcastReceiver 不能影响其他响应这个 Broadcast 的 BroadcastReceiver。

（2）有序广播（Ordered Broadcast）。

有序广播是同步执行的，也就是说有序广播的接收器将会按照预先声明的优先级依次接收 Broadcast。它是链式结构，每次只发送到优先级较高的接收者那里，优先级越高越先被执行。因为是顺序执行，所有优先级高的接收器可以把执行结果传播到优先级低的接收者那里。优先级高的接收者有能力终止这个广播，可以通过 abortBroadcast()方法终止 Broadcast 的传播。一旦 Broadcast 的传播被终止，优先级低于它的接收器就不会再接收到这条 Broadcast 了。

虽然系统存在两种类型的 Broadcast，但是一般系统发送出来的 Broadcast 均是有序广播，所以可以通过优先级的控制，在系统内置的程序响应前，对 Broadcast 提前进行响应。这就是短信拦截器、电话拦截器等软件的工作原理。

根据 Broadcast 传播的方式，Context 提供了不同的方法来发布它们：

（1）sendBroadcast()：发送普通广播。

（2）sendOrderedBroadcast()：发送有序广播。

以上两个方法都有多个重载方法，根据不同的场景使用，最简单的莫过于直接传递一个 Intent 来发送一个广播。

下面通过一个简单的实例，分析 BroadcastReceiver 的声明以及如何向这个 BroadcastReceiver 发送消息。

首先创建一个 Java 文件 BasicBroadcast.java，声明一个类 BroadcastReceiver，代码如表 5-8 所示。

表 5-8　类 BroadcastReceiver 对应的代码

```
package com.example.exampleapp0503;
import android.content.BroadcastReceiver;
import android.content.Context;
import android.content.Intent;
import android.widget.Toast;
public class BasicBroadcast extends BroadcastReceiver {
    @Override
    public void onReceive(Context context, Intent intent) {
        Toast.makeText(context,"接收到 Broadcast，消息为："+ intent.getStringExtra("msg"),
        Toast.LENGTH_SHORT).show();
    }
}
```

在界面中添加两个按钮，分别用于发送一个普通广播和发送一个有序广播，XML 文件对应的代码如表 5-9 所示。

表 5-9　XML 文件对应的代码

```
<Button
    android:id="@+id/btnBasicSendNormal"
    android:layout_width="wrap_content"
    android:layout_height="wrap_content"
    android:onClick="send"
    android:text="发送一个普通广播" />
<Button
    android:id="@+id/btnBasicSendOrdered"
    android:layout_width="wrap_content"
    android:layout_height="wrap_content"
    android:onClick="sendOrder"
    android:text="发送一个有序广播" />
```

接着声明一个 Activity 子类 BasicActivity，用于发送 Broadcast，其代码如表 5-10 所示。

表 5-10　子类 BasicActivity 对应的代码

```java
package com.example.exampleapp0503;
import android.app.Activity;
import android.os.Bundle;
import android.view.Menu;
import android.view.MenuItem;
import android.content.Intent;
import android.view.View;
import android.widget.Button;
public class MainActivity extends Activity {
    @Override
    protected void onCreate(Bundle savedInstanceState) {
        super.onCreate(savedInstanceState);
        setContentView(R.layout.activity_main);
    }
    public void send(View view) {
        Intent broadcast=new Intent();
        broadcast.setAction("com.example.exampleapp0503.myBroadcast");
        broadcast.putExtra("msg", "这是一个普通广播");
        broadcast.setComponent(new ComponentName("com.example.exampleapp0503",
                               "com.example.exampleapp0503.BasicBroadcast"));
        sendBroadcast(broadcast);
    }
    public void sendOrder(View v) {
        Intent broadcast=new Intent();
        broadcast.setAction("com.example.exampleapp0503.myBroadcast");
        broadcast.putExtra("msg", "这是一个有序广播");
        broadcast.setComponent(new ComponentName("com.example.exampleapp0503",
                              "com.example.exampleapp0503.BasicBroadcast"));
        sendOrderedBroadcast(broadcast, null);
    }
}
```

由表 5-10 所示的代码可知，发送 Broadcast 时，首先在需要发送信息的地方将要发送的信息装入一个 Intent 对象，然后通过调用 sendBroadcast()或 sendOrderBroadcast()方法，将 Intent 对象以广播方式发送出去。

当 Intent 发送以后，所有已经注册的 BroadcastReceiver 会检查注册时的 IntentFilter 是否与发送的 Intent 相匹配，若匹配则会调用 BroadcastReceiver 的 onReceive()方法。所以当我们定义一个 BroadcastReceiver 时，都需要实现 onReceive()方法。

在创建完 BroadcastReceiver 之后，还无法使其进入工作状态，我们需要为它注册一个指定的广播地址。没有注册广播地址的 BroadcastReceiver 就像一个缺少选台按钮的收音机，虽然功能具备，但也无法收到电台的信号。在清单文件 AndroidManifest.xml 中注册 Intent 对象，其代码如下所示：

```
<receiver android:name="com.example.exampleapp0503.BasicBroadcast">
    <intent-filter>
        <action android:name="com.example.exampleapp0503.myBroadcast"/>
    </intent-filter>
</receiver>
```

运行 BroadcastReceiver 应用实例程序，显示如图 5-5 所示的界面。

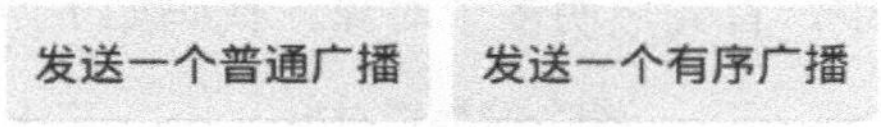

发送一个普通广播　发送一个有序广播

图 5-5　BroadcastReceiver 应用实例程序的运行效果

在运行界面中单击【发送一个普通广播】按钮，显示如图 5-6 所示的提示信息；单击【发送一个有序广播】按钮，显示如图 5-7 所示的提示信息。

接收到Broadcast，消息为：这是一个普通广播

图 5-6　单击【发送一个普通广播】按钮时显示的提示信息

接收到Broadcast，消息为：这是一个有序广播

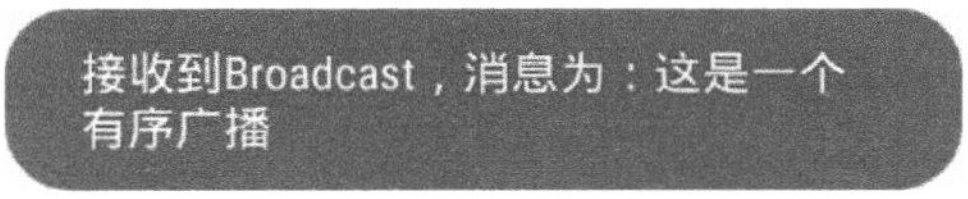

图 5-7　单击【发送一个有序广播】按钮时显示的提示信息

【任务实战】

【任务 5-1】　获取系统的唤醒服务

【任务描述】

我们使用手机浏览网页时，如果在一段时间内没有触屏，屏幕就会黑屏并锁屏了。编写程序，实现程序开始时得到系统的唤醒服务，程序退出时关闭程序的唤醒服务。

通常情况下，在一个应用 Activity 的 onResume()方法中获得屏幕锁，在 onStop()方法中释放屏幕锁。本任务为简化程序，方便演示系统的唤醒服务和电源服务，要求使用按钮来进行屏幕锁的获得和释放。

【知识索引】

（1）WakeLock 类及 acquire()、isHeld()、release()等方法。

（2）PowerManager 类、Context 类，getSystemService()方法、getCanonicalName()方法，POWER_SERVICE 常量、FULL_WAKE_LOCK 常量。

（3）Toast 类及 makeText()、show()等方法。

【实施过程】

1．创建 Android 项目 App0501

在 Android Studio 集成开发环境中创建 Android 项目，将该项目命名为 App0501。

2．完善布局文件 activity_main.xml 与界面设计

先将默认添加的 TextView 控件删除，然后添加线性布局方式（LinearLayout），接着添加 2 个 Button 控件。将 Button 控件的 id 属性分别设置为 btnGet 和 btnRelease，text 属性分别设置为“获取唤醒锁”和“释放唤醒锁”。

3．完善 MainActivity 类与实现程序功能

（1）声明对象。

在 MainActivity 类定义中，首先声明多个对象，代码如下所示：

```
private WakeLock wakeLock;              //得到唤醒锁对象
private Button getLock;                 //声明获取唤醒锁对象的按钮
private Button releaseLock;             //声明释放唤醒锁对象的按钮
```

（2）在 onCreate()方法中编写代码实现程序功能。

在 onCreate()方法中获取 Button 对象，然后通过自定义方法 setListener()设置控件对象的监听器，其代码如表 5-11 所示。

表 5-11　onCreate()方法的代码

序　号	代　码
01	@Override
02	protected void onCreate(Bundle savedInstanceState) {
03	super.onCreate(savedInstanceState);
04	setContentView(R.layout.activity_main);
05	getLock = (Button)findViewById(R.id.btnGet);
06	releaseLock = (Button)findViewById(R.id.btnRelease);
07	//设置对象的监听器
08	setListener();
09	}

（3）编写代码为按钮自定义单击监听器。

编写代码定义单击监听器 OnClickListener，方法 setListener()的代码如下所示：

```
private void setListener() {
    //设置对象的监听器
    getLock.setOnClickListener(mylistener);
    releaseLock.setOnClickListener(mylistener);
}
```

自定义 OnClickListener 类对象的代码如表 5-12 所示，当用户单击“获取唤醒锁”按钮时调用 acquireWakeLock()方法，当用户单击“释放唤醒锁”按钮时调用 releaseWakeLock()方法。

表 5-12　自定义 OnClickListener 类对象的代码

序　号	代　码
01	OnClickListener mylistener = new OnClickListener() {
02	@Override
03	public void onClick(View v) {
04	//TODO Auto-generated method stub
05	switch (v.getId()) {
06	case R.id.btnGet:
07	acquireWakeLock();　　//开始获得唤醒锁
08	break;
09	case R.id.btnRelease:
10	releaseWakeLock();　　//释放锁
11	break;
12	default:
13	break;
14	}
15	}
16	};

自定义方法 acquireWakeLock()的代码如表 5-13 所示，第 06 行代码通过 getSystemService 对象得到系统的 PowerService。

表 5-13　自定义 acquireWakeLock()方法的代码

序　号	代　码
01	//开始获得唤醒锁
02	private void acquireWakeLock() {
03	if (wakeLock == null) {
04	Toast.makeText(this, "得到唤醒锁", Toast.LENGTH_SHORT).show();
05	//得到电源管理服务
06	PowerManager pm = (PowerManager)getSystemService(Context.POWER_SERVICE);
07	//加锁控制电源的状态
08	wakeLock = pm.newWakeLock(PowerManager.FULL_WAKE_LOCK,
09	this.getClass().getCanonicalName());
10	//获取相应的锁，屏幕将停留在设定的状态，一般为亮、暗状态
11	wakeLock.acquire();
12	}
13	}

自定义方法 releaseWakeLock()的代码如表 5-14 所示，第 04 行调用唤醒锁对象 wakeLock 的 release()方法释放屏幕锁的状态。

表 5-14　自定义 releaseWakeLock()方法的代码

```
private void releaseWakeLock() {
    if (wakeLock != null && wakeLock.isHeld()) {
        //释放掉正在运行的 CPU 或关闭屏幕
        wakeLock.release();
        wakeLock = null;
    }
    Toast.makeText(MainActivity.this, "释放唤醒锁",Toast.LENGTH_SHORT).show();
}
```

4．在 AndroidManifest.xml 文件中增加获得系统唤醒锁的权限

由于本任务得到了系统的电源服务，所以需要在 AndroidManifest.xml 文件中输入如下所示的代码，增加获得系统唤醒锁的权限，以保证程序可以获得唤醒锁权限。

```
<uses-permission android:name="android.permission.WAKE_LOCK"/>
```

5．程序运行与功能测试

Android 项目 App0501 的初始运行状态如图 5-8 所示。

单击【获取唤醒锁】按钮，得到系统的唤醒锁，显示如图 5-9 所示的“得到唤醒锁”提示信息，此时系统不会进入休眠和锁屏。

图 5-8　Android 项目 App0501 的初始运行状态

单击【释放唤醒锁】按钮，释放系统的唤醒锁，显示如图 5-10 所示的“释放唤醒锁”提示信息，此时系统经过默认的时间屏幕就会进入黑屏锁屏状态。。

得到唤醒锁

图 5-9　“得到唤醒锁”提示信息

释放唤醒锁

图 5-10　“释放唤醒锁”提示信息

【任务 5-2】　获取系统的屏蔽状态

【任务描述】

系统的屏幕状态一般分为正常、锁屏和休眠，程序锁屏时，会暂时关闭某些服务，但有些应用（例如玩游戏时）不能让系统进入休眠状态，所以当用户进行某项应用操作时，需要得到和判断屏幕状态。编写程序，通过系统服务得到系统的屏幕状态，通过单击按钮显示屏幕状态。

【知识索引】

（1）KeyguardManager 类及 getSystemService()方法、isKeyguardLocked()方法。

（2）Toast 类、makeText()和 show()方法，以及 LENGTH_SHORT 和 LENGTH_SHORT 常量。

【实施过程】

1. 创建 Android 项目 App0502

在 Android Studio 集成开发环境中创建 Android 项目，将该项目命名为 App0502。

2. 完善布局文件 activity_main.xml 与界面设计

先将默认添加的 TextView 控件删除，然后添加 1 个 Button 控件。将 Button 控件的 id 属性设置为 btnGetStatus，text 属性设置为"@string/getStatus"。

变量 getStatus 在 string.xml 文件中的声明代码如下所示。

```
<string name="getStatus">查看屏幕的状态</string>
```

3. 完善 MainActivity 类与实现程序功能

（1）声明对象。

在 MainActivity 类定义中，首先声明多个对象，代码如下所示：

```
private Button btnKeyguard;          //声明锁屏按钮对象
private KeyguardManager km;          //声明 KeyguardManager 对象（键盘管理对象）
```

（2）在 onCreate()方法中编写代码实现程序功能。

在 onCreate()方法中获得 KeyguardManager 服务和获取布局中的 Button 对象，然后通过自定义方法 setListener()设置控件对象的监听器，其代码如表 5-15 所示。

表 5-15　onCreate()方法的代码

序　号	代　码
01	@Override
02	protected void onCreate(Bundle savedInstanceState) {
03	super.onCreate(savedInstanceState);
04	setContentView(R.layout.activity_main);
05	//获得 KeyguardManager 服务
06	km=(KeyguardManager)getSystemService(Context.KEYGUARD_SERVICE);
07	//得到布局中的 Button 对象
08	btnKeyguard = (Button) findViewById(R.id.btnGetStatus);
09	//设置对象的监听器
10	setListener();
11	}

表 5-15 中第 06 行通过 getSystemService 对象得到系统的锁屏键的服务。

（3）编写代码为按钮自定义单击监听器。

编写代码定义单击监听器 OnClickListener，方法 setListener()实现代码如表 5-16 所示。

表 5-16　实现自定义单击监听器的 setListener()方法的代码

序　号	代　码
01	private void setListener() {
02	//设置对象的监听器
03	btnKeyguard.setOnClickListener(new OnClickListener() {
04	@RequiresApi(api = Build.VERSION_CODES.JELLY_BEAN)
05	@Override
06	public void onClick(View arg0) {
07	//判断当前屏幕的状态
08	if(km.isKeyguardLocked())
09	{
10	Toast.makeText(MainActivity.this, "锁屏", Toast.LENGTH_SHORT).show();
11	}
12	else
13	{
14	Toast.makeText(MainActivity.this, "没有锁屏", Toast.LENGTH_SHORT).show();
15	}
16	}
17	});
18	}

表 5-16 中第 08 行通过 KeyguardManager 对象 km 的 isKeyguardLocked()方法得到屏幕是否为锁屏状态，然后显示对应的提示信息。

4. 在 AndroidManifest.xml 文件中增加获得系统的锁屏权限

由于本任务通过得到系统的锁屏服务进行屏幕状态的查看，需要在 AndroidManifest.xml 文件中输入如下所示的代码，增加获得系统的锁屏权限，以保证程序可以获得系统的锁屏权限。

```
<uses-permission android:name="android.permission.DISABLE_KEYGUARD"/>
```

5. 程序运行与功能测试

Android 项目 App0502 的初始运行状态如图 5-11 所示。

图 5-11　Android 项目 App0502 的初始运行状态

单击【查看屏幕的状态】按钮，显示“没有锁屏”提示信息，因为此时没有进行锁屏操作。

【任务 5-3】 获取当前网络状态

【任务描述】

编写程序获取并查看当前网络状态，以便根据网络状态实现相应的操作。

【知识索引】

（1）ConnectivityManager 类，getSystemService()方法、getActiveNetworkInfo()方法、getNetworkInfo()方法、getState()方法，TYPE_MOBILE 常量、TYPE_WIFI 常量。

（2）NetworkInfo 类及 isAvailable()方法。

（3）State 类及 CONNECTED 常量。

【实施过程】

1．创建 Android 项目 App0503

在 Android Studio 集成开发环境中创建 Android 项目，将该项目命名为 App0503。

2．完善布局文件 activity_main.xml 与界面设计

先将默认添加的 TextView 控件删除，然后添加 1 个 TextView 控件、1 个 Button 控件。将 Button 控件的 id 属性设置为 btnNetwork，text 属性设置为“显示当前网络状态”；将 TextView 控件的 id 属性设置为 tvNetworkshow。

3．完善 MainActivity 类与实现程序功能

（1）声明对象。

在 MainActivity 类定义中，首先声明多个对象，代码如下所示：

```
private Button btn;                        //声明显示当前网络状态的按钮
private TextView tv;                       //定义显示当前网络连接状态的文本框
ConnectivityManager connManager ;          //声明网络连接管理器
private NetworkInfo networkInfo;           //声明代表联网状态的 NetworkInfo 对象
private String strNetWork;                 //定义当前网络连接的 String
```

（2）在 onCreate()方法中编写代码实现程序功能。

在 onCreate()方法中获取 ConnectivityManager 对象和所有控件对象，然后通过自定义方法 setListener()设置控件对象的监听器，其代码如表 5-17 所示。

表 5-17　onCreate()方法的代码

```
@Override
protected void onCreate(Bundle savedInstanceState) {
    super.onCreate(savedInstanceState);
    setContentView(R.layout.activity_main);
    //获得网络连接服务管理器对象
    connManager=(ConnectivityManager)getSystemService(Context.CONNECTIVITY_SERVICE);
    //获取代表联网状态的 NetworkInfo 对象（当前的网络连接信息）
    networkInfo = connManager.getActiveNetworkInfo();
    //得到布局中的所有对象
```

续表

```
    btn = (Button) findViewById(R.id.btnNetwork);
    tv=(TextView)findViewById(R.id.tvNetworkshow);
    //设置对象的监听器
    setListener();
}
```

（3）编写代码为按钮自定义单击监听器。

编写代码定义单击监听器 OnClickListener，方法 setListener()实现代码如表 5-18 所示。

表 5-18　实现自定义单击监听器的 setListener()方法的代码

```
private void setListener() {
    //设置对象的监听器
    btn.setOnClickListener(new OnClickListener() {
        @Override
        public void onClick(View arg0) {
            //当前网络是否可用
            if(networkInfo.isAvailable())
            {
                strNetWork="当前网络可用\n";
            }
            else{
                strNetWork="当前网络不可用\n";
            }
            //获取 GPRS 网络模式连接的描述
            NetworkInfo.State state = connManager.getNetworkInfo(
                                ConnectivityManager.TYPE_MOBILE).getState();
            //State.CONNECTED 表示当前 GPRS 已连接
            if(state==NetworkInfo.State.CONNECTED)
            {
                strNetWork+="GPRS 网络已连接\n";
            }
            //获取 WiFi 网络模式连接的描述
            state = connManager.getNetworkInfo(ConnectivityManager.TYPE_WIFI).getState();
            //State.CONNECTED 表示当前 WiFi 已连接
            if(state==NetworkInfo.State.CONNECTED)
            {
                strNetWork+="WIFI 网络已连接\n";
            }
```

续表

序　号	代　码
29	//设置 TextView 的 text 属性
30	tv.setText(strNetWork);
31	}
32	});
33	}

表 5-18 中第 07 行代码通过 isAvailable()方法得到 NetworkInfo 对象是否可用，然后在第 16 行得到当前已连接的网络类型；在第 18 行和第 25 行分别判断当前网络的连接类型，并且构造提示信息字符串在 TextView 控件中显示相应的信息。

4．在 AndroidManifest.xml 文件中增加获得系统的网络状态权限

在 AndroidManifest.xml 文件中输入如下所示的代码，增加获得系统网络状态权限的代码，以保证程序可以获得系统的网络状态权限。

```
<uses-permission android:name="android.permission.ACCESS_NETWORK_STATE"/>
```

5．程序运行与功能测试

Android 项目 App0503 的初始运行状态如图 5-12 所示。

单击【显示当前网络状态】按钮，显示如图 5-13 所示的当前网络状态提示信息。

图 5-12　Android 项目 App0503 的初始运行状态

图 5-13　当前网络状态的提示信息

【任务 5-4】 实现音量控制

【任务描述】

编写程序获取系统的音量管理器服务，然后得到相应的音量参数，调节系统音量，并在屏幕显示当前的音量大小。

【知识索引】

（1）AudioManager 类，getSystemService()方法、getStreamVolume()方法，STREAM_MUSIC、STREAM_VOICE_CALL、STREAM_SYSTEM、STREAM_ALARM、STREAM_RING、ADJUST_LOWER、ADJUST_RAISE、ADJUST_SAME、FX_FOCUS_NAVIGATION_UP 等常量。

（2）Context 类及 AUDIO_SERVICE 常量。

【实施过程】

1．创建 Android 项目 App0504

在 Android Studio 集成开发环境中创建 Android 项目，将该项目命名为 App0504。

2. 完善布局文件 activity_main.xml 与界面设计

先将默认添加的 TextView 控件删除，然后添加线性布局方式（LinearLayout），接着添加 3 个 Button 控件和 1 个 TextView 控件。将 Button 控件的 id 属性分别设置为 btn_currentvolume、btn_increaselvolume、btn_declinevolume，将 Button 控件的 text 属性分别设置为“显示当前音量”“增大系统音量”“减小系统音量”；将 TextView 控件的 id 属性设置为 tv_volumn。

3. 完善 MainActivity 类与实现程序功能

（1）声明对象。

在 MainActivity 类定义中，首先声明多个对象，代码如下所示：

```
private Button btnCurrentVolume;              //定义当前音量的按钮
private TextView tvVolume;                    //定义显示当前音量的 TextView 控件
private Button btnIncreaseVolume;             //定义增加音量的按钮
private Button btnDeclineVolume;              //定义减小音量的按钮
private AudioManager audioManager ;           //定义 AudioManager 对象（音频管理器对象）
```

（2）在 onCreate()方法中编写代码实现程序功能。

在 onCreate()方法中获取 AudioManager 对象和所有控件对象，然后通过自定义方法 setListener()设置控件对象的监听器，其代码如表 5-19 所示。

表 5-19　onCreate()方法的代码

序　号	代　码
01	@Override
02	protected void onCreate(Bundle savedInstanceState) {
03	super.onCreate(savedInstanceState);
04	setContentView(R.layout.activity_main);
05	//取得 AudioManager 对象
06	audioManager = (AudioManager)getSystemService(Context.AUDIO_SERVICE);
07	//得到布局中的所有控件对象
08	btnCurrentVolume = (Button) findViewById(R.id.btn_currentvolume);
09	btnDeclineVolume=(Button)findViewById(R.id.btn_declinevolume);
10	btnIncreaseVolume=(Button)findViewById(R.id.btn_increaselvolume);
11	tvVolume=(TextView)findViewById(R.id.tv_volumn);
12	//设置对象的监听器
13	setListener();
14	}

（3）编写代码为按钮自定义单击监听器。

编写代码定义单击监听器 OnClickListener，方法 setListener()实现代码如表 5-20 所示。

表 5-20　实现自定义单击监听器的 setListener()方法的代码

```
//设置对象的监听器
private void setListener() {
    btnCurrentVolume.setOnClickListener(listener);
    btnDeclineVolume.setOnClickListener(listener);
    btnIncreaseVolume.setOnClickListener(listener);
}
```

自定义 OnClickListener 类对象的代码如表 5-21 所示，当单击某个按钮时执行相应的代码。

表 5-21　自定义 OnClickListener 类对象的代码

```
android.view.View.OnClickListener listener=new android.view.View.OnClickListener() {
  @Override
  public void onClick(View v) {
   switch (v.getId()) {
      //当前的音量
      case R.id.btn_currentvolume:
        //得到当前的通话音量
        int currentCall=audioManager.getStreamVolume(AudioManager.STREAM_VOICE_CALL);
        //得到当前的系统音量
        int currentSystem = audioManager.getStreamVolume(AudioManager.STREAM_SYSTEM);
        //得到当前的音乐音量
        int currentMusic = audioManager.getStreamVolume(AudioManager.STREAM_MUSIC);
        //得到当前的提示声音音量
        int currentTip = audioManager.getStreamVolume(AudioManager.STREAM_ALARM);
        tvVolume.setText("当前的通话音量："+currentCall+"\n 当前的系统音量: "
                        +currentSystem+"\n 当前的音乐音量: "+currentMusic
                        +"\n 当前的提示声音音量: "+currentTip);
        break;
      //增加系统音量
      case R.id.btn_increaselvolume:
        audioManager.adjustStreamVolume(AudioManager.STREAM_SYSTEM,
             AudioManager.ADJUST_RAISE, AudioManager.FX_FOCUS_NAVIGATION_UP);
             //参数 1：声音类型，可取为 STREAM_VOICE_CALL（通话）、
                     //STREAM_SYSTEM（系统声音）、STREAM_RING（铃声）、
                     //STREAM_MUSIC（音乐）、STREAM_ALARM（闹铃声）
             //参数 2：调整音量的方向，可取 ADJUST_LOWER（降低）、
                     //ADJUST_RAISE（升高）、ADJUST_SAME
```

续表

序　号	代　码
28	//参数 3：可选的标志位
29	break;
30	//减小系统音量
31	case R.id.btn_declinevolume:
32	audioManager.adjustStreamVolume(AudioManager.STREAM_SYSTEM,
33	AudioManager.ADJUST_LOWER,AudioManager.FX_FOCUS_NAVIGATION_UP);
34	break;
35	}
36	}
37	};

当单击【显示当前音量】按钮时，调用表 5-21 中第 06～18 行代码，得到 AudioManager 对象的各种声音参数；当单击【增大系统音量】按钮时，调用表 5-21 中第 20～29 行代码，通过 AudioManager 对象增加系统音量；当单击【减小系统音量】按钮时，调用表 5-21 中第 31～34 行代码，通过 AudioManager 对象降低系统音量。

4．程序运行与功能测试

Android 项目 App0504 的初始运行状态如图 5-14 所示。

单击【显示当前音量】按钮，与音量相关的显示数据如图 5-15 所示。

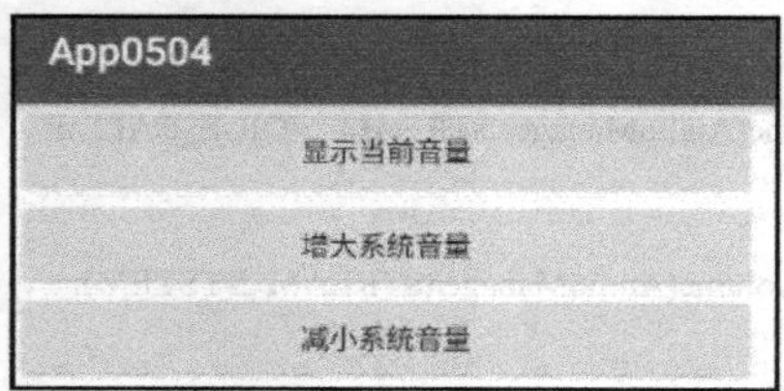

图 5-14　Android 项目 App0504 的初始运行状态

当前的通话音量：4
当前的系统音量: 5
当前的音乐音量: 5
当前的提示声音音量: 6

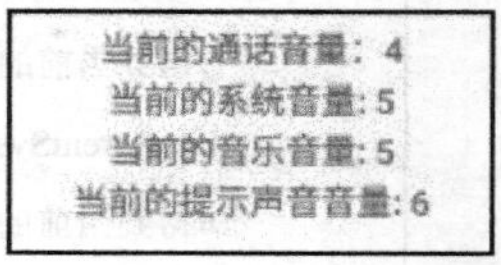

图 5-15　与音量相关的信息显示

单击【增大系统音量】或【减小系统音量】按钮，运行界面如图 5-16 所示。然后再次单击【显示当前音量】按钮，在显示的音量信息中，当前的系统音量大小会发生变化，如图 5-17 所示。

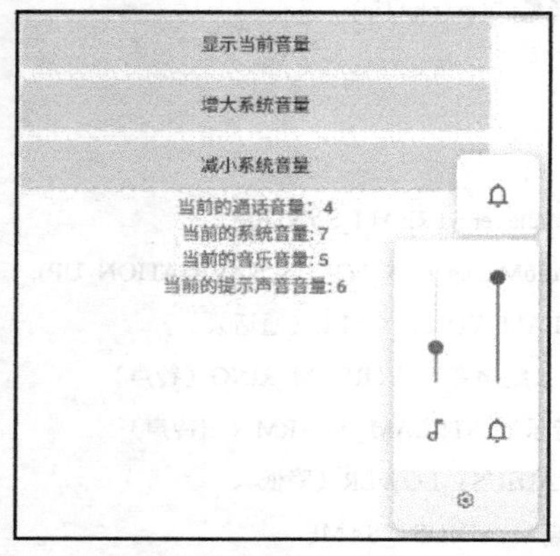

图 5-16　对音量进行调节

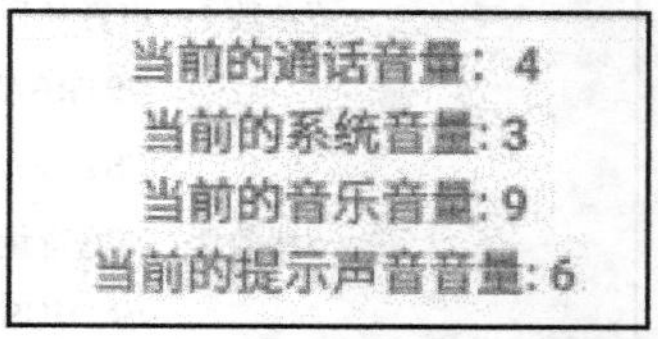

当前的通话音量：4
当前的系统音量: 3
当前的音乐音量: 9
当前的提示声音音量: 6

图 5-17　调节音量后显示的系统音量数据

【任务 5-5】 实现程序开机自动启动

【任务描述】

对于某些手机软件可以设置为开机时自动启动，编写程序启动后台服务或广播监听器，监控手机启动。

【知识索引】

（1）BroadcastReceiver、OnClickListener、IntentFilter、BootCompletedReceiver 类。

（2）Intent 类，addFlag()方法，ACTION_BOOT_COMPLETED 和 FLAG_ACTIVITY_NEW_TASK 常量

（3）Context 类，startActivity()方法、registerReceiver()方法、unregisterReceiver()方法。

【实施过程】

1. 创建 Android 项目 App0505

在 Android Studio 集成开发环境中创建 Android 项目，将该项目命名为 App0505。

2. 完善布局文件 activity_main.xml 与界面设计

先将默认添加的 TextView 控件删除，然后添加线性布局方式（LinearLayout），接着添加 2 个 Button 控件。将 Button 控件的 id 属性分别设置为 btn_startafterboot、btn_notstartafterboot，text 属性分别设置为“开机启动”“开机不启动”。

3. 自定义广播接收器类 BootCompletedReceiver 与实现程序功能

本任务需要自定义一个广播接收器类，用来接收系统重启的广播，在包 com.example.app0505 中自定义 BootCompletedReceiver 类的代码如表 5-22 所示。

表 5-22　自定义 BootCompletedReceiver 类的代码

```
import android.content.BroadcastReceiver;
import android.content.Context;
import android.content.Intent;
//自定义广播接收器类
class BootCompletedReceiver extends BroadcastReceiver {
    @Override
    public void onReceive(Context arg0, Intent arg1) {
        //检测手机是否是重启广播
        if (arg1.getAction().equals(Intent.ACTION_BOOT_COMPLETED)) {
            //检测到手机启动后，启动 MainActivity
            Intent newIntent = new Intent(arg0, MainActivity.class);
            //让 Activity 启动一个新任务。注意：必须添加这个标记，否则启动会失败
            newIntent.addFlags(Intent.FLAG_ACTIVITY_NEW_TASK);
            //启动 MainActivity
            arg0.startActivity(newIntent);
        }
    }
}
```

4. 完善 MainActivity 类与实现程序功能

（1）声明对象。

在 MainActivity 类定义中，首先声明多个对象，代码如下所示：

```
private Button btnStartAfterBoot;        //声明开机启动的按钮
private Button btnNotStartAfterBoot;     //声明开机不启动按钮
//声明自定义广播接收器类 BootCompletedReceiver 的对象
private BootCompletedReceiver receiver;
```

（2）在 onCreate()方法中编写代码实现程序功能。

在 onCreate()方法中获取 Button 对象，然后通过自定义方法 setListener()设置控件对象的监听器，其代码如表 5-23 所示。

表 5-23　onCreate()方法的代码

```
@Override
public void onCreate(Bundle savedInstanceState) {
    super.onCreate(savedInstanceState);
    setContentView(R.layout.activity_main);
    //给 BootCompletedReceiver 象赋值
    receiver=new BootCompletedReceiver();
    //得到布局中的所有对象
    btnNotStartAfterBoot = (Button) findViewById(R.id.btn_notstartafterboot);
    btnStartAfterBoot=(Button)findViewById(R.id.btn_startafterboot);
    //设置对象的监听器
    setListener();
}
```

（3）编写代码为按钮自定义单击监听器。

编写代码自定义单击监听器 OnClickListener，方法 setListener()实现代码如表 5-24 所示。

表 5-24　实现自定义单击监听器的 setListener()方法的代码

```
//设置对象的监听器
private void setListener() {
    btnStartAfterBoot.setOnClickListener(listener);
    btnNotStartAfterBoot.setOnClickListener(listener);
}
```

自定义 OnClickListener 类的代码如表 5-25 所示。

表 5-25　自定义 OnClickListener 类的代码

序　　号	代　　码
01	android.view.View.OnClickListener listener=new android.view.View.OnClickListener(){
02	@Override
03	public void onClick(View v) {
04	switch (v.getId()) {
05	//注册广播
06	case R.id.btn_startafterboot:
07	//注册监听者，第一个参数是需要绑定的监听器，第二个参数是需要监听的广播
08	registerReceiver(receiver, new IntentFilter("android.intent.action
09	.BOOT_COMPLETED"));
10	Toast.makeText(MainActivity.this, "开机自启动已完成",
11	Toast.LENGTH_SHORT).show();
12	break;
13	case R.id.btn_notstartafterboot:
14	if(receiver!=null)
15	{
16	//取消监听者
17	unregisterReceiver(receiver);
18	Toast.makeText(MainActivity.this, "取消开机自启动已完成",
19	Toast.LENGTH_SHORT).show();
20	}
21	break;
22	}
23	}
24	};

单击【开机启动】按钮时，调用表 5-25 中第 08～11 行代码，第 08 行注册广播接收器；单击【开机不启动】按钮时，调用表 5-25 中第 17～19 行代码，第 17 行取消此广播接收器。

5. 在 AndroidManifest.xml 文件中增加获得系统重启广播的权限

在 AndroidManifest.xml 文件中输入如下所示的代码，增加获得系统重启广播的权限。

```
<uses-permission android:name="android.permission.RECEIVE_BOOT_COMPLETED"/>
```

6. 程序运行与功能测试

Android 项目 App0505 的初始运行状态如图 5-18 所示。

图 5-18　Android 项目 App0505 的初始运行状态

单击【开机启动】按钮，显示如图 5-19 所示的“开机自启动已完成”提示信息；单击【开机不启动】按钮，显示如图 5-20 所示的“取消开机自启动已完成”提示信息

开机自启动已完成

图 5-19 “开机自启动已完成”提示信息

取消开机自启动已完成

图 5-20 “取消开机自启动已完成”提示信息

【任务 5-6】 监控手机电池电量

【任务描述】

编写程序监控手机电池的电量，通过广播接收器接收电池电量低的广播，当电池电量偏低时自动提醒。

【知识索引】

（1）BroadcastReceiver 类、PowerLowReceiver 类、IntentFilter 类。

（2）Intent 类及 ACTION_BATTERY_LOW 常量。

（3）Context 类及 registerReceiver()方法、unregisterReceiver()方法。

【实施过程】

1. 创建 Android 项目 App0506

在 Android Studio 集成开发环境中创建 Android 项目，将该项目命名为 App0506。

2. 完善布局文件 activity_main.xml 与界面设计

先将默认添加的 TextView 控件删除，然后添加为线性布局方式（LinearLayout），接着添加 2 个 Button 控件。将 Button 控件的 id 属性分别设置为 btn_startpowerlow、btn_cancelpowerlow，text 属性分别设置为“启动电池电量低的广播”“取消电池电量低的广播”。

3. 自定义广播接收器类 BootCompletedReceiver 与实现程序功能

本任务需要自定义一个广播接收器类，用来接收电池电量低的广播，自定义 PowerLowReceiver 类的代码如表 5-26 所示。

表 5-26 自定义 BootCompletedReceiver 类的代码

序号	代码
01	import android.content.BroadcastReceiver;
02	import android.content.Context;
03	import android.content.Intent;
04	import android.widget.Toast;
05	//定义接收系统电量低的广播接收器类
06	public class PowerLowReceiver extends BroadcastReceiver {
07	@Override
08	public void onReceive(Context arg0, Intent arg1) {
09	//Intent.ACTION_BATTERY_LOW;
10	//表示电池电量低

续表

```
        if (arg1.getAction().equals(Intent.ACTION_BATTERY_LOW)) {
            Toast.makeText(arg0, "检测到电池电量低的广播", Toast.LENGTH_SHORT).show();
        }
    }
}
```

4．完善 MainActivity 类与实现程序功能

（1）声明对象。

在 MainActivity 类定义中，首先声明多个对象，代码如下所示：

```
private Button btnPowerLow;                          //声明电池电量低广播的按钮
private Button btnCancelPowerLow;                    //声明取消电池电量低广播的按钮
private PowerLowReceiver powerLowReceiver;           //声明自定义广播接收器类对象
```

（2）在 onCreate()方法中编写代码实现程序功能。

在 onCreate()方法中获取 Button 对象，然后通过自定义方法 setListener()设置控件对象的监听器，其代码如表 5-27 所示。

表 5-27　onCreate()方法的代码

```
@Override
public void onCreate(Bundle savedInstanceState) {
    super.onCreate(savedInstanceState);
    setContentView(R.layout.activity_main);
    //给自定义广播接收器类 PowerLowReceiver 对象赋值
    powerLowReceiver = new PowerLowReceiver();
    //得到布局中的所有对象
    btnPowerLow = (Button) findViewById(R.id.btn_startpowerlow);
    btnCancelPowerLow = (Button) findViewById(R.id.btn_cancelpowerlow);
    //设置对象的监听器
    setListener();
}
```

（3）编写代码为按钮自定义单击监听器。

编写代码定义单击监听器 OnClickListener，方法 setListener()实现代码如表 5-28 所示。

表 5-28　实现自定义单击监听器的 setListener()方法的代码

```
//设置对象的监听器
private void setListener() {
    btnPowerLow.setOnClickListener(listener);
```

续表

序　号	代　码
04	btnCancelPowerLow.setOnClickListener(listener);
05	}

自定义 OnClickListener 类的代码如表 5-29 所示。

表 5-29　自定义 OnClickListener 类的代码

序　号	代　码
01	android.view.View.OnClickListener listener=new android.view.View.OnClickListener(){
02	@Override
03	public void onClick(View v) {
04	switch (v.getId()) {
05	//开启电量低的接收广播
06	case R.id.btn_startpowerlow:
07	//注册监听者，第一个参数是需要绑定的监听器，第二个参数是需要监听的广播
08	Context.registerReceiver(powerLowReceiver, new IntentFilter(
09	Intent.ACTION_BATTERY_LOW));
10	Toast.makeText(MainActivity.this, "设置电池电量低广播启动已完成",
11	Toast.LENGTH_SHORT).show();
12	break;
13	//取消监听者
14	case R.id.btn_cancelpowerlow:
15	if (powerLowReceiver != null) {
16	//取消监听者
17	Context.unregisterReceiver(powerLowReceiver);
18	Toast.makeText(MainActivity.this, "取消电池电量低广播已完成",
19	Toast.LENGTH_SHORT).show();
20	}
21	break;
22	}
23	}
24	};

单击【启动电池电量低的广播】按钮时，调用表 5-29 中第 08～12 行代码，第 08～09 行注册广播接收器；单击【取消电池电量低的广播】按钮时，调用表 5-29 中第 17～19 行代码，第 17 行取消此广播接收器。

5．程序运行与功能测试

Android 项目 App0506 的初始运行状态如图 5-21 所示。

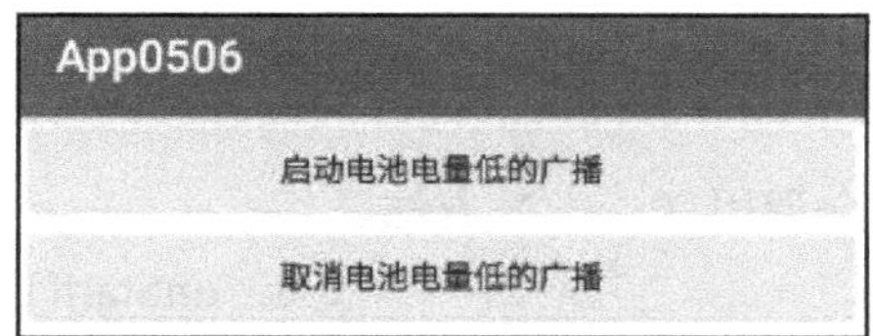

图 5-21　Android 项目 App0506 的初始运行状态

单击【启动电池电量低的广播】按钮，开启广播监听，显示如图 5-22 所示的“设置电池电量低广播启动已完成”提示信息；单击【取消电池电量低的广播】按钮，取消对应的广播接收器，显示如图 5-23 所示的“取消电池电量低广播已完成”提示信息

设置电池电量低广播启动已完成

图 5-22　“设置电池电量低广播启动已完成”的提示信息

取消电池电量低广播已完成

图 5-23　“取消电池电量低广播已完成”的提示信息

【单元小结】

Service（服务）和 BroadcastReceiver（广播接收者）都是 Android 系统中的重要组件。Service（服务）是一个没有用户界面在后台运行的应用组件，并且可以和其他组件进行交互。BroadcastReceiver 用来接收来自系统和应用中的广播，Broadcast 是 Android 中一种广泛应用在应用程序之间传输信息的机制，而 BroadcastReceiver 是对发送出来的 Broadcast 进行过滤、接收并响应的一类组件。BroadcastReceiver 是一个系统全局监听器，用于监听系统全局的 Broadcast 消息，可以很方便地实现系统组件之间的通信。本单元主要阐述了 Service 的基本概念、创建与注册、启动流程、生命周期、类型等内容，以及 BroadcastReceiver 的基本概念、生命周期、注册方式、类型等内容。通过多个实例学会了 Service 和 BroadcastReceiver 的典型应用。

【单元习题】

1．填空题

（1）在创建服务时，必须继承（　　）类，绑定服务时，必须实现服务的（　　）方法。

（2）服务的开启方式有两种，分别是（　　）和（　　）。

（3）在清单文件中，注册服务时应该使用的节点为（　　）。

（4）广播接收者有清单文件，使用（　　）注册。终止广播需要使用（　　）方法。

（5）广播的发送有两种形式，分别为（　　）和（　　）。

（6）代码注册广播需要使用（　　　）方法，解除广播需要使用（　　　　）方法。

2．选择题

（1）每一次启动服务都会调用（　　）方法。

A．onCreate()　　B．onStart()

C．onResume()　　D．onStartCommand()

（2）下列方法中，不属于 Service 生命周期是（　　）。

A．onResume()　B．onStart()　C．onStop()　D．onDestroy()

（3）继承 BroadcastReceiver 会重写（　　）方法。

A．onReceiver()　B．onUpdate()　C．onCreate()　D．onStart()

（4）关于广播的作用，说法正确的是（　　）。

A．它主要用来接收系统发布的一些消息　　B．它可以进行耗时的操作

C．它可以启动一个 Activity　　D．它可帮助 Activity 修改用户界面

（5）下列方法中，用于发送一条有序广播的方法是（　　）。

A．startBroadcastRceiver()　　B．sendOrderedBroadcast()

C．sendBroadcast()　　D．sendReceiver()

（6）在清单文件中，注册广播时使用的节点是（　　）。

A．<activity>　　B．<broadcast>

C．<receiver>　　D．<broadcastreceiver>

（7）下列关于 BroadcastReceiver 的说明中错误的是（　　）。

A．是用来接收广播的 Intent 的

B．一个广播 Intent 只能被一个订阅了此广播的 BroadcastReceiver 所接收

C．对有序广播，系统会根据接收者声明的优先级别按顺序逐个执行接收者

D．接收者声明的优先级别在 android:priority 属性中声明，数值越大优先级别越高

（8）下列选项中，属于绑定服务特点的是（　　）。（多选题）

A．以 bindService()方法开启　　B．调用者关闭后服务关闭

C．必须实现 ServiceConnection()　　D．使用 stopService()方法关闭服务

（9）Service 与 Activity 的共同点是（　　）。（多选题）

A．都是 4 大组件之一　　B．都有 onResume()方法

C．都可以被远程调用　　D．都可以自定义美观界面

（10）关于 Service 生命周期的 onCreate()和 onStart()方法，正确的是（　　）。（多选题）

A．如果 Service 已经启动，将先后调用 onCreate()和 onStart()方法

B．当第一次启动的时候先后调用 onCreate()和 onStart()方法

C．当第一次启动的时候只会调用 onCreate()方法

D．如果 Service 已经启动，只会执行 onStart()方法，不再执行 onCreate()方法

3．简答题

（1）简要说明 Service 的几种启动方式及其特点。

（2）简要说明 Service 常用的生命周期回调方法。

（3）简要说明注册广播有几种方式，这些方式各有何优缺点。

（4）简要说明接收系统广播时哪些功能需要使用权限。

单元6　Android的网络与通信应用程序设计

Android 提供了多种方式实现网络通信，包括 Socket 通信、HTTP 通信、URL 通信和 WebView 控件。HttpURLConnection 是 Java 的标准类，继承自 URLConnection，可用于向指定网站发送 GET 请求或 POST 请求。HttpClient 是一个开源项目，是 Apache Jakarta Common 下的一个子项目，可以用来提供高效的、功能丰富的支持 HTTP 协议的客户端编程工具包，并且它支持 HTTP 协议最新的版本和建议。WebView 是 Android 的 View 类的扩展，它允许显示一个网页作为 Activity 布局的一部分。如果想实现一个 Web 应用（或仅仅是一个网页）作为 Android 应用中的一部分，可以使用 WebView 来实现。默认情况下，WebView 显示一个网页，它不包含成熟的浏览器的一些功能，例如导航控制或输入栏。

【教学导航】

【教学目标】

（1）理解 HTTP 协议、URL 请示的类别；

（2）理解并掌握 Android 的线程与 Handler 消息机制；

（3）使用 WebView 控件获取指定城市的天气预报、实现百度在线搜索、实现浏览网络图片等功能；

（4）学会使用 SmsManager 类及其方法实现发送短信功能；

（5）学会使用 Uri 类、Intent 类及其方法实现电话拨打功能。

【教学方法】　任务驱动法，理论实践一体化，探究学习法，分组讨论法。

【课时建议】　6 课时。

【知识导读】

6.1　HTTP 协议简介

我们上 Internet 搜索资源时，通常先打开百度主页，然后输入查找关键字查找所需资源。在浏览器的地址栏中输入百度的网址（www.baidu.com）单击【搜索】按钮，就会进入百度主页。这个访问百度的过程就是通过 HTTP 协议完成的，HTTP（HyperText Transfer Protocol）即超文本传输协议，它规定了浏览器和万维网服务器之间相互通信的规则。

当客户端在与服务器建立连接后，向服务器发送的请求被称作 HTTP 请求。服务器端接收到请求后会做出响应，称为 HTTP 响应。手机终端访问服务器的示意图如图 6-1 所示，该图展示了 HTTP 协议的通信过程。

从图 6-1 可以看出，使用手机客户端访问百度网站时，会发送一个 HTTP 请求。当服务器端接收到这个请求后，会做出响应并将百度首页返回给客户端浏览器。这个请求和响应的过程实际上就是 HTTP 通信的过程。

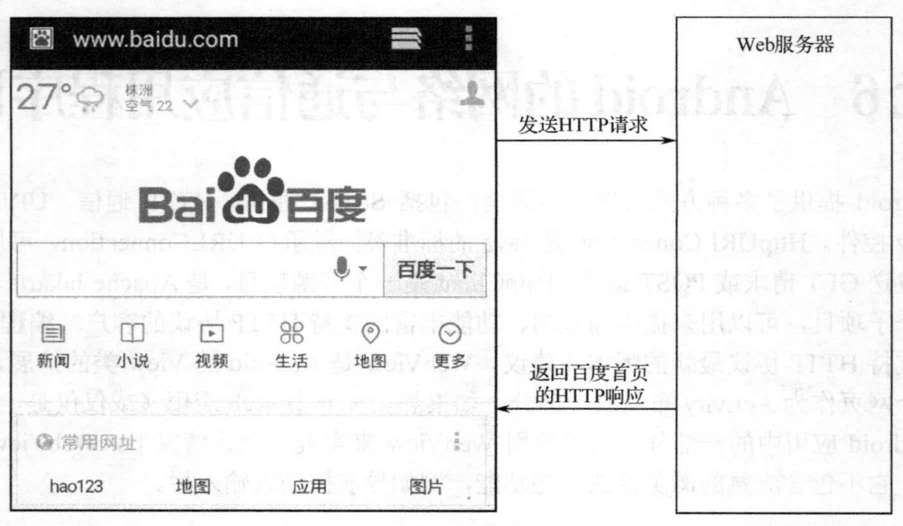

图 6-1　手机终端访问服务器的示意图

6.2　URL 请求的类别

URL 请求分为两类：GET 请求与 POST 请求。二者的区别在于：

（1）GET 请求可以获取静态页面，也可以把参数放在 URL 字符串后面进行传递。使用 GET 方式访问网络时 URL 的长度是有限制的。

（2）POST 方式用来向目的服务器发出请求，其参数不是放在 URL 字符串里面，而是放在 HTTP 请求的正文内，并且 POST 方式对 URL 的长度没有限制。

6.3　WebView 控件简介

使用 WebView 控件的一个普遍场合是想要在应用中提供需要经常更新的信息，例如用户协议或用户手册。在 Android 应用中，可以创建一个 Activity，它包含一个 WebView，然后使用它可以显示网上提供的文档。

使用 WebView 的另一个场合是：假如应用中总是需要网络链接来获取数据并提供给用户，例如电子邮件。这时候，可以在应用中创建一个 WebView 并使用网页来显示用户数据，比执行网络请求、解析数据然后再渲染到 Android 布局当中更加方便。只需要根据 Android 设备设计网页，在应用中实现一个 WebView，然后载入刚刚设计的网页即可。

在 Android 应用程序开发中，WebView 可以显示文本、图片、HTML、CSS 等多种信息，显示信息详情时，一般后台会给出 HTML 文本。在 Android 端一般采用 WebView 控件来展示，但是后台给出的 HTML 文本一般是给计算机端用的，没有自适配手机，导致手机端图片显示过大，超过手机屏幕，给用户的体验不好，需要左右移动来查看全图。

图片显示时，需要对 WebView 相关属性进行设置，即可让图片根据屏幕自适应显示。下面是对 WebView 的相关属性进行的相应设置，这里 webview 代表 WebView 控件。

```
WebSettings webSettings = webview.getSettings();    //获取 WebView 设置属性
```

```
//使图片自适应显示
webSettings.setLayoutAlgorithm(WebSettings.LayoutAlgorithm.SINGLE_COLUMN);
webSettings.setLoadWithOverviewMode(true);
webSettings.setSupportZoom(true);
webSettings.setBuiltInZoomControls(true);
webSettings.setJavaScriptEnabled(true) ;
```

WebView 可以使得网页轻松地内嵌到 App 里，还可以直接跟 JavaScript 相互调用。WebView 中提供了很多方法，例如，可以使用 canGoBack()方法判断是否能够从该网页返回上一个打开的网页；使用 getTitle()和 getUrl()方法获得当前网页的标题和 URL 路径；使用 loadUrl(String url)方法加载所要打开的网页等。

WebSettings 类用来设置 WebView 的属性和状态。WebSettings 和 WebView 存在于同一个生命周期中，可以使用如下的方法获得 WebSettings 对象。

```
WebSettings webSettings = webview.getSettings();
```

在创建 WebView 时，系统会对 WebView 进行一些默认设置，当通过以上的方法得到 WebSettings 对象后，便可以从 WebSettings 对象中取出 WebView 的默认属性和状态了。当然了，也可以通过 WebSettings 对象对 WebView 的默认属性和状态进行设置。

WebSettings 类提供了如下一些设置 WebView 的属性和状态的方法：

```
setAllowFileAccess(boolean allow);            //设置启用或禁止访问文件数据
setBuiltInZoomControls(boolean enabled);      //设置是否支持缩放
setDefaultFontSize(int size);                 //设置默认的字体大小
setJavaScriptEnabled(boolean flag);           //设置是否支持 JavaScript
setSupportZoom(boolean support);              //设置是否支持变焦
```

WebViewClient 类主要用来辅助 WebView 处理各种通知、请求等事件。可以通过 WebView 的 setWebViewClient()方法，为 WebView 对象指定一个 WebViewClient。

在 WebViewClient 中同样提供了很多的方法，常用方法如下：

```
doUpdateVisitedHistory(WebView view, String url, boolean isReload);          //更新历史记录
onFormResubmission(WebView view, Message dontResend, Message resend);    //重新请求网页数据
onLoadResource(WebView view, String url);                           //加载指定网址提供的资源
onPageFinished(WebView view, String url);                                    //网页加载完毕
onPageStarted(WebView view, String url, Bitmap favicon);                     //网页开始加载
onReceivedError(WebView view, int errorCode, String description, String failingUrl); //报告错误信息
```

WebChromeClient 类主要用来辅助 WebView 处理 JavaScript 的对话框、网站图标、网站标题以及网页加载进度等。同样地，我们可以通过 WebView 的 setWebChromeClient()方法，为 WebView 对象指定一个 WebChromeClient。

在 WebChromeClient 中，当网页的加载进度发生变化时，onProgressChanged(WebView view, int newProgress)方法会被调用；当网页的图标发生改变时，onReceivedIcon(WebView view, Bitmap icon)方法会被调用；当网页的标题发生改变时，onReceivedTitle(WebView view, String title)方法会被调用。利用这些方法，我们便可以很容易地获得网页的加载进度、网页的标题和图标等信息了。

6.4 Android 的线程与 Handler 消息机制

出于性能优化的考虑，Android UI（User Interface，用户界面）操作并不是线程安全的，如果有多个线程并发操作 UI 组件，可能导致线程安全问题。可以设想下，如果在一个 Activity 中有多个线程去更新 UI，并且都没有加锁机制，可能会导致什么问题？产生界面混乱！如果加锁的话可以避免该问题，但又会导致性能下降。因此 Android 规定只允许 UI 线程修改 Activity 的 UI 组件。当程序第一次启动时，Android 会同时启动一条主线程（Main Thread），主线程主要负责处理与 UI 相关的事件，例如用户按钮事件，并把相关的事件分发到对应的组件进行处理，因此主线程又称为 UI 线程。那么如何在新启动的线程中更新 UI 组件呢？这就需要借助 Handler 的消息传递机制来实现了。

刚刚开始接触 Android 线程编程时，习惯像 Java 一样，试图用下面的代码解决问题：

```
new Thread( new Runnable() {
    public void run() {
        myView.invalidate();
    }
}).start();
```

这些代码虽然也可以刷新 UI 界面，但是它违背了单线程模型，Android 中不推荐使用。Android UI 操作并不是线程安全的，并且这些操作必须在 UI 线程中执行。

在 Android 平台中需要反复按周期执行方法，可以使用 Java 上自带的 TimerTask 类。TimerTask 类相对于 Thread 来说消耗资源更低，除了使用 Android 自带的 AlarmManager，使用 Timer 定时器也是一种更好的解决方法。示例代码如下：

```
public class JavaTimer extends Activity {
    Timer timer = new Timer();
    TimerTask task = new TimerTask(){
        public void run() {
            setTitle("hear me?");
        }
    };
    public void onCreate(Bundle savedInstanceState) {
        super.onCreate(savedInstanceState);
        setContentView(R.layout.main);
        timer.schedule(task, 10000);
    }
}
```

实际上这样做也是不行的，这跟 Android 的线程安全有关。

正确的实现线程的方法是使用 Thread+Handler 机制，即利用 Handler 来实现 UI 线程的更新。Thread 线程发出 Handler 消息，通知更新 UI；Handler 根据接收的消息，处理 UI 更新。实现代码如下：

```
Handler myHandler = new Handler() {
    public void handleMessage(Message msg) {
```

```
            switch (msg.what) {
                case TestHandler.GUIUPDATEIDENTIFIER:
                    myBounceView.invalidate();
                    break;
            }
            super.handleMessage(msg);
        }
    };
    class MyThread implements Runnable {
        public void run() {
            while (!Thread.currentThread().isInterrupted()) {
                Message message = new Message();
                message.what = TestHandler.GUIUPDATEIDENTIFIER;
                TestHandler.this.myHandler.sendMessage(message);
                try {
                    Thread.sleep(100);
                } catch (InterruptedException e) {
                    Thread.currentThread().interrupt();
                }
            }
        }
    }
```

我们创建的 Service、Activity 以及 Broadcast 均是一个主线程处理，这里我们可以理解为 UI 线程。但是在操作一些耗时操作时，例如 I/O 读写大文件、数据库操作以及网络下载等操作都需要很长时间，为了不阻塞用户界面，此时我们可以考虑使用 Thread 线程来解决。

对于从事过 J2ME 开发的程序员来说 Thread 比较简单，直接匿名创建重写 run()方法，调用 start()方法执行即可，或者从 Runnable 接口继承。但对于 Android 平台来说，UI 控件都没有设计成为线程安全类型，所以需要引入一些同步的机制来使其刷新。

对于线程中刷新一个 View 为基类的界面，可以使用 postInvalidate()方法在线程中来处理，其中还提供了一些重写方法如 postInvalidate(int left,int top,int right,int bottom)来刷新一个矩形区域，以及延时执行。当然推荐的方法是通过一个 Handler 来处理这些，可以在一个线程的 run()方法中调用 Handler 对象的 postMessage()或 sendMessage()方法来实现，Android 程序内部维护着一个消息队列，会轮换处理这些消息。

1. Android Handler 类及其主要方法

Handler 类的主要作用有：在新启动的线程中发送消息，在主线程中获取和处理消息。Handler 类包含如下方法用于发送、处理消息：

- void handleMessage(Message msg)：处理消息的方法，该方法通常用于被重写。
- final boolean hasMessage(int what)：检查消息队列中是否包含 what 属性为指定值的消息。
- sendEmptyMessage(int what)：发送空消息
- final boolean sendMessage(Message msg)：立即发送消息。如果 Message 被成功地放到 MessageQueue 里面则返回 true，反之返回 false。

2．Handler 相关的组件

Handler 消息机制主要包括 4 个关键对象，分别是 Handler、Message、MessageQueue 和 Looper。Handler 消息处理流程简述如下：首先需要在 UI 线程中创建一个 Looper 对象，然后在子线程中调用 Handler 的 sendMessage()方法，接着这个消息会保存在 UI 线程的 MessageQueue 中，通过 Looper 对象取出 MessageQueue 中的消息，最后发回 Handler 的 handleMessage()方法中。下面对这 4 个对象进行简单说明。

（1）Handler。

Handler 就是处理者的意思，消息的发送者和最终消息的处理者，它主要用于发送消息和处理消息。一般使用 Handler 对象的 sendMessage()方法发送消息，发出的消息经过一系列的辗转处理后，最终会传递到 Handler 对象的 handleMessage()方法中。

Handler 作为一个消息的管理者，其重要作用就是创建并发送消息，最后再处理消息。发送消息就是把指定的 Message 放入消息队列中，等到合适的时机，消息泵从消息队列中抽取消息，再分发下去，进行处理。因此，在 Handler 中，有必要维护当前线程的 MessageQueue 和 Looper 的引用。对于一个线程来说，MessageQueue 和 Looper 都是唯一的，而多个 Handler 可以共享同一个线程的 MessageQueue 和 Looper 的引用。

（2）Message。

Message 是用于封装消息的简单数据结构，里面包含消息的 id、数据对象、处理消息的 Handler 引用和 Runnable 等。一个 Message 本身就是一个消息队列，实际上是一个链式结构的类，它可以在内部携带少量的信息，用于在不同线程之间交换数据。Message 的 what 字段可以用来携带一些整型数据，obj 字段可以用来携带一个 Object 对象。

Android 中的 Handler 可以传递一些内容，通过 Bundle 对象可以封装 String、Integer 以及 Blob 二进制对象，我们通过在线程中使用 Handler 对象的 sendEmptyMessage()或 sendMessage()方法来传递一个 Bundle 对象到 Handler 处理器。对于 Handler 类提供了重写方法 handleMessage(Message msg)来判断，通过 msg.what 来区分每条信息。

（3）MessageQueue。

MessageQueue 是消息队列的意思，提供消息的添加、删除、获取等操作来管理消息队列，主要用来存放通过 Handler 发送的消息。通过 Handler 发送的消息会存在 MessageQueue 中等待处理，每个线程中只会有一个 MessageQueue 对象。它采用先进先出的方式来管理 Message，程序在创建 Looper 对象时，会在它的构造器中创建 MessageQueue。

（4）Looper。

Android 中每一个线程都跟着一个 Looper，Looper 可以帮助线程维护一个消息队列。Looper 是每个线程中 MessageQueue 的管家，用于建立消息循环并管理消息队列（MessageQueue），不停地从消息队列中抽取消息，分发下去并执行，周而复始，直到抽取到的消息是退出消息，Looper 结束，线程即将退出。调用 Looper 的 loop()方法后，就会进入一个无限循环中。然后，每当发现 MessageQueue 中存在一条消息，就会将它取出，并传递到 Handler 的 handleMessage()方法中进行处理。此外，每个线程也只会有一个 Looper 对象，在主线程中创建 Handler 对象时，系统已经创建了 Looper 对象，所以不用手动创建 Looper 对象，而在子线程中的 Handler 对象，需要调用 Looper.loop()方法开启消息循环。

在 Android 中还提供了一种有别于线程的处理方式，就是 Task 以及 AsyncTask，从开源代码中可以看到是针对 Concurrent 的封装，开发人员可以方便地处理这些异步任务。

6.5　使用 HttpURLConnection 访问网络

在实际 Android 程序开发中，经常需要与服务器交互数据，也就是访问网络，此时就需要用到 HttpURLConnection 对象。HttpURLConnection 连接网络不需要设置 socket。HttpURLConnection 并不是底层的连接，而是在底层连接上的一个请求。这就是为什么 HttpURLConnection 只是一个抽象类，自身不能被实例化的原因。HttpURLConnection 只能通过 URL.openConnection()方法创建具体的实例。虽然底层的网络连接可以被多个 HttpURLConnection 实例共享，但每一个 HttpURLConnection 实例只能发送一个请求。请求结束之后，应该调用 HttpURLConnection 实例的 InputStream 或 OutputStream 的 close()方法以释放请求的网络资源，不过这种方式对于持久化连接没有作用。对于持久化连接，须调用 disconnect()方法关闭底层连接的 socket。

HttpURLConnection 是 Java 的标准类，继承自 URLConnection，可用于向指定网站发送 GET 请求或 POST 请求。它在 URLConnection 的基础上提供了如下便捷的方法：

- int getResponseCode()：获取服务器的响应代码。
- String getResponseMessage()：获取服务器的响应消息。
- String getResponseMethod()：获取发送请求的方法。
- void setRequestMethod(String method)：设置发送请求的方法。

在一般情况下，如果只是需要 Web 站点的某个简单页面提交请求并获取服务器响应，HttpURLConnection 完全可以胜任。但在绝大多数情况下，Web 站点的网页可能没这么简单，这些页面并不是通过一个简单的 URL 就可访问的，可能需要用户登录而且具有相应的权限才可访问该页面。

HttpURLConnection 连接 URL 的主要步骤如下：

（1）创建一个 URL 对象。

```
URL url = new URL(http://www.baidu.com);
```

（2）利用 HttpURLConnection 对象从网络中获取网页数据。

```
HttpURLConnection conn = (HttpURLConnection) url.openConnection();
```

（3）设置连接超时。

```
conn.setConnectTimeout(6*1000);
```

（4）对响应码进行判断。

```
if (conn.getResponseCode() != 200)   //发送请求,将获取的网页以流的形式读回来
throw new RuntimeException("请求 URL 失败");
```

（5）得到网络返回的输入流。

```
InputStream is = conn.getInputStream();
String result = readData(is, "GBK"); //文件流输出文件用 outStream.write
conn.disconnect();
```

上述步骤说明了手机终端与服务器建立连接并获取服务器返回数据的过程。需要注意的是，在使用对象访问网络时，需要设置超时限制时间，Android 系统在超过默认时间后会收

回资源、中断操作。如果不设置超时限制，在网络异常的情况下，会因取不到数据而一直等待，导致程序僵死而不会继续往后执行。

【任务实战】

【任务 6-1】 获取指定城市的天气预报

【任务描述】

编写程序通过网络请求服务器端的数据，使用 WebView 控件获取并展示指定城市的天气预报。

【知识索引】

（1）OnClickListener 类及 setOnClickListener()方法。

（2）WebView 类及 setJavaScriptEnabled()、setWebChrome()、setWebViewClient()、loadUrl()、setInitialScale()等方法。

【实施过程】

1．创建 Android 项目 App0601

在 Android Studio 集成开发环境中创建 Android 项目，将该项目命名为 App0601。

2．完善布局文件 activity_main.xml 与界面设计

先将默认添加的 TextView 控件删除，然后添加 1 个用于显示网页的 WebView 控件和 3 个 Button 控件。将 WebView 控件的 id 属性设置为 webView1；将 Button 控件的 id 属性分别设置为 btnBJ、btnSH、btnTJ，text 属性分别设置为“查看北京天气”“查看上海天气”“查看天津天气”。

3．完善 MainActivity 类与实现程序功能

（1）引入必要的命名空间。

在 MainActivity 类中引入必要的命名空间，接口 OnClickListener 对应的命名空间如下：

```
import android.view.View.OnClickListener;
```

（2）定义类 MainActivity 与声明对象。

MainActivity 类的基本定义代码如下所示，该类继承自父类 Activity，并实现了接口 OnClickListener，用于添加单击事件监听器。

```
public class MainActivity extends Activity implements OnClickListener{
……
}
```

在 MainActivity 类定义中，首先声明 1 个 WebView 控件对象，代码如下所示：

```
private WebView webView;    //声明 WebView 控件的对象
```

（3）在 onCreate()方法中编写代码实现程序功能。

在 onCreate()方法中获取布局中的所有对象，然后通过调用方法 setOnClickListener()为各个 Button 控件对象添加单击事件监听器。接着调用 WebView 控件对象的多个方法进行相关处理，首先设置该控件允许使用 JavaScript，以及处理 JavaScript 对话框和各种请求事件，再为该控件指定要加载的天气预报信息，最后将网页内容放大 3 倍，其代码如表 6-1 所示。

表 6-1　onCreate()方法的代码

```
@Override
protected void onCreate(Bundle savedInstanceState) {
    super.onCreate(savedInstanceState);
    setContentView(R.layout.activity_main);
    setTitle("天气查询");
    Button bj=(Button)findViewById(R.id.btnBJ);     //获取布局管理器中添加的“查看北京天气”按钮
    bj.setOnClickListener(this);
    Button sh=(Button)findViewById(R.id.btnSH);     //获取布局管理器中添加的“查看上海天气”按钮
    sh.setOnClickListener(this);
    Button gz=(Button)findViewById(R.id.btnTJ);     //获取布局管理器中添加的“查看天津天气”按钮
    gz.setOnClickListener(this);
    webView=(WebView)findViewById(R.id.webView1);            //获取 WebView 控件
    webView.getSettings().setJavaScriptEnabled(true);        //设置 JavaScript 可用
    webView.setWebChromeClient(new WebChromeClient());       //处理 JavaScript 对话框
    //处理各种通知和请求事件，如果不使用该句代码，将使用内置浏览器访问网页
    webView.setWebViewClient(new WebViewClient());
    webView.loadUrl("https://m.tianqi.com/beijing/");        //设置默认显示的天气预报
}
```

（4）重写方法 onClick()的代码实现程序功能。

方法onClick()的代码如表6-2所示，其功能是为屏幕中各个按钮的单击事件设置不同的响应，实现单击各个按钮时，传递不同的参数，调用自定义方法 openUrl()获取不同城市的天气预报信息。

表 6-2　onClick()方法的代码

```
public void onClick(View view){
    switch(view.getId()){
        case R.id. btnBJ:       //单击的是“查看北京天气”按钮
            openUrl("beijing");
            break;
        case R.id.btnSH:        //单击的是“查看上海天气”按钮
            openUrl("shanghai");
            break;
        case R.id.btnTJ:        //单击的是“查看天津天气”按钮
            openUrl("tianjin");
            break;
    }
}
```

自定义打开网页的方法 openUrl()的代码如表 6-3 所示，其功能是根据传入的参数不同，

打开网页，获取并显示天气预报信息。

表 6-3　自定义方法 openUrl()的代码

```
private void openUrl(String id){
    //获取并显示天气预报信息
    webView.loadUrl("https://m.tianqi.com/"+id+"/");
}
```

【说明】　天气预报网（网址为 https://m.tianqi.com）中提供了免费的天气预报插件，使用该插件可以实现在 Android 应用程序中获取指定城市的天气预报。

4. 在 AndroidManifest.xml 文件中增加允许访问网络资源的权限

在 AndroidManifest.xml 文件中输入如下所示的代码，增加允许访问网络资源的权限。

```
<uses-permission android:name="android.permission.INTERNET"/>
```

在<application>中添加以下代码：

```
android:usesCleartextTraffic="true"
```

如果没有这一行代码，程序运行时会出现以下错误提示信息："net::ERR_CLEARTEXT_NOT_PERMITTED"。

添加代码后，AndroidManifest.xml 清单文件的完整代码如表 6-4 所示。

表 6-4　AndroidManifest.xml 清单文件的完整代码

```
<?xml version="1.0" encoding="utf-8"?>
<manifest xmlns:android="http://schemas.android.com/apk/res/android"
    package="com.example.app0601">
    <uses-permission android:name="android.permission.INTERNET"/>
    <application
        android:allowBackup="true"
        android:icon="@mipmap/ic_launcher"
        android:label="@string/app_name"
        android:roundIcon="@mipmap/ic_launcher_round"
        android:supportsRtl="true"
        android:usesCleartextTraffic="true"
        android:theme="@style/AppTheme">
        <activity android:name=".MainActivity">
            <intent-filter>
                <action android:name="android.intent.action.MAIN" />
                <category android:name="android.intent.category.LAUNCHER" />
            </intent-filter>
        </activity>
    </application>
</manifest>
```

5. 程序运行与功能测试

Android 项目 App0601 的初始运行状态如图 6-2 所示，首先显示默认城市北京的天气预报信息。

图 6-2　Android 项目 App0601 的初始运行状态

单击上方对应不同城市的按钮，将显示对应城市的天气预报信息。这里，单击【查看上海天气】按钮，将显示上海的天气预报信息；单击【查看天津天气】按钮，将显示天津的天气预报信息。

【任务 6-2】 实现百度在线搜索

【任务描述】

当用户在查找输入框中输入关键字后单击“查询”按钮时，将搜索结果返回给手机客户端，并使用 WebView 加载网页，直接显示一个网址的内容，而不是调用系统浏览器显示。编写程序实现这一功能。

【知识索引】

（1）OnClickListener 类及 setOnClickListener()方法、onClick()方法。

（2）WebView 类及 getSettings()、setScrollBarStyle()、setWebViewClient()、loadUrl()等方法。

（3）WebSettings 类及 setPluginState()、setJavaScriptEnabled()等方法。

【实施过程】

1. 创建 Android 项目 App0602

在 Android Studio 集成开发环境中创建 Android 项目，将该项目命名为 App0602。

2. 完善布局文件 activity_main.xml 与界面设计

先将默认添加的 TextView 控件删除，然后添加 1 个 EditText 控件、1 个 Button 控件和 1 个 WebView 控件。将 EditText 控件的 id 属性设置为 etPath，hint 属性设置为“请输入搜索关键字”，text 属性设置为空；将 Button 控件的 id 属性设置为 btnSearch，text 属性设置为“百度搜索”，onClick 属性设置为 click；将 ImageView 控件的 id 属性设置为 webView。

3. 完善 MainActivity 类与实现程序功能

（1）声明对象。

在 MainActivity 类定义中，首先声明多个对象，代码如表 6-5 所示。

表 6-5　MainActivity 类中声明的多个对象

序　号	代　码
01	private EditText path;
02	private String strResult = "";
03	private WebView mWebView;
04	private String url = "https://www.baidu.com/";

（2）在 onCreate()方法中编写代码实现程序功能。

在 onCreate()方法中获取布局中的所有对象，设置 WebView 必要的属性，其代码如表 6-6 所示。

表 6-6　onCreate()方法的代码

序　号	代　码
01	//获取控件对象
02	path = (EditText) findViewById(R.id.etPath);
03	mWebView = (WebView) findViewById(R.id.webView);
04	WebSettings setting = mWebView.getSettings();
05	setting.setPluginState(WebSettings.PluginState.ON);
06	setting.setJavaScriptEnabled(true);
07	//设置滚动条的样式
08	mWebView.setScrollBarStyle(View.SCROLLBARS_INSIDE_INSET);

（3）自定义方法 click()。

方法 click()的代码如表 6-7 所示。由于 WebView 只能识别 http、https 开头的网页，导致如果打开的不是这两个开头的网址会出现“找不到网页 net:err_unknown_url_scheme”的错误提示。click()的代码中在 shouldOverrideUrlLoading 里写入不是 http、https 开头的网址的情况处理办法就可解决该问题。

表 6-7　click()方法的代码

序　号	代　码
01	public void click(View view) {
02	//如果需要事件处理返回 false，否则返回 true
03	mWebView.setWebViewClient(new WebViewClient() {
04	@Override
05	public boolean shouldOverrideUrlLoading(WebView view, String url) {
06	if(url == null) return false;

续表

```
                try {
                    if (url.startsWith("http:") || url.startsWith("https:"))//处理 http 和 https 开头的 URL
                    {
                        view.loadUrl(url);
                        return true;
                    }
                    else
                    {
                        Intent intent = new Intent(Intent.ACTION_VIEW, Uri.parse(url));
                        startActivity(intent);
                        return true;
                    }
                } catch (Exception e) {
                    return false;
                }
            }
        });
        final String strPath=path.getText().toString().trim();
        if(TextUtils.isEmpty(strPath)){
            url="https://www.baidu.com";
        }else {
            url = "https://www.baidu.com/s?wd=" +strPath;
        }
        mWebView.loadUrl(url);
    }
```

4. 在 AndroidManifest.xml 文件中增加允许访问网络资源的权限

在 AndroidManifest.xml 文件中输入如下所示的代码，增加允许访问网络资源的权限。

```
<uses-permission android:name="android.permission.INTERNET"/>
```

在<application>中添加：

```
android:usesCleartextTraffic="true"
```

5. 程序运行与功能测试

Android 项目 App0602 的初始运行状态如图 6-3 所示。

在搜索文本框不输入内容，直接单击【百度搜索】按钮，显示的搜索结果如图 6-4 所示。

在搜索文本框输入搜索内容，例如“BEIJING”，然后单击【百度搜索】按钮，显示的搜索结果如图 6-5 所示。

图 6-3　Android 项目 App0602 的初始运行状态

图 6-4　文本框不输入内容时的“百度搜索”结果

图 6-5　搜索“BEIJING”的结果

【任务 6-3】　实现浏览网络图片

【任务描述】

编写程序使用 WebView 控件实现浏览网络图片的功能。

【知识索引】

（1）WebView 控件及 getSettings()、setWebViewClient()、loadUrl()等方法。

（2）WebSettings 类及 setUseWideViewPort()、setJavaScriptEnabled()、setLoadWithOverviewMode()、setSupportZoom()、setBuiltInZoomControls()、setDefaultTextEncodingName()等方法。

（3）WebViewClient 类及 shouldOverrideUrlLoading()方法。

【实施过程】

1. 创建 Android 项目 App0603

在 Android Studio 集成开发环境中创建 Android 项目，将该项目命名为 App0603。

2. 完善布局文件 activity_main.xml 与界面设计

先将默认添加的 TextView 控件删除，然后添加 1 个 EditText 控件、1 个 Button 控件和 1 个 WebView 控件。将 EditText 控件的 id 属性设置为 etPath，hint 属性设置为“请输入网络图片路径”，text 属性设置为空；将 Button 控件的 id 属性设置为 btnSearch，text 属性设置为“浏览图片”，onClick 属性设置为 click；将 WebView 控件的 id 属性设置为 webView。

3. 完善 MainActivity 类与实现程序功能

（1）声明对象。

在 MainActivity 类定义中，首先声明多个对象，代码如表 6-8 所示。

表 6-8　MainActivity 类中声明的多个对象

```java
private WebView webView;
private EditText path;
private String url = "";
```

（2）在 onCreate()方法中编写代码实现程序功能。

在 onCreate()方法中获取布局中的所有对象，设置 WebView 必要的属性，其代码如表 6-9 所示。

表 6-9　onCreate()方法的代码

```java
@Override
protected void onCreate(Bundle savedInstanceState) {
        super.onCreate(savedInstanceState);
        setContentView(R.layout.activity_main);
        webView = (WebView) findViewById(R.id.webView);
        path = (EditText) findViewById(R.id.etPath);
        WebSettings webSettings = webView.getSettings();  //获取 WebView 设置属性
        webSettings.setUseWideViewPort(true);
        webSettings.setJavaScriptEnabled(true);            //支持 JavaScript
        webSettings.setLoadWithOverviewMode(true);
        webSettings.setSupportZoom(true);                  //设置可以支持缩放
        webSettings.setBuiltInZoomControls(true);          //显示放大缩小
        webSettings.setDefaultTextEncodingName("UTF-8");
        webView.setWebViewClient(new MyWebViewClient());
}
```

（3）自定义方法 click()。

方法 click()的代码如表 6-10 所示。

表 6-10　click()方法的代码

```java
public void click(View view) {
    final String strPath=path.getText().toString().trim();
    if(TextUtils.isEmpty(strPath)){
        url="http://www.baidu.com/";
```

续表

序　号	代　码
05	}else {
06	url = strPath;
07	}
08	webView.loadUrl(url);
09	}

（4）重写 WebViewClient 类的 onPageFinished()方法。

由于 Webview 只能识别 http、https 开头的网页，导致如果打开的不是这两个开头的网址会出现“找不到网页 net:err_unknown_url_scheme”的错误提示。在 shouldOverrideUrlLoading 代码中写入不是 http、https 开头的网址的情况处理办法就可解决该问题。WebViewClient 类的 onPageFinished 方法代码如表 6-11 所示。

表 6-11　类 MyWebViewClient 的代码

序　号	代　码
01	private class MyWebViewClient extends WebViewClient {
02	@Override
03	public boolean shouldOverrideUrlLoading(WebView view, String url) {
04	if (url == null) return false;
05	try {
06	if (url.startsWith("http:") || url.startsWith("https:"))//处理 http 和 https 开头的 URL
07	{
08	view.loadUrl(url);
09	return true;
10	} else {
11	Intent intent = new Intent(Intent.ACTION_VIEW, Uri.parse(url));
12	startActivity(intent);
13	return true;
14	}
15	} catch (Exception e) {
16	return false;
17	}
18	}
19	}

4. 在 AndroidManifest.xml 文件中增加访问网络资源的权限

在 AndroidManifest.xml 文件中输入如下所示的代码，增加允许访问网络资源的权限。

```
<uses-permission android:name="android.permission.INTERNET"/>
```

在<application>中添加：

```
android:usesCleartextTraffic="true"
```

5. 程序运行与功能测试

Android 项目 App0603 的初始运行状态如图 6-6 所示。

在文本框中输入一个网络图片的地址，例如 http://www.baidu.com/img/bd_logo1.png，然后单击【搜索网页图片】按钮，即可显示该图片，如图 6-7 所示。此时还可以对图片进行放大或缩小。

图 6-6　Android 项目 App0603 的初始运行状态

图 6-7　Android 项目 App0603 运行时显示网络图片

【任务 6-4】 实现短信发送

【任务描述】

编写 Android 程序，使用 SmsManager 类及其方法实现短信发送功能。

【知识索引】

（1）OnClickListener 类及 setOnClickListener()方法、onClick()方法。

（2）SmsManager 类及 getDefault()方法、sendTextMessage()方法。

（3）PendingIntent 类及 getBroadcast()方法。

【实施过程】

1. 创建 Android 项目 App0604

在 Android Studio 集成开发环境中创建 Android 项目，将该项目命名为 App0604。

2. 完善布局文件 activity_main.xml 与界面设计

先将默认添加的 TextView 控件删除，然后添加 2 个 EditText 和 1 个 Button 控件。将 EditText 控件的 id 属性分别设置为 etPhone 和 etMessage，hint 属性设置为“请输入接收短信的手机号码”和“测试发送短信功能”，text 属性设置为“18807319866”和“请输入短信内容”；将 Button 控件的 id 属性设置为 btnSend，text 属性设置为“发送短信”。

3. 完善 MainActivity 类与实现程序功能

（1）引入命名空间。

在 MainActivity.java 文件中添加以下代码，引入类 OnClickListener、SmsManager 的命名空间。

```
import android.telephony.SmsManager;
import android.view.View.OnClickListener;
```

（2）声明对象。

在 MainActivity 类定义中，首先声明多个对象，代码如下所示：

```
private EditText et1;          //声明布局中的输入电话号码的控件
private EditText etMsg;        //声明布局中的输入短信内容的控件
private Button btn1;           //声明布局中的发送短信的 Button 控件
```

（3）在 onCreate()方法中编写代码实现程序功能。

在 onCreate()方法中获取布局中的所有对象，然后通过自定义方法 setListener()设置控件对象的监听器，其代码如表 6-12 所示。

表 6-12　onCreate()方法的代码

```
@Override
protected void onCreate(Bundle savedInstanceState) {
    super.onCreate(savedInstanceState);
    setContentView(R.layout.activity_main);
    //得到布局中的开始加载的 EditText 对象
    et1 = (EditText) findViewById(R.id.etPhone);
    //得到布局中的开始加载的 EditText 对象
    etMsg = (EditText) findViewById(R.id.etMessage);
    //得到布局中的开始加载的 Button 对象
    btn1 = (Button) findViewById(R.id.btnSend);
    ActivityCompat.requestPermissions(this,new String[]{Manifest.permission.SEND_SMS} , 1);
    //设置对象的监听器
    setListener();
}
```

（4）编写代码为按钮自定义单击监听器。

编写代码定义单击监听器 OnClickListener，方法 setListener()实现代码如表 6-13 所示。

表 6-13　实现自定义单击监听器的 setListener()方法的代码

```
private void setListener() {
    //设置 btn 的单击监听器
    btn1.setOnClickListener(new OnClickListener() {
        @Override
        public void onClick(View v) {
            //得到用户需要发送的短信的内容
            String msg = etMsg.getText().toString();
            //得到用户需要接收短信的电话号码
            String number = et1.getText().toString();
             //当短信的接受电话号码和短信内容都不为空时进入分支
            if (!"".equals(msg) && !"".equals(number)) {
```

续表

```
                //得到系统的 SmsManger 对象
                SmsManager smsManager = SmsManager.getDefault();
                //初始化 PendingIntent
                PendingIntent sendIntent = PendingIntent.getBroadcast(
                                MainActivity.this, 0, new Intent(), 0);
                //通过 smsManager 的 sendTextMessage 方法来发送到短信
                smsManager.sendTextMessage(number, null, msg, sendIntent, null);
                //通过 Toast 提示短信发送成功
                Toast.makeText(MainActivity.this, "发送成功",Toast.LENGTH_SHORT).show();
                } else {
                //通过 Toast 提示用户短信号码或者短信内容为空
                Toast.makeText(MainActivity.this, "手机号码或短信内容为空...",
                                Toast.LENGTH_SHORT).show();
            }
        }
    });
}
```

4. 在 AndroidManifest.xml 文件中增加所需的权限

在 AndroidManifest.xml 文件中输入如下所示的代码，增加允许访问网络资源和发送短信的权限。

```
<uses-permission android:name="android.permission.INTERNET"/>
<uses-permission android:name="android.permission.CALL_PHONE" />
<uses-permission android:name="android.permission.SEND_SMS"/>
```

5. 程序运行与功能测试

Android 项目 App0604 运行时，其初始运行状态如图 6-8 所示，同时弹出如图 6-9 所示的动态权限申请提示信息，然后单击【ALLOW】按钮，关闭该提示信息，显示初始界面。

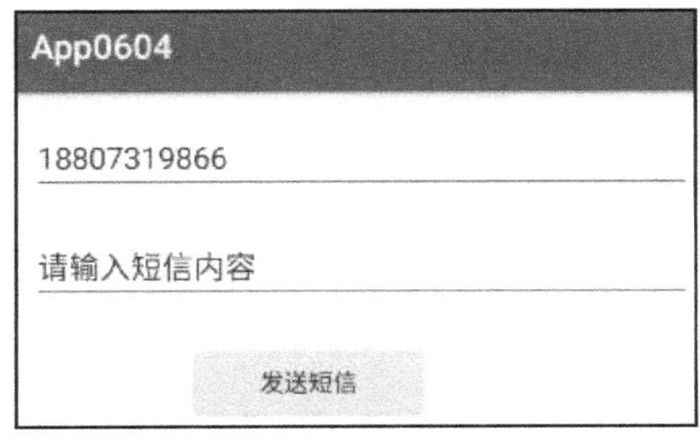

图 6-8　Android 项目 App0604 的初始运行状态

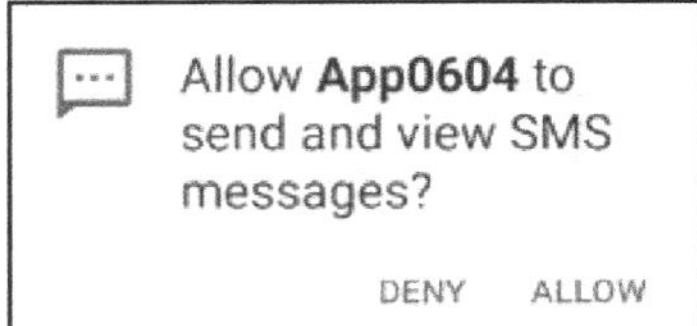

图 6-9　动态权限申请提示信息

在电话号码输入框中输入接收短信的电话号码，在短信内容输入框输入短信内容，然后单击【发送短信】按钮。如果短信发送成功，则会显示如图 6-10 所示的提示信息。

发送成功

图 6-10 “发送成功”提示信息

MainActivity 类中的 onCreate()方法中添加以下代码：

```
ActivityCompat.requestPermissions(this,new String[]{Manifest.
permission.SEND_SMS},1);
```

这种方法称为动态权限申请，其中第三个参数≥0 就行了。

【任务 6-5】 实现电话拨打

【任务描述】

编写 Android 程序，使用 Uri 类、Intent 类及其方法实现电话拨打功能。

【知识索引】

（1）OnClickListener 类及 setOnClickListener()方法、onClick()方法。

（2）Uri 类及 parse 方法()。

（3）Intent 类及 ACTION_CALL 常量。

（4）Activity 类及 startActivity 方法()。

【实施过程】

1．创建 Android 项目 App0605

在 Android Studio 集成开发环境中创建 Android 项目，将该项目命名为 App0605。

2．完善布局文件 activity_main.xml 与界面设计

先将默认添加的 TextView 控件删除，然后添加 1 个 EditText 控件和 1 个 Button 控件。将 EditText 控件的 id 属性设置为 etPhone，hint 属性设置为“请输入拨打的电话号码”，text 属性设置为“17766668888”；将 Button 控件的 id 属性设置为 btnDial，text 属性设置为“单击开始拨打电话”。

3．完善 MainActivity 类与实现程序功能

（1）声明对象。

在 MainActivity 类定义中，首先声明多个对象，代码如下所示：

```
private Button btn;           //声明布局中的开始跳转 Button 控件
private EditText et;          //声明布局中的输入电话号码控件
```

（2）在 onCreate()方法中编写代码实现程序功能。

在 onCreate()方法中获取布局中的所有对象，然后通过自定义方法 setListener()设置控件对象的监听器，其代码如表 6-14 所示。

表 6-14 onCreate()方法的代码

序 号	代 码
01	@Override
02	protected void onCreate(Bundle savedInstanceState) {
03	super.onCreate(savedInstanceState);
04	setContentView(R.layout.activity_main);
05	//得到布局中的开始加载的 Button 对象

续表

```java
        btn = (Button)findViewById(R.id.btnDial);
        //得到布局中的开始加载的 EditText 对象
        et = (EditText)findViewById(R.id.etPhone);
        ActivityCompat.requestPermissions(this,new String[]{Manifest.permission.CALL_PHONE},1);
        //设置对象的监听器
        setListener();
}
```

（3）编写代码为按钮自定义单击监听器。

编写代码定义单击事件监听器 OnClickListener，方法 setListener()实现代码如表 6-15 所示。

表 6-15　实现自定义单击监听器的 setListener()方法的代码

```java
//设置按钮的单击事件监听器
private void setListener() {
        //设置 btn 的单击监听器
        btn.setOnClickListener(new OnClickListener() {
                @Override
                public void onClick(View v) {
                        //通过 EditView 的 getText 方法得到用户输入的电话号码
                        String phonenum = et.getText().toString();
                        //如果电话号码不为空的话
                        if (!"".equals(phonenum)) {
                                //通过电话号码构成 Uri 对象，需要 tel:加上电话号码
                                Uri uri = Uri.parse("tel:" + phonenum);
                                //通过 Intent.ACTION_CALL 打开上述 Uri
                                Intent it = new Intent(Intent.ACTION_CALL, uri);
                                //通过 Intent 打开 Activity
                                startActivity(it);
                        }
                        else{
                                //如果用户输入的电话号码为空，通过 Toast 提示用户输入
                                Toast.makeText(MainActivity.this,"请输入您要拨打的电话号码...",
                                                                Toast.LENGTH_SHORT).show();
                        }
                }
        });
}
```

表 6-15 中第 08 行获取用户输入的电话号码，如果为空第 20 行代码通过 Toast 提示用户再次输入，如果不为空第 12 行代码通过用户输入的电话号码初始化 Uri 对象；然后第 14 行代码定义 Intent 对象，并设置 Action 为 Intent.ACTION_CALL，显示对象为 Uri；最后第 16 行代码调用 startActivity()方法打开对应的 Activity，这样就可以显示拨号界面直接拨打电话了。

4．在 AndroidManifest.xml 文件中增加所需的权限

在 AndroidManifest.xml 文件中输入如下所示的代码，增加允许访问网络资源和拨打电话的权限。

```
<uses-permission android:name="android.permission.INTERNET"/>
<uses-permission android:name="android.permission.CALL_PHONE" />
<uses-permission android:name="android.permission.SEND_SMS"/>
```

5．程序运行与功能测试

Android 项目 App0605 运行时，其初始运行状态如图 6-11 所示，同时弹出如图 6-12 所示的动态权限申请提示信息，然后单击【ALLOW】按钮，关闭该提示信息，显示初始界面。

图 6-11　Android 项目 App0605 的初始运行状态

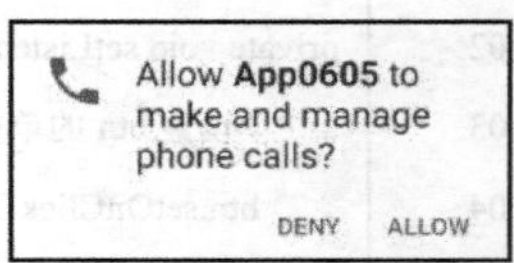

图 6-12　动态权限申请提示信息

在电话号码输入框中输入拨打的电话号码，然后单击【单击开始拨打电话】按钮，开始拨打电话，且显示如图 6-13 所示的电话拨打界面。

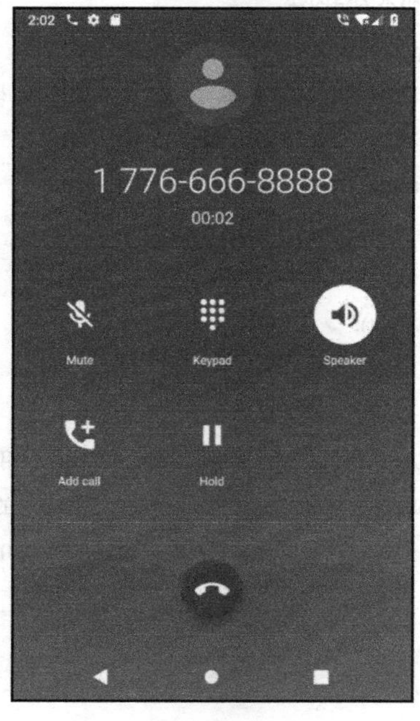

图 6-13　电话拨打时显示的拨打界面

MainActivity 类中的 onCreate()方法中添加以下代码：

```
ActivityCompat.requestPermissions(this,new String[]{Manifest.permission. CALL_PHONE},1);
```

【单元小结】

WebView 可以使得网页轻松地内嵌到 App 里，还可以直接跟 JavaScript 相互调用。WebViewClient 主要用来辅助 WebView 处理各种通知、请求等事件。WebChromeClient 主要用来辅助 WebView 处理 Javascript 的对话框、网站图标、网站标题以及网页加载进度等。

Handler 消息机制主要包括 4 个关键对象，分别是 Handler、Message、MessageQueue 和 Looper。HttpURLConnection 是 Java 的标准类，继承自 URLConnection，可用于向指定网站发送 GET 请求或 POST 请求。HttpClient 就是一个增强版的 HttpURLConnection，Android 已经成功地集成了 HttpClient，这意味着开发人员可以直接在 Android 应用中使用 HttpClient 来访问提交请求、接收响应。

本单元主要阐述了 HTTP 协议、URL 请示的类别、WebView 控件、Android 的线程与 Handler 消息机制，通过多个实例分析和编程，学会使用 WebView 控件获取指定城市的天气预报、实现百度在线搜索、实现浏览网络图片以及短信发送和电话拨打等通信应用的实现。

【单元习题】

1．填空题

（1）WebView 中提供了很多方法，可以使用（　　）方法判断是否能够从该网页返回上一个打开的网页；使用（　　）和（　　）方法获得当前网页的标题和 URL 路径；使用（　　）方法加载所要打开的网页等。

（2）Android 系统提供了多种网络通信方式，包括（　　）、（　　）、（　　）和 WebView。

（3）当客户端与服务器端建立连接后，向服务器发送的请求被称为（　　）。

（4）Android 客户端访问网络发送 HTTP 请求的方式一般有两种：（　　）和（　　）。

（5）与服务器的交互过程中，最常用的两种数据提交方式是（　　）和（　　）。

（6）为了根据下载进度实时更新 UI 界面，需要用到 Handler 消息机制来实现（　　）。

2．选择题

（1）下列通信方式中，不是 Android 系统提供的是（　　）。

A．Socket 通信　　B．HTTP 通信　　C．URL 通信　　D．以太网通信

（2）关于 HttpURLConnection 访问网络的基本用法，描述错误的是（　　）。

A．HttpURLConnection 对象需要设置请求网络的方式

B．HttpURLConnection 对象需要设置超时时间

C．需要通过 new 关键字来创建 HttpURLConnection 对象

D．访问网络完毕需要关闭 HTTP 链接

（3）下列选项中，不属于 AsyncHttpClient 特点的是（　　）。

A．发送异步 HTTP 请求。

B．HTTP 请求发生在 UI 线程之外

C．内部采用了线程池来处理并发请求

D．自动垃圾回收

（4）下列选项中，关于 GET 和 POST 请求方式，描述错误的是（　　）。

A．使用 GET 方式访问网络 URL 的长度是有限制的

B．HTTP 协议规定 GET 方式请求 URL 的长度不超过 2000 个字符

C．POST 方式对 URL 的长度是没有限制的

D．GET 请求方式向服务器提交的参数跟在请求 URL 后面

（5）Handler 是线程与 Activity 通信的桥梁，如果线程处理不当，机器就会变得越来越慢，线程销毁的方法是（　　）。

A．onDestroy()　　B．onClear()　　C．onFinish()　　D．onStop()

（6）下列选项中，不属于 Handler 机制中的关键对象是（　　）。

A．Content　　B．Handler　　C．MessageQueue　　D．Looper

3．简答题

（1）简要说明 WebView 控件、WebSettings 类、WebViewClient 类、WebChromeClient 类的主要功能及常用方法。

（2）使用 WebView 控件浏览网络图片时，如何实现让图片根据屏幕自适应显示？

（3）简要说明 GET 请求与 POST 请求的主要区别。

（4）简述 Handler 机制四个关键对象的作用。

单元 7　Android 的图像浏览与图形绘制程序设计

ViewPager 控件应用广泛，简单好用，交互性好。ViewPager 最典型的应用场景主要包括引导页导航、轮转广告和页面菜单。可以这么说，但凡遇到界面切换的需求，都可以考虑 ViewPager。

在 Android 中绘图时，常用到的几个类是 Bitmap、BitmaptFactory、Paint、Canvas 和 Color，这些类都存放在 android.graphics 包中。其中，Paint 类代表画笔，Canvas 类代表画布，Color 代表颜料，有了 Paint 和 Canvas 类就可以进行绘图操作了。

【教学导航】

【教学目标】

（1）熟悉 ViewPager 控件、PagerAdapter 类及 getCount()、destroyItem()、instantiateItem()、isViewFromObject()等方法；

（2）熟悉 OnPageChangeListener 接口以及三个方法 onpageScrollStateChanged()、onpageScrolled()和 onpageSelected()；

（3）熟悉 Bitmap、BitmapFactory 类的功能及其常用方法；

（4）熟悉 Paint、Canvas、Color、Path 等类的功能、主要方法及其典型应用；

（5）学会应用图形图像类设计图片浏览器；

（6）学会应用图形图像类绘制几何图形和多种形式的路径。

【教学方法】　任务驱动法，理论实践一体化，探究学习法，分组讨论法。

【课时建议】　6 课时。

【知识导读】

7.1　使用简单图片

图片不仅可以使用 ImageView 控件来显示，也可以作为 Button、Window 的背景。从广义角度看，Android 应用中的图片不仅包括*.png、*.jpg、*.gif 等各种格式的位图，也包括使用 XML 资源文件定义的各种 Drawable 资源。

1. 使用 Drawable 资源

当我们为 Android 应用增加了 Drawable 资源后，Android SDK 会为这份资源在 R 清单文件中创建一个索引项：R.drawable.file_name。接下来可以在 XML 资源文件中通过 @drawable/file_name 来访问该 Drawable 对象，也可在 Java 代码中通过 R.drawable.file_name

访问该 Drawable 对象。

需要指出的是，R.drawable.file_name 是一个 int 类型的常量，它只代表 Drawable 对象的 id，如果 Java 程序中需要获取实际的 Drawable 对象，则可以调用 Resources 的 getDrawable(int id)方法获取。

2. ViewPager 控件

ViewPager 是一个页面切换控件，可以往里面填充多个 View，然后可以左右滑动，从而切换不同的 View。与 ListView 类似，使用 ViewPager 需要一个适配器 PagerAdapter，将 View 和 ViewPager 进行绑定。PagerAdapter 是 android.support.v4 包中的类，它的子类有 fragmentPagerAdapter、fragmentStatePagerAdapter，这两个 Adapter 都是 Fragment 的适配器，用于实现 Fragment 的滑动效果。ViewPager 采用 MVC 模式将前端显示与后端数据进行分离。PagerAdapter 相当于 MVC 模式中的 C（Controller，控制器），ViewPager 相当 MVC 模式中的 V（View，视图），为 ViewPager 提供的数据 List、数组或者数据库就相当于 MVC 中的 M（Mode，模型）。

如果想使用 PagerAdapter 类需要重写下面的四个方法：

（1）getCount()：获得 ViewPager 中有多少个 View，即用于返回滑动的图片数量。如果要实现无限轮播，参数可以使用 Integer.MAX_VALUE。

（2）destroyItem()：PagerAdapter 只缓存 3 张要显示的图片，如果滑动的图片超出了缓存范围，就会调用这个方法，销毁缓存的图片。

（3）instantiateItem()：调用这个方法进行显示图片的初始化，将要显示的 ImageView 加入 ViewGroup（容器）中，然后作为返回值返回即可。①将给定位置的 View 添加到 ViewGroup 中，创建并显示出来；②返回一个代表新增页面的 Object(key)，通常都是直接返回 View 本身就可以了。ViewPager 的 setOffscreenPageLimit()方法用于设置缓存图片的数量。

（4）isViewFromObject()：判断显示的是否为同一张图片，这里将两个参数相比较返回即可。

ViewPager 在处理滑动事件的时候需要实现 OnPageChangeListener 接口，实现这个接口我们也需要重写三个方法：onpageScrollStateChanged()、onpageScrolled()和 onpageSelected()。

其中 onPageScrollStateChanged(int arg0)方法是在状态改变的时候使用，它的参数 arg0 有三种状态（0,1,2）。arg0 的值为 1 时表示正在滑动，arg0 的值为 2 时表示滑动结束，arg0 的值为 0 时表示保持不变。页面开始滑动时，三种状态的变化顺序为（1,2,0）。

onpageScrolled(int arg0,float arg1,int arg2)方法是在页面滑动的时候才会调用此方法，在滑动停止前，此方法会被一直调用，其中的三个参数分别代表：arg0 表示当前页面，即单击滑动的页面；arg1 表示当前屏幕显示的左边页面偏移的百分比；arg2 表示当前屏幕显示的左边页面偏移的像素位置。

onpageSelected(int arg0)方法是在页面跳转完成，滑动停止之后调用，arg0 表示当前选中的页面的 position（位置编号）。

3. Bitmap 类

Bitmap 代表一张位图，BitmapDrawable 里封装的图片就是一个 Bitmap 对象。开发者为了把一个 Bitmap 对象包装成 BitmapDrawable 对象，可调用 BitmapDrawable 构造器，代码如下：

```
BitmapDrawable drawable=new BitmapDrawable(bitmap);
```

如果需要获取 BitmapDrawable 所包装的 Bitmap 对象，则可以调用 BitmapDrawable 的

getBitmap()方法，代码如下：

```
Bitmap bitmap=drawable.getBitmap();
```

Bitmap 还提供了一些静态方法来创建新的 Bitmap 对象，常用静态方法如下：

①createBitmap(Bitmap source,int x,int y,int width,int height)：从源位图 source 的指定坐标(x,y)开始，从中“挖取”宽为 width、高为 height 的一块出来，创建新的 Bitmap 对象。

②createScaleBitmap(Bitmap src,int dstWidth,int dstHeight,boolean filter)：对源位图 src 进行缩放，缩放成宽为 dstWidth、高为 dstHeight 的新位图。

③createBitmap(int width,int height,Bitmap.Config config)：创建一个宽为 width、高为 height 的新位图。

④createBitmap(Bitmap source,int x,int y,int width,int height,Matrix m,boolean filter)：从源位图 source 的指定坐标(x,y)开始，从中挖取宽为 width、高为 height 的一块出来创建新的 Bitmap 对象，并按 Matrix 指定的规则进行变换。

Bitmap 类常用的方法如下：

①public void recycle()：获取位图占用的内存空间。

②public final boolean isRecycled()：判断位图内存是否已释放。

③public final int getWidth()：获取位图的宽度。

④public final int getHeight()：获取位图的高度。

⑤public final boolean isMutable()：判断图片是否可修改。

⑥public int getScaledWidth(Canvas canvas)：获取指定密度转换后的图像宽度。

⑦public int getScaledHeight(Canvas canvas)：获取指定密度转换后的图像高度。

⑧public boolean compress(CompressFormat format, int quality, OutputStream stream)：按指定的图片格式以及画质，将图片转换为输出流。

4. BitmapFactory 类

BitmapFactory 是一个工具类，它用于提供大量的方法，这些方法可用于从不同的数据源来解析、创建 Bitmap 对象。BitmapFactory 类包含如下方法：

①decodeByteArray(byte[] data,int offset,int length)：从指定字节数组的 offset 位置开始，将长度为 length 的字节数据解析成 Bitmap 对象。

②decodeFile(String pathName)：从 pathName 指定的文件中解析、创建 Bitmap 对象。

③decodeFileDescriptor(FileDescriptor fd)：用于从 FileDescriptor 对应的文件中解析、创建 Bitmap 对象。

④decodeResource(Resources res,int id)：用于根据给定的资源 id 从指定资源中解析、创建 Bitmap 对象。

⑤decodeStream(InputStream is)：用于从指定输入流中解析、创建 Bitmap 对象。

手机系统的内存比较小，如果系统不停地去解析、创建 Bitmap 对象，可能由于前面创建 Bitmap 所占用的内存还没有回收，从而导致程序运行时引发 OutOfMemory 错误。Android 为 Bitmap 提供了两个方法来判断它是否已回收，以及强制 Bitmap 回收自己：

①boolean isRecycled()：返回该 Bitmap 是否已被回收。

②void recycle()：强制一个 Bitmap 对象立即回收自己。

除此之外，如果 Android 应用需要访问其他存储路径（例如 SD 卡）里的图片，都需要借助于 BitmapFactory 来解析、创建 Bitmap 对象。

7.2 位图的典型应用

1．存取位图

把 Bitmap 保存在 SD 卡中的代码如下：

```
File fImage = new File("/sdcard/dcim","ic_call_log_list_incoming_call.jpeg");
FileOutputStream iStream = new FileOutputStream(fImage);
```

取出 Bitmap 的代码如下：

```
oriBmp.compress(CompressFormat.JPEG, 100, iStream);
```

2．从资源中获取位图

可以使用 BitmapDrawable 或者 BitmapFactory 来获取资源中的位图。

首先需要获取资源：

```
Resources res=getResources();
```

（1）使用 BitmapDrawable 获取位图。

①使用 BitmapDrawable(InputStream is)构造一个 BitmapDrawable。

②使用 BitmapDrawable 类的 getBitmap()方法获取得到位图。

```
InputStream is=res.openRawResource(R.drawable.pic180);
BitmapDrawable bmpDraw=new BitmapDrawable(is);
Bitmap bmp=bmpDraw.getBitmap();
```

或者采用下面的方式：

```
BitmapDrawable bmpDraw=(BitmapDrawable)res.getDrawable(R.drawable.pic180);
Bitmap bmp=bmpDraw.getBitmap();
```

（2）使用 BitmapFactory 获取位图。

使用 BitmapFactory 类 decodeStream(InputStream is)方法解码位图资源，获取位图。

```
Bitmap bmp=BitmapFactory.decodeResource(res, R.drawable.pic180);
```

BitmapFactory 的所有函数都是 static，这个辅助类可以通过资源 id、路径、文件、数据流等方式来获取位图。

以上方法在编程的时候可以自由选择，在 Android SDK 中说明可以支持的图片格式如下：png（preferred），jpg（acceptable），gif（discouraged），以及 bmp（Android SDK Support Media Format）。

3．显示位图

显示位图可以使用核心类 Canvas，通过 Canvas 类的 drawBirmap()方法显示位图，或者借助于 BitmapDrawable 来将 Bitmap 绘制到 Canvas。当然，也可以通过 BitmapDrawable 将位图显示到 View 中。

（1）转换为 BitmapDrawable 对象显示位图。

```
Bitmap bmp=BitmapFactory.decodeResource(res, R.drawable.pic180);        //获取位图
```

```
BitmapDrawable bmpDraw=new BitmapDrawable(bmp);                    //转换为 BitmapDrawable 对象
ImageView iv = (ImageView)findViewById(R.id.ImageView);            //显示位图
iv.setImageDrawable(bmpDraw);
```

（2）使用 Canvas 类显示位图。

```
Bitmap bmp = BitmapFactory.decodeResource(getResources(), R.drawable.pic180);
canvas.drawColor(Color.BLACK);
canvas.drawBitmap(bmp, 10, 10, null);
```

7.3 绘图

除了使用已有的图片之外，Android 应用常常需要在运行时动态生成图片。例如一个手机游戏，游戏界面看上去丰富多彩，而且可以随着用户动作而动态改变，这就需要借助于 Android 的绘图支持了。

Android 2D Graphics 的绝大部分 API 都在 android.graphics 中，它提供了低级的 Graphics 工具，包括 Canvas，Color Filters，Point，Rectangle 等，我们可以使用它们直接在屏幕上绘制想要的图形。在 android.graphics 中还有一个子包 android.graphics.drawable，它定义了一系列的 Drawable 对象。而这个包里还有一个子包 android.graphics.drawable.shapes，它定义了 ShapeDrawable 所使用的一系列 Shape 对象。要掌握 Android 2D Graphics，必须熟悉这三个包的各种 API。

1．Canvas（画布）类

Android 的绘图应该继承 View 组件，并重写它的 onDraw(Canvas canvas)方法即可。重写 onDraw(Canvas canvas)方法时涉及一个绘图类 Canvas，Canvas 代表了“依附”于指定 View 的画布，它提供了一些方法绘制各种图形。

Canvas 是画布的意思，表现在屏幕上就是一块区域，我们可以在上面使用各种 API 绘制想要的东西。可以说，Canvas 贯穿整个 2D Graphics，android.graphics 中的所有类，几乎都与 Canvas 有直接或间接的联系，所以了解 Canvas 是学习 2D Graphics 的基础。

（1）如何获得一个 Canvas 对象。

Canvas 对象的获取方式有三种：

第一种通过重写 View.onDraw()方法。View 中的 Canvas 对象会被当作参数传递过来，操作这个 Canvas，效果会直接反应在 View 中。

第二种就是自己创建一个 Canvas 对象。一个 Canvas 对象一定是结合了一个 Bitmap 对象的，为一个 Canvas 对象设置一个 Bitmap 对象。

示例代码如下：

```
Bitmap b = Bitmap.createBitmap(100,100, Bitmap.Config.ARGB_8888);
Canvas c = new Canvas(b);
```

第三种方式是调用 SurfaceHolder.lockCanvas()方法，返回一个 Canvas 对象。

（2）Canvas 的主要功能。

Canvas 类提供了一系列的 draw 方法，从这些方法的名字就可以知道 Canvas 可以绘制的对象。

①填充。

填充的示例代码如下所示：

```
public void drawARGB(int a, int r, int g, int b)
public void drawColor(int color)
public void drawRGB(int r, int g, int b)
public void drawColor(int color, PorterDuff.Mode mode)
```

②绘制几何图像。

Canvas 类可以用来实现各种图形的绘制工作，如绘制直线、矩形、圆等。Canvas 绘制常用图形的方法如下：canvas.drawArc（绘制扇形）、canvas.drawCircle（绘制圆形）、canvas.drawOval（绘制椭圆）、canvas.drawLine（绘制直线）、canvas.drawPoint（绘制点）、canvas.drawRect（绘制矩形）、canvas.drawRoundRect（绘制圆角矩形）、canvas.drawVertices（绘制顶点）、cnavas.drawPath（绘制路径）。

③绘制图片。

包括 canvas.drawBitmap（绘制位图）、canvas.drawPicture（绘制图片）

④绘制文本。

```
canvas.drawText
```

上面列举的是 Canvas 所能绘制的基本内容，在实际使用中，可以使用各种过滤或者过度模式，或者其他手段，来达到绘制各种效果的目的。

（3）Canvas 的变换。

如果只有那些简单的 draw 方法，那么 canvas 的功能就太单调了。Canvas 还提供了如下方法进行变换：

①rotate(float degrees,float px,float py)：对 Canvas 执行旋转。

②scale(float sx,float sy,float px,float py)：对 Canvas 执行缩放。

③translate(float dx,float dy)：移动 Canvas，向右移动 dx 距离（dx 为负时向左移），向下移动 dy 距离（dy 为负时向上移动）。

示例代码如下所示：

```
@Override
protected void onDraw(Canvas canvas) {
    canvas.translate(100, 100);
    canvas.drawColor(Color.RED);                              //可整个屏幕依然填充为红色
    canvas.drawRect(new Rect(-100, -100, 0, 0), new Paint());   //缩放了
    canvas.scale(0.5f, 0.5f);
    canvas.drawRect(new Rect(0, 0, 100, 100), new Paint());
    canvas.translate(200, 0);
    canvas.rotate(30);
    canvas.drawRect(new Rect(0, 0, 100, 100), new Paint());     //旋转了
    canvas.translate(200, 0);
    canvas.skew(.5f, .5f);                                    //扭曲了
    canvas.drawRect(new Rect(0, 0, 100, 100), new Paint());
}
```

Canvas 虽然内部保持了一个 Bitmap，但是它本身并不代表那个 Bitmap，而更像是一个

图层。我们对这个图层的平移、旋转和缩放等操作，并不影响内部的 Bitmap，仅仅是改变了该图层相对于内部 Bitmap 的坐标位置、比例和方向而已。

（4）Canvas 的保存和回滚。

为了方便一些转换操作，Canvas 还提供了保存和回滚的方法（save()和 restore()），例如可以先保存目前画纸的位置（save()），然后旋转 90 度，向下移动 100 像素后画一些图形，画完后调用 restore()方法返回到刚才保存的位置。

2. Color（颜色）类

Android 系统中颜色的常用表示方法有以下 3 种：

（1）int color = Color.BLUE;

（2）int color = Color.argb(150,200,0,100);

（3）在 XML 文件中定义颜色。

在实际应用当中，常用颜色常量及其表示的颜色如下所示：

Color.BLACK（黑色）、Color.GREEN（绿色）、Color.BLUE（蓝色）、Color.LTGRAY（浅灰色）、Color.CYAN（青绿色）、Color.MAGENTA（红紫色）、Color.DKGRAY（灰黑色）、Color.RED（红色）、Color.YELLOW（黄色）、Color.TRANSPARENT（透明）、Color.GRAY（灰色）、Color.WHITE（白色）。

3. Paint（画笔）类

Canvas 提供的方法还涉及一个 API：Paint。Paint 代表了 Canvas 上的画笔，因此 Paint 类主要用于设置绘制风格，包括画笔颜色、画笔笔触粗细、填充风格等。

要绘制图形，首先要调整画笔，按照自己的开发需要设置画笔的相关属性。Pain 类的常用属性设置方法如下：

①setAntiAlias()：设置画笔的锯齿效果。

②setColor()：设置画笔的颜色。

③setARGB()：设置画笔的 A、R、G、B 值。

④setAlpha()：设置画笔的 Alpha 值，范围为 0～255。

⑤setTextSize()：设置字体的尺寸。

⑥setStyle()：设置画笔的风格（空心或实心）。

⑦setStrokeWidth()：设置空心边框的宽度。

⑧getColor()：获取画笔的颜色。

在 Canvas 提供的绘制方法中还用到了一个 API：Paht。Path 代表任意多条直线连接而成的任意图形，当 Canvas 根据 Path 绘制时，它可以绘制出任意的形状。

【任务实战】

【任务 7-1】 使用 ViewPager 控件实现图片轮播

【任务描述】

使用 ViewPager 控件创建图片浏览器，实现图片轮播。其运行结果如图 7-1 所示。

图 7-1　使用 ViewPager 控件实现图片轮播

【知识索引】

（1）ViewPager 类及 setCurrentItem()、setAdapter()、addOnPageChangeListener()、setOnTouchListener()等方法。

（2）RadioGroup 类及 addView()、getChildAt()等方法。

（3）Handler 类及 sendEmptyMessage()方法。

（4）ImageView 类及 setImageResource()、setPadding()等方法。

（5）OnTouchListener 类及 onTouch()方法。

（6）OnPageChangeListener 类及 onPageScrollStateChanged()、onPageScrolled()、onPageSelected()等方法。

（7）PagerAdapter 的 getCount()、instantiateItem()、isViewFromObject()、destroyItem()等方法。

（8）List 类、Timer 类。

【实施过程】

1．创建 Android 项目 App0701 与资源准备

在 Android Studio 集成开发环境中创建 Android 项目，将该项目命名为 App0701，将本任务所需的图片文件导入或复制到 res\drawable 文件夹中。

2．完善布局文件 activity_main.xml 与界面设计

修改项目 App0701 的 res\layout 文件夹下的布局文件 activity_main.xml，先将默认添加的 TextView 控件删除，然后布局 FrameLayout，接着添加 1 个 RadioGroup 控件和 1 个图片切换器控件 ViewPager。将 ViewPager 控件的 id 设置为 viewpager，将 RadioGroup 控件的 id 设置为 group，调整各个控件的位置和尺寸。布局文件 activity_main.xml 的代码如表 7-1 所示。

表 7-1　布局文件 activity_main.xml 的代码

```
?xml version="1.0" encoding="utf-8"?>
<android.support.constraint.ConstraintLayout xmlns:android="http://schemas.android.com/apk/res/android"
    xmlns:app="http://schemas.android.com/apk/res-auto"
    xmlns:tools="http://schemas.android.com/tools"
    android:layout_width="match_parent"
    android:layout_height="match_parent"
    tools:context=".MainActivity">
    <FrameLayout
        android:id="@+id/frameLayout"
        android:layout_width="400dp"
        android:layout_height="400dp"
        android:layout_centerInParent="true"
        android:background="#aadcff"
        android:clipChildren="false"
```

续表

```
            app:layout_constraintEnd_toEndOf="parent"
            app:layout_constraintStart_toStartOf="parent"
            app:layout_constraintTop_toTopOf="parent">
            <android.support.v4.view.ViewPager
                android:id="@+id/viewpager"
                android:layout_width="400dp"
                android:layout_height="340dp"
                android:layout_gravity="top"
                android:layout_marginTop="5dp"
                android:clipChildren="false" />
            <RadioGroup
                android:id="@+id/group"
                android:layout_width="wrap_content"
                android:layout_height="wrap_content"
                android:layout_gravity="center_horizontal|bottom"
                android:layout_marginBottom="20dp"
                android:orientation="horizontal"/>
        </FrameLayout>
</android.support.constraint.ConstraintLayout>
```

3．完善 MainActivity 类与实现程序功能

（1）声明变量和数组。

在 MainActivity 类中，首先声明并初始化一个保存待显示图片 id 的数组，然后声明一个存放显示图片的数组，具体代码如表 7-2 所示：

表 7-2　MainActivity 类中声明变量和数组

```
//图片资源
private int[] images = new int[] { R.drawable.t01, R.drawable.t02,
                    R.drawable.t03, R.drawable.t04, R.drawable.t05,
                    R.drawable.t06, R.drawable.t07, R.drawable.t08,
                    R.drawable.t09, R.drawable.t10, };  //定义并初始化保存图片 id 的数组
private ViewPager viewPager;
private RadioGroup group;
//存放图片的数组
private List<ImageView> mList;
//当前索引位置以及上一个索引位置
private int index = 0,preIndex = 0;
//是否需要轮播标志
```

续表

```
private boolean isContinue = true;
//定时器，用于实现轮播
private Timer timer;
```

（2）在 MainActivity 类中创建 Handler 对象。

在 MainActivity 类中创建 Handler 对象，实现 handleMessage 方法，其程序代码如表 7-3 所示。

表 7-3 MainActivity 类中创建 Handler 对象的程序代码

```
Handler mHandler   = new Handler(){
        @Override
        public void handleMessage(Message msg) {
            super.handleMessage(msg);
            switch (msg.what){
                case 1:
                    index++;
                     viewPager.setCurrentItem(index);
            }
        }
};
```

（3）在 onCreate()方法中编写代码实现程序功能。

MainActivity 类中 onCreate()方法的代码如表 7-4 所示。

表 7-4 MainActivity 类中 onCreate()方法的代码

```
@Override
protected void onCreate(Bundle savedInstanceState) {
    super.onCreate(savedInstanceState);
    setContentView(R.layout.activity_main);
    viewPager = (ViewPager) findViewById(R.id.viewpager);
    group = (RadioGroup) findViewById(R.id.group);
    mList = new ArrayList<>();
    viewPager.setAdapter(pagerAdapter);
    viewPager.addOnPageChangeListener(onPageChangeListener);
    viewPager.setOnTouchListener(onTouchListener);
    initRadioButton(images.length);
    startCarousel();
}
```

（4）编写代码自定义方法 startCarousel()。

编写代码自定义方法 startCarousel()，创建 Timer 对象，执行定时任务，实现自动轮播，实现代码如表 7-5 所示。schedule()方法第 3 个参数是图片轮播完后多久再次执行 run()方法，这里设置为 2 秒，跟延时一致，图片会完美轮播下去。

表 7-5　自定义方法 startCarousel()的代码

```
public void startCarousel(){
        timer = new Timer();     //创建 Timer 对象
        //执行定时任务
        timer.schedule(new TimerTask() {
            @Override
            public void run() {
                //首先判断是否需要轮播，是的话才发消息
                if (isContinue) {
                    mHandler.sendEmptyMessage(1);
                }
            }
        },2000,2000);   //延迟 2 秒，每隔 2 秒发一次消息
}
```

（5）编写代码自定义方法 initRadioButton()。

编写代码自定义方法 initRadioButton()，实现根据图片个数初始化按钮，实现代码如表 7-6 所示。

表 7-6　自定义方法 initRadioButton()的代码

```
private void initRadioButton(int length) {
    for(int i = 0;i<length;i++){
        ImageView imageview = new ImageView(this);
        imageview.setImageResource(R.drawable.rg_selector);    //设置背景选择器
        imageview.setPadding(20,0,0,0);                        //设置每个按钮之间的间距
        //将按钮依次添加到 RadioGroup 中
        group.addView(imageview, ViewGroup.LayoutParams.WRAP_CONTENT,
                              ViewGroup.LayoutParams.WRAP_CONTENT);
        //默认选中第一个按钮，因为默认显示第一张图片
        group.getChildAt(0).setEnabled(false);
    }
}
```

（6）编写代码实现 OnTouchListener 类的 onTouch()方法。

编写代码实现 OnTouchListener 类的 onTouch()方法，实现根据当前触摸事件判断是否要

轮播，实现代码如表 7-7 所示。

表 7-7 实现 OnTouchListener 类的 onTouch()方法的代码

```
View.OnTouchListener onTouchListener    = new View.OnTouchListener() {
    @Override
    public boolean onTouch(View v, MotionEvent event) {
        switch (event.getAction()){
            //手指按下和划动的时候停止图片的轮播
                case MotionEvent.ACTION_DOWN:
                case MotionEvent.ACTION_MOVE:
                    isContinue = false;
                    break;
                default:
                    isContinue = true;
        }
        return false;
    }
};
```

（7）编写代码实现 OnPageChangeListener 类的 onPageScrolled()方法。

编写代码实现 OnPageChangeListener 类的 onPageScrolled()方法，实现根据当前选中的页面设置按钮的选中，实现代码如表 7-8 所示。

表 7-8 实现 OnPageChangeListener 类的 onPageScrolled()方法的代码

```
ViewPager.OnPageChangeListener onPageChangeListener= new ViewPager.OnPageChangeListener() {
    @Override
    public void onPageScrolled(int position, float positionOffset, int positionOffsetPixels) {
    }
    @Override
    public void onPageSelected(int position) {
        index = position;          //当前位置赋值给索引
        setCurrentDot(index%images.length);
    }
    @Override
    public void onPageScrollStateChanged(int state) {
    }
};
```

（8）编写代码自定义方法 setCurrentDot()。

编写代码自定义方法 setCurrentDot()，设置对应位置按钮的状态，实现代码如表 7-9 所示。

表 7-9　自定义方法 setCurrentDot()的代码

```
private void setCurrentDot(int i) {
        if(group.getChildAt(i)!=null){
            group.getChildAt(i).setEnabled(false);          //当前按钮选中
        }
        if(group.getChildAt(preIndex)!=null){
            group.getChildAt(preIndex).setEnabled(true);    //上一个取消选中
            preIndex = I    ;//当前位置变为上一个，继续下次轮播
        }
}
```

（9）编写代码实现 PagerAdapter 类的多个方法。

编写代码实现 PagerAdapter 类的 getCount()、instantiateItem()、isViewFromObject()、destroyItem()多个方法，实现代码如表 7-10 所示。

表 7-10　实现 PagerAdapter 类的多个方法的代码

```
PagerAdapter pagerAdapter = new PagerAdapter() {
        @Override
        public int getCount() {
            //返回一个比较大的值，目的是为了实现无限轮播
            return Integer.MAX_VALUE;
        }
        @Override
        public Object instantiateItem(ViewGroup container, int position) {
            position = position%images.length;
            ImageView imageView = new ImageView(MainActivity.this);
            imageView.setImageResource(images[position]);
            imageView.setScaleType(ImageView.ScaleType.FIT_XY);
            container.addView(imageView);
            mList.add(imageView);
            return imageView;
        }
        @Override
        public boolean isViewFromObject(View view, Object object) {
            return view==object;
        }
```

续表

```java
        @Override
        public void destroyItem(ViewGroup container, int position, Object object) {
            container.removeView(mList.get(position));
        }
};
```

（10）编写代码定义选择器 selector。

编写代码定义选择器 selector，XML 文件 rg_selector.xml 的代码如表 7-11 所示。

表 7-11　rg_selector.xml 文件的代码

```xml
<?xml version="1.0" encoding="utf-8"?>
<selector xmlns:android="http://schemas.android.com/apk/res/android">
    <item android:state_enabled="false" android:drawable="@drawable/rb_default"/>
    <item android:state_enabled="true" android:drawable="@drawable/rb_select"/>
</selector>
```

（11）编写代码定义按钮选中的样式。

编写代码定义按钮选中的样式，rb_select.xml 文件的代码如表 7-12 所示。

表 7-12　rb_select.xml 文件的代码

```xml
<shape xmlns:android="http://schemas.android.com/apk/res/android"
    android:shape="oval">
    <solid android:color="#ffffff" />
    <size
        android:width="16dp"
        android:height="16dp" />
</shape>
```

（12）编写代码定义按钮没有选中时的样式。

编写代码定义按钮没有选中时的样式，rb_default.xml 文件的代码如表 7-13 所示。

表 7-13　rb_default.xml 文件的代码

```xml
<shape xmlns:android="http://schemas.android.com/apk/res/android"
    android:shape="oval">
    <solid android:color="@color/colorPrimary" />
    <size
        android:width="16dp"
        android:height="16dp" />
</shape>
```

4. 程序运行与功能测试

Android 项目 App0701 的运行结果如图 7-1 所示，可以实现图片轮播功能。

【任务 7-2】 设计滑动切换的图片浏览器

【任务描述】

应用 ImageView 控件设计一款图片浏览器，实现通过单指在屏幕滑动切换图片的效果。其运行结果如图 7-2 所示。

图 7-2　滑动切换图片浏览器的运行结果

【知识索引】

（1）GestureDetector 类、OnGestureListener 类、SimpleOnGestureListener 类、MotionEvent 类及 onTouchEvent()方法。

（2）ImageView 类及 setImageResource()方法。

【实施过程】

1. 创建 Android 项目 App0702 与资源准备

在 Android Studio 集成开发环境中创建 Android 项目，将该项目命名为 App0702，将本任务所需的图片文件导入或复制到 res\drawable 文件夹中。

2. 完善布局文件 activity_main.xml 与界面设计

修改项目 App0702 的 res\layout 文件夹下的布局文件 activity_main.xml，先将默认添加的 TextView 控件删除，然后添加 1 个 ImageView 控件。将 ImageView 控件的 id 属性设置为 imageView，src 属性设置为@drawable/t01。

3. 完善 MainActivity 类与实现程序功能

（1）声明变量和数组。

在主活动 MainActivity 中，首先声明并初始化一个保存待显示图片 id 的数组，然后分别声明一个保存当前显示图片序号的变量、手势监听器对象和保存 ImageView 的对象。具体代码如下所示：

```
private int[] resId = new int[]{
        R.drawable.t01, R.drawable.t02, R.drawable.t03,
        R.drawable.t04, R.drawable.t05, R.drawable.t06
};                                              //定义图片的资源数组
private int count = 0;                          //定义当前显示图片的序号
private GestureDetector gestureDetector;        //定义手势监听器对象
private ImageView iv;                           //定义保存 ImageView 的对象
```

（2）在 onCreate()方法中编写代码实现程序功能。

在 MainActivity 类的 onCreate()方法中，首先获取布局文件中添加的 ImageView 控件，然后设置手势监听器 gestureDetector 的处理效果由 onGestureListener 对象来处理，主要代码如表 7-14 所示。

表 7-14　类 MainActivity 中 onCreate()方法的代码

序　号	代　码
01	protected void onCreate(Bundle savedInstanceState) {
02	super.onCreate(savedInstanceState);
03	setContentView(R.layout.activity_main);
04	//得到当前页面的 ImageView 控件
05	iv = (ImageView) findViewById(R.id.imageView);
06	//设置手势监听器的处理效果由 onGestureListener 来处理
07	gestureDetector = new GestureDetector(MainActivity.this,onGestureListener);
08	}

（3）编写代码自定义手势识别器实现图片滑动。

编写代码实现当前 Activity 的 onTouchEvent()方法，然后将所有的 Touch 事件转交给手势监听器对象 gestureDetector 进行处理，实现代码如表 7-4 中第 02～05 行所示。

自定义 GestureDetector 的手势识别监听器，其中实现 onFinger()方法。当有滑动事件触发时自动回调此方法，在此回调方法中得到滑动两点之间的位置，通过两点位置的差别，判断此滑动是向左滑动还是向右滑动，然后进行图片的切换，实现代码如表 7-15 中第 07～28 行所示。

表 7-15　MainActivity 类中 onTouchEvent()方法和自定义手势识别器的代码

序　号	代　码
01	@Override
02	public boolean onTouchEvent(MotionEvent event) {
03	//当前 Activity 被触摸时回调
04	return gestureDetector.onTouchEvent(event);
05	}
06	//自定义了 GestureDetector 的手势识别监听器
07	private GestureDetector.OnGestureListener onGestureListener
08	= new GestureDetector.SimpleOnGestureListener() {
09	//当识别的手势是滑动手势时回调 onFinger()方法
10	@Override
11	public boolean onFling(MotionEvent e1, MotionEvent e2, float velocityX,
12	float velocityY) {
13	//得到滑动手势的起始和结束点的 x、y 坐标，并进行计算
14	float x = e2.getX() - e1.getX();
15	float y = e2.getY() - e1.getY();
16	//通过计算结果判断用户手势是向左滑动或者向右滑动
17	if (x > 0) {
18	count++;
19	count %= 3;

续表

```
        } else if (x < 0) {
            count--;
            count = (count + 3) % 3;
        }
        //切换 ImageView 的图片
        iv.setImageResource(resId[count]);
        return true;
    }
};
```

4．程序运行与功能测试

Android 项目 App0702 的运行结果如图 7-2 所示，鼠标指针向左滑动显示前一张图片，鼠标指针向右滑动显示后一张图片。

【任务 7-3】 绘制简单几何图形

【任务描述】

在 Android 中，Canvas 类提供了丰富的绘制几何图形的方法。编写程序绘制圆形、直线、折线、椭圆和矩形等几何图形，其运行结果如图 7-3 所示。

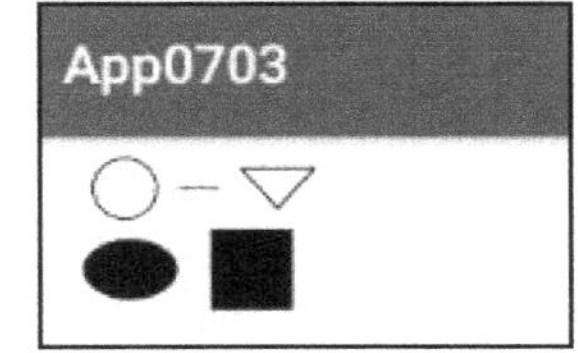

图 7-3　绘制几何图形的运行结果

【知识索引】

（1）FrameLayout 类、RectF 类。

（2）Paint 类及 setAntiAlias()、setStrokeWidth()、setStyle()、setColor()等方法。

（3）Canvas 类及 drawCircle()、setColor()、setStyle()、drawLine()、drawOval()、drawRect()等方法。

【实施过程】

1．创建 Android 项目 App0703

在 Android Studio 集成开发环境中创建 Android 项目，将该项目命名为 App0703。

2．完善布局文件 activity_main.xml 与界面设计

修改项目 App0703 的 res\layout 文件夹下的布局文件 activity_main.xml，将默认添加的 TextView 控件删除，然后将页面的相对布局修改为帧布局类型，用于显示自定义的绘图类。

3．完善 MainActivity 类与实现程序功能

（1）创建一个继承自 android.view.View 类的内部类。

在 MainActivity 类中创建一个名称为 MyView 的内部类，该类继承自 android.view.View 类，并添加构造方法 MyView()和重写 onDraw(Canvas canvas)方法，主体代码如表 7-16 所示。在 DrawView 的 onDraw()方法中，分别指定画布的背景色，创建一个采用默认设置的画笔，设置该画笔使用抗锯齿功能，设置笔触的宽度，设置填充样式为描边，设置画笔颜色，然后绘制各种几何图形，代码如表 7-16 所示。

表 7-16　内部类 MyView 的代码

```
public class MyView extends View{
        public MyView(Context context) {
            super(context);
        }
       @Override
public protected void onDraw(Canvas canvas) {
          canvas.drawColor(Color.WHITE);          //指定画布的背景色为白色
          Paint paint=new Paint();                //创建采用默认设置的画笔
          paint.setAntiAlias(true);               //使用抗锯齿功能
          paint.setStrokeWidth(3);                //设置笔触的宽度
          paint.setStyle(Paint.Style.STROKE);     //设置填充样式为描边
          paint.setColor(Color.BLUE);             //设置颜色为蓝色
          //绘制圆形
          canvas.drawCircle(100, 50, 30, paint);
          //绘制一条直线
          paint.setColor(Color.RED);
          paint.setStyle(Paint.Style.FILL);
          canvas.drawLine(150, 50,190, 50, paint);
          //绘制多条线段组成的折线
          paint.setColor(Color.BLACK);
          canvas.drawLines(new float[]{210,30,280,30, 280,30, 245,70, 245,70, 210,30},  paint);
          //绘制椭圆
          paint.setStrokeWidth(2);                //设置笔触的宽度
          RectF rectf1=new RectF(60, 100, 150, 160);
          canvas.drawOval(rectf1,paint);
          //绘制矩形
          canvas.drawRect(180, 90, 260, 170, paint);
          super.onDraw(canvas);
     }
}
```

（2）在 onCreate()方法中编写代码实现程序功能。

在 MainActivity 类的 onCreate()方法中，获取布局文件中添加的帧布局管理器，并将自定义的 MyView 视图添加到帧布局管理器中，主要代码如表 7-17 所示。

表 7-17　MainActivity 类中 onCreate()方法的代码

```
protected void onCreate(Bundle savedInstanceState) {
       super.onCreate(savedInstanceState);
       setContentView(R.layout.activity_main);
       //获取布局文件中添加的帧布局管理器
```

续表

序　号	代　码
05	FrameLayout fl=(FrameLayout)findViewById(R.id.frameLayout1);
06	//将自定义的 MyView 视图添加到帧布局管理器中
07	fl.addView(new MyView(this));
08	}

3. 程序运行与功能测试

Android 项目 App0703 的运行结果如图 7-3 所示，完成了多种几何图形的绘制。

【任务 7-4】 绘制多种形式的路径

【任务描述】

Android 提供了绘制路径的方法，绘制一条路径可以分为创建路径和绘制定义好的路径两部分。编写代码在屏幕上绘制圆形、三角形、六边形路径以及绕路径的环形文字，其运行结果如图 7-4 所示。

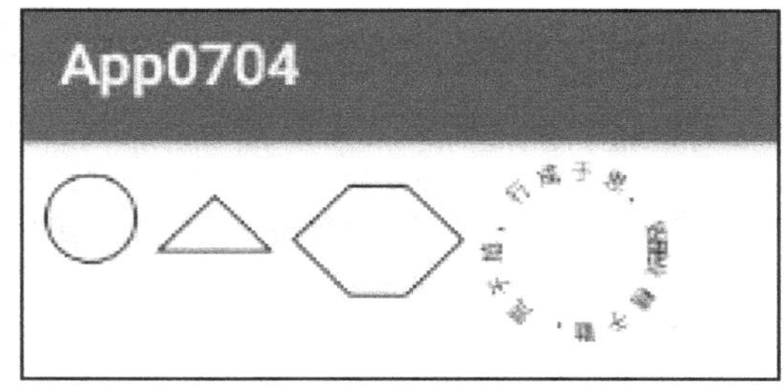

图 7-4　绘制多种形式的路径的运行结果

【知识索引】

（1）Paint 类及 setAntiAlias()、setStrokeWidth()、setStyle()、setColor()、setTextSize()等方法。

（2）Canvas 类及 drawCircle()、setColor()、setStyle()、drawLine()、drawOval()、drawRect()、drawPath()等方法。

（3）Path 类及 addCircle、moveTo()、lineTo()、close()等方法。

【实施过程】

1. 创建 Android 项目 App0704

在 Android Studio 集成开发环境中创建 Android 项目，将该项目命名为 App0704。

2. 完善布局文件 activity_main.xml 与界面设计

修改项目 App0704 的 res\layout 文件夹下的布局文件 activity_main.xml，将默认添加的 TextView 控件删除，然后将页面的相对布局修改为帧布局类型，用于显示自定义的绘图类。

3. 完善 MainActivity 类与实现程序功能

（1）创建一个继承自 android.view.View 类的内部类。

在 MainActivity 类中创建一个名称为 MyView 的内部类，该类继承自 android.view.View 类，并添加构造方法 MyView()和重写 onDraw(Canvas canvas)方法。

在 DrawView 的 onDraw()方法中，分别创建一个采用默认设置的画笔，设置该画笔使用抗锯齿功能，设置笔触的宽度，设置填充样式为描边，设置画笔颜色和设置文字大小，然后绘制各种路径，代码如表 7-18 所示。

表 7-18　定义画笔与绘制各种路径的代码

```
protected void onDraw(Canvas canvas) {
        Paint paint = new Paint();                         //创建一个画笔
        paint.setAntiAlias(true);                          //设置使用抗锯齿功能
        paint.setStrokeWidth(3);                           //设置笔触的宽度
        paint.setStyle(Paint.Style.STROKE);                //设置填充方式为描边
        paint.setColor(Color.BLACK);                       //设置画笔颜色
        paint.setTextSize(20);                             //设置文字大小
        //绘制圆形路径
        Path pathCircle = new Path();                                   //创建并实例化一个 Path 对象
        pathCircle.addCircle(70, 70, 40, Path.Direction.CCW);           //添加逆时针的圆形路径
        canvas.drawPath(pathCircle, paint);                             //绘制路径
        //绘制三角形路径
        Path pathTr = new Path();                  //创建并实例化一个 Path 对象
        pathTr.moveTo(130, 100);                   //设置起始点
        pathTr.lineTo(180, 50);                    //设置第 1 条边的结束点，也是第 2 条边的起始点
        pathTr.lineTo(230, 100);                   //设置第 2 条边的结束点，也是第 3 条边的起始点
        pathTr.close();                            //闭合路径
        canvas.drawPath(pathTr, paint);                                 //绘制路径
        //控制空心的六边形
        Path path1 = new Path();                   //创建并实例化一个 Path 对象
        path1.moveTo(300, 40);                     //设置起始点
        path1.lineTo(350, 40);                     //设置第 1 条边的结束点，也是第 2 条边的起始点
        path1.lineTo(400, 90);                     //设置第 2 条边的结束点，也是第 3 条边的起始点
        path1.lineTo(350, 140);
        path1.lineTo(300, 140);
        path1.lineTo(250, 90);
        path1.close();                             //闭合路径
        canvas.drawPath(path1, paint);
        //绘制绕路径的环形文字
        String str = "业精于勤，荒于嬉，行成于思，毁于随  ";
        Path pathText = new Path();                                     //创建并实例化一个 Path 对象
        pathText.addCircle(500, 100, 48, Path.Direction.CW);            //添加顺时针的圆形路径
        paint.setStyle(Paint.Style.FILL);//设置画笔的填充方式
        canvas.drawTextOnPath(str, pathText, 0, -18, paint);            //绘制绕路径文字
        super.onDraw(canvas);
    }
```

（2）在 onCreate()方法中编写代码实现程序功能。

在 MainActivity 类的 onCreate()方法中，获取布局文件中添加的帧布局管理器，并将自定义的 MyView 视图添加到帧布局管理器中，主要代码如表 7-17 所示。

（3）编写代码定义画笔与绘制几何图形。

4. 程序运行与功能测试

Android 项目 App0704 的运行结果如图 7-4 所示，完成了多种路径和环形文字的绘制。

【任务 7-5】 绘制 Android 机器人图形

【任务描述】

应用 Android 中绘制几何图形的方法，实现在屏幕上绘制 Android 机器人图形，其运行结果如图 7-5 所示。

图 7-5　绘制 Android 机器人图形的运行结果

【知识索引】

（1）Paint 类及 setAntiAlias()、setColor()、setStrokeWidth()等方法。

（2）RectF 类及 offset()方法。

（3）Canvas 类及 drawArc()、drawCircle()、drawLine()、drawRect()、drawRoundRect()等方法。

【实施过程】

1. 创建 Android 项目 App0705

在 Android Studio 集成开发环境中创建 Android 项目，将该项目命名为 App0705。

2. 完善布局文件 activity_main.xml 与界面设计

修改项目 App0705 的 res\layout 文件夹下的布局文件 activity_main.xml，将默认添加的 TextView 控件删除，然后将页面的相对布局修改为帧布局类型，用于显示自定义的绘图类。

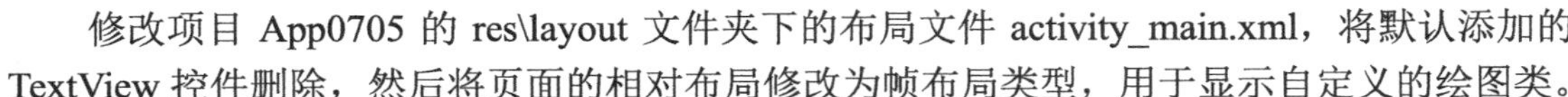

3. 完善 MainActivity 类与实现程序功能

（1）创建一个继承自 android.view.View 类的内部类。

在 MainActivity 类中创建一个名称为 MyView 的内部类，该类继承自 android.view.View 类，并添加构造方法 MyView()和重写 onDraw(Canvas canvas)方法。主体代码如表 7-16 所示。

在 DrawView 的 onDraw()方法中，首先创建一个采用默认设置的画笔，并设置画笔的相关属性，然后绘制 Android 机器人图形的头、眼睛、天线、身体、胳膊和腿，代码如表 7-19 所示。

表 7-19　定义画笔与绘制 Android 机器人图形的代码

序　号	代　码
01	protected void onDraw(Canvas canvas) {
02	Paint paint=new Paint();　　　　//采用默认设置创建一个画笔
03	paint.setAntiAlias(true);　　　　//使用抗锯齿功能
04	paint.setColor(0xFFA4C739);　　//设置画笔的颜色为绿色
05	//绘制机器人的头
06	RectF rectf_head=new RectF(10, 10, 100, 100);
07	rectf_head.offset(100, 20);
08	canvas.drawArc(rectf_head, -10, -160, false, paint);　　//绘制弧
09	//绘制眼睛

续表

序 号	代 码
10	paint.setColor(Color.WHITE); //设置画笔的颜色为白色
11	canvas.drawCircle(135, 53, 4, paint); //绘制圆
12	canvas.drawCircle(175, 53, 4, paint); //绘制圆
13	paint.setColor(0xFFA4C739); //设置画笔的颜色为绿色
14	//绘制天线
15	paint.setStrokeWidth(2); //设置笔触的宽度
16	canvas.drawLine(120, 15, 135, 35, paint); //绘制线
17	canvas.drawLine(190, 15, 175, 35, paint); //绘制线
18	//绘制身体
19	canvas.drawRect(110, 75, 200, 150, paint); //绘制矩形
20	RectF rectf_body=new RectF(110,140,200,160);
21	canvas.drawRoundRect(rectf_body, 10, 10, paint); //绘制圆角矩形
22	//绘制胳膊
23	RectF rectf_arm=new RectF(85,75,105,140);
24	canvas.drawRoundRect(rectf_arm, 10, 10, paint); //绘制左侧的胳膊
25	rectf_arm.offset(120, 0); //设置在 X 轴上偏移 120 像素
26	canvas.drawRoundRect(rectf_arm, 10, 10, paint); //绘制右侧的胳膊
27	//绘制腿
28	RectF rectf_leg=new RectF(125,150,145,200);
29	canvas.drawRoundRect(rectf_leg, 10, 10, paint); //绘制左侧的腿
30	rectf_leg.offset(40, 0); //设置在 X 轴上偏移 40 像素
31	canvas.drawRoundRect(rectf_leg, 10, 10, paint); //绘制右侧的腿
32	super.onDraw(canvas);
33	}

（2）在 onCreate()方法中编写代码实现程序功能。

在 MainActivity 类的 onCreate()方法中，获取布局文件中添加的帧布局管理器，并将自定义的 MyView 视图添加到帧布局管理器中，主要代码如表 7-17 所示。

4．程序运行与功能测试

Android 项目 App0704 的运行结果如图 7-5 所示，完成了 Android 机器人图形的绘制。

【单元小结】

ViewPager 控件应用广泛，简单好用，交互性好。ViewPager 最典型的应用场景主要包括引导页导航、轮转广告和页面菜单。

Android 平台中的图形显示类是 View，还提供了底层图形类 android.graphics。在 Android 中绘图时，常用到的几个类是 Paint、Canvas、Color、Bitmap 和 BitmaptFactory。Paint 类代表画笔，用来描述图形的颜色和风格，如线宽、颜色、透明度、填充效果等值。使用 Paint

类时，首先需要创建 Paint 类的对象，然后通过该类的成员方法对画笔的默认设置进行更改，例如改变画笔的颜色、线宽等。Canvas 代表画布，通过该类提供的方法，可以绘制各种图形（如矩形、图形、线条等）。通常情况下，要在 Android 中绘图，首先要创建一个继承自 View 类的自定义 MyView，并且在该类中重写 onDraw(Canvas canvas)方法，然后在显示绘图的 Acticity 中添加该自定义 MyView。Bitmap 称作位图，一般位图的文件格式后缀为.bmp。使用 Bitmap 类提供的方法可以获取位图文件的信息，也可以对位图进行剪切、旋转、缩放等操作，还可以以指定格式保存图像文件。BitmapFactory 类是一个工具类，用于从不同的数据源来解析、创建 Bitmap 对象。Drawable 作为 Android 平台下通用的图形对象，它可以装载常用格式的图像，例如 BMP、GIF、PNG、JPG。

本单元主要介绍了 PagerAdapter、Bitmap、BitmapFactory、Paint、Canvas、Color、Path 等类的功能、主要方法及其典型应用。通过多个实例学会图片的轮播与浏览、图形的绘制方法等。

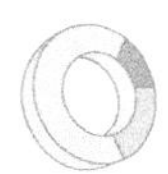

【单元习题】

1．填空题

（1）使用 ViewPager 需要一个适配器（　　），将 View 和 ViewPager 进行绑定。

（2）如果想使用 PagerAdapter 类需要重写其 4 个方法，方法名称分别为（　　）、（　　）、（　　）和（　　）。

（3）ViewPager 控件在处理滑动事件的时候需要实现（　　）接口，实现这个接口我们也需要重写 3 个方法，方法名称分别为（　　）、（　　）和（　　）。

（4）在 Android 中绘图时，常用到的几个类是（　　）、（　　）、（　　）、（　　）和 Color，这些类都存放在（　　）包中。

（5）如果 Java 程序中需要获取实际的 Drawable 对象，则可以调用 Resources 的（　　）方法获取。

（6）如果需要获取 BitmapDrawable 所包装的 Bitmap 对象，则可以调用 BitmapDrawable 的（　　）方法。

（7）Android 的绘图应该继承（　　）组件，并重写它的 onDraw(Canvas canvas)方法即可。

（8）类（　　）主要用于设置绘制风格，包括画笔颜色、画笔笔触粗细、填充风格等。

（9）对图片添加旋转、缩放等特效需要使用（　　）类。

2．选择题

（1）Canvas 类可以用来实现各种图形的绘制工作，其中可以绘制矩形的方法是（　　）。

A．drawArc()　　B．drawCircle()　　C．drawOval()　　D．drawRect()

（2）进行图形绘制时需要调用 Canvas 类的方法，以下哪个方法可以用来绘制三角形的三条边？（　　）

A．drawPoint()　　B．drawLine()　　C．drawCircle()　　D．drawRect()

（3）Paint 类用来描述画笔，Paint 不能设定以下哪个属性？（　　）

A．文字大小　　B．坐标位置　　C．抗锯齿效果　　D．文字对齐方式

（4）以下哪些方法可以获取资源中的位图？（　　）（多选题）

A．BitmapDrawable B．BitmapFactory C．Canvas D．Paint

（5）Bitmap 提供了一些静态方法来创建新的 Bitmap 对象，下列哪些属于其常用静态方法？（ ）（多选题）

A．createBitmap(Bitmap source,int x,int y,int width,int height)

B．createScaleBitmap(Bitmap src,int dstWidth,int dstHeight,boolean filter)

C．createBitmap(int width,int height,Bitmap.Config config)

D．createBitmap(Bitmap source,int x,int y,int width,int height,
Matrix m,boolean filter)

3．简答题

（1）简述 PagerAdapter 类及其 4 个方法的主要功能。

（2）ViewPager 控件在处理滑动事件的时候需要实现 OnPageChangeListener 接口，实现这个接口也需要重写 3 个方法 onpageScrollStateChanged()、onpageScrolled()和 onpageSelected()。简述这 3 个方法的主要功能以及各个参数的含义。

（3）简述 Bitmap 类常用的方法及其主要功能。

（4）简述位图缩放的主要实现方法。

（5）简述 Canvas 类用来实现各种图形绘制工作的方法。

（6）简述 Pain 类的常用属性设置方法。

单元8　Android的音频与视频应用程序设计

Android 的 SoundPool 类是 android.media 包里提供的一个用来播放声音文件的类，可以支持同时播放多个声音文件，可以控制每个文件的循环次数。用 SoundPool 可以播一些短的反应速度要求高的声音，例如游戏中的声音。在 Android 中通常用 MediaPlayer 来播放一些媒体文件，对于音频文件来说只需直接使用 MeidaPlayer 结合几行代码即可。但是对于视频文件来说稍微复杂一些，单独的 MediaPlayer 只能播放音频文件，要想播放视频还需要 SurfaceView 来配合显示画面。Android 播放视频主要使用 VideoView 或者 SurfaceView，其中 VideoView 组件播放视频最简单，它将视频的显示和控制集于一身，因此，借助它就可以完成一个简易的视频播放器。而对于 SurfaceView 来说，在 Android 中采用了显示与控制分离机制，即 SurfaceView 只是负责显示画面，而不负责控制视频流，因此还需要 SurfaceHolder 来控制视频流。本单元主要探讨 Android 的音频与视频相关类的功能及实现方法。

【教学导航】

【教学目标】

（1）熟悉 Android 中播放声音的主要类 SoundPool 和 MediaPlayer；

（2）熟悉 Android 中播放视频的主要类 VideoView 和 SurfaceView；

（3）学会使用 SoundPool 类播放音频；

（4）学会使用 MediaPlayer 类播放本地音频和网络音频；

（5）学会使用 VideoView 控件播放本地视频；

（6）学会使用 MediaPlayer 类和 SurfaceView 控件播放本地视频。

【教学方法】　任务驱动法，理论实践一体化，探究学习法，分组讨论法。

【课时建议】　8 课时。

【知识导读】

8.1　SoundPool 类与播放音频

开发 Android 软件过程中我们可能经常需要播放多媒体声音文件，一般使用 MediaPlayer 类，但该类占用资源较多，对于游戏等应用可能不是很适合。SoundPool（声音池）主要播放一些较短的声音片段，可以从程序的资源或文件系统加载，相比 MediaPlayer 类可以使用较少的 CPU 资源和具有较短的反应延迟。SoundPool 类和其他声音播放类相比，其特点是可以自行设置声音的品质、音量、播放比率等参数。并且它可以同时管理多个音频流，每个流都有独自的 id，对某个音频流的管理都是通过 id 进行的。由于 SoundPool 最大只能申请 1MB 的内存空间，这就意味着我们只能播放很短的声音片段，而不是用它来播放歌曲或者作为游戏背景音乐。

1．创建一个 SoundPool

创建一个 SoundPool 对象的构造方法为：

```
public SoundPool(int maxStream, int streamType, int srcQuality)
```

构造方法中包含 3 个参数，其中，maxStream 表示同时播放的流的最大数量；streamType 表示流的类型，一般为 STREAM_MUSIC；srcQuality 表示采样率转化质量，使用 0 作为默认值。

示例代码如下所示：

```
SoundPool soundPool = new SoundPool(3, AudioManager.STREAM_MUSIC, 0);
```

表示创建了一个最多支持 3 个流同时播放的、类型标记为音乐的 SoundPool。

2．载入音频流

（1）从系统资源载入音频流。

```
int load(Context context, int resId, int priority)
```

其中，参数 priority 表示优先级。

（2）从 FileDescriptor 对象载入音频流。

```
int load(FileDescriptor fd, long offset, long length, int priority)
```

（3）从完整文件路径名载入音频流。

```
int load(String path, int priority)
```

一般把多个声音放到 HashMap 中去，再载入，示例代码如下：

```
soundPool = new SoundPool(4, AudioManager.STREAM_MUSIC, 100);
soundPoolMap = new HashMap<Integer, Integer>( );
soundPoolMap.put(1, soundPool.load(this, R.raw.dingdong, 1));
```

3．播放控制

有以下几个方法可用于播放控制：

①final int play(int soundID, float leftVolume, float rightVolume, int priority, int loop, float rate)：用于播放指定音频的音效，并返回一个 streamID。

其中，参数 leftVolume 和 rightVolume 表示左右音量；priority 表示流的优先级，值越大优先级越高，影响当同时播放数量超出了最大支持数时 SoundPool 对该流的处理；loop 表示循环播放的次数，0 为只播放一次，-1 为无限循环，其他值为播放 loop+1 次（例如，3 为一共播放 4 次）；rat 表示播放的速率，范围为 0.5～2.0（0.5 为一半速率，1.0 为正常速率，2.0 为两倍速率）。

示例代码如下所示：

```
sp.play(soundId, 1, 1, 0, 0, 1);
```

②final void pause(int streamID)：暂停指定播放流的音效（streamID 应通过 play()返回），这里的 streamID 和 soundID 均在构造 SoundPool 类的第一个参数中指明了总数量，而 id 从 0 开始。

③final void resume(int streamID)：继续播放指定播放流的音效（streamID 应通过 play()返回）。

④final void stop(int streamID)：终止指定播放流的音效（streamID 应通过 play()返回）。

⑤final void setLoop(int streamID, int loop)：设置指定播放流的循环。

⑥final void setVolume(int streamID, float leftVolume, float rightVolume)：设置指定播放流的音量。

⑦final void setPriority(int streamID, int priority)：设置指定播放流的优先级。

⑧final void setRate(int streamID, float rate)：设置指定播放流的速率。

⑨final boolean unload(int soundID)：卸载一个指定的音频资源。

⑩final void release()：释放 SoundPool 中的所有音频资源。

【注意】

①play()函数传递的是一个 load()返回的 soundID，指向一个被记载的音频资源。如果播放成功则返回一个非 0 的 streamID，指向一个成功播放的流；同一个 soundID 可以通过多次调用 play()而获得多个不同的 streamID（只要不超出同时播放的最大数量）。

②pause()、resume()和 stop()是针对播放流操作的，传递的是 play()返回的 streamID。play()中的 priority 参数只在同时播放流的数量超过了预先设定的最大数量时起作用，管理器将自动终止优先级低的播放流。如果存在多个同样优先级的流，再进一步根据其创建时间来处理，最新创建的流将被终止。

③一个 SoundPool 可以通过 load()函数管理多个音频资源，成功则返回非 0 的 soundID。通过 play()函数同时播放多个音频，成功则返回非 0 的 streamID。

④当设置为无限循环时，需要手动调用 stop()来终止播放。

⑤无论如何，程序退出时，手动终止播放并释放资源是必要的。

8.2　MediaPlayer 类与播放音频

Android 提供了 MediaPlayer 类来完成对音频和视频的播放，通过 MediaPlayer 类我们可以播放应用程序资源文件、本地文件或者通过 URL 获得的流媒体。

1. MediaPlayer 类的常用方法

MediaPlayer 支持多种格式的音频文件并提供非常全面的控件方法，从而使得播放音乐变量十分简单。MediaPlayer 类控制音频的常用方法如表 8-1 所示。

表 8-1　MediaPlayer 类的常用方法

方 法 声 明	功 能 描 述
create(Context context, Uri uri)	静态方法，通过 Uri 创建一个多媒体播放器
create(Context context, int resid)	静态方法，通过资源 id 创建一个多媒体播放器
create(Context context, Uri uri, SurfaceHolder holder)	静态方法，通过 Uri 和指定 SurfaceHolder（抽象类）创建一个多媒体播放器
getCurrentPosition()	返回 int，获取当前播放位置
getDuration()	返回 int，获取载入音频文件的时长

续表

方 法 声 明	功 能 描 述
getVideoHeight()	返回 int，获取视频的高度
getVideoWidth()	返回 int，获取视频的宽度
isLooping()	返回 boolean，判断是否循环播放
isPlaying()	返回 boolean，判断是否正在播放
pause()	无返回值，暂停播放
prepare()	无返回值，准备同步，用于播放本地音乐
prepareAsync()	无返回值，准备异步，用于播放网络音乐
release()	无返回值，释放 MediaPlayer 对象相关的资源
reset()	无返回值，重置 MediaPlayer 对象
seekTo(int msec)	无返回值，指定播放的位置（以毫秒为单位的时间）
setAudioStreamType(int streamtype)	无返回值，指定流媒体的类型，取值为 STREAM_MUSIC 表示音乐，STREAM_RING 表示响铃，STREAM_ALARM 表示闹钟，STREAM_NOTIFICTION 表示提示音
setDataSource(String path)	无返回值，根据路径设置多媒体数据来源
setDataSource(FileDescriptor fd, long offset, long length)	无返回值，根据 FileDescriptor 设置多媒体数据来源
setDataSource(FileDescriptor fd)	无返回值，根据 FileDescriptor 设置多媒体数据来源
setDataSource(Context context, Uri uri)	无返回值，根据 Uri 设置多媒体数据来源
setDisplay(SurfaceHolder sh)	无返回值，设置用 SurfaceHolder 来显示多媒体
setLooping(boolean looping)	无返回值，设置是否循环播放
setScreenOnWhilePlaying(boolean screenOn)	无返回值，设置是否使用 SurfaceHolder 显示
setVolume(float leftVolume, float rightVolume)	无返回值，设置音量
start()	无返回值，开始播放
stop()	无返回值，停止播放

对 MediaPlayer 类常用方法的使用说明如下。

（1）获得 MediaPlayer 实例的方式。

可以使用直接 new 的方式：MediaPlayer mp = new MediaPlayer();

也可以使用 create 的方式：MediaPlayer mp = MediaPlayer.create(this, R.raw.test);

这时就不用调用 setDataSource 了。

（2）设置音频数据源的方式。

初始化时调用 MediaPlayer 的 create 静态方法，可以有 4 种方法设置音频的数据源。

①以资源描述符表示播放源为自带的 resource 资源。

将音频文件添加到资源结构中的 res\raw 文件夹中。

```
MediaPlayer player = MediaPlayer.create(getApplicationContext(), R.raw.music);
```

也可以写成：

```
MediaPlayer player = MediaPlayer.create(this , R.raw.music);
```

②以 file://开头的本地文件 URI 表示播放源为存储在 SD 卡或其他文件路径下的媒体文件。

```
MediaPlayer player = MediaPlayer.create(getApplicationContext(), Uri.parse("file:///sdcard/music/test.mp3"));
```

③以 URL 为地址的网络文件 URI 表示播放源为网络上的媒体文件。

```
MediaPlayer player = MediaPlayer.create(getApplicationContext(), Uri.parse("http://www.music.net/test.mp3"));
```

④根据内容提供器提供的 URI 设置播放源。

```
MediaPlayer player = MediaPlayer.create(getApplicationContext(), Settings.System.DEFAULT_RINGTONE_URI);
```

也可以使用 MediaPlayer 的 setDataSource 成员方法设置数据源。当调用此方法作为初始化方式时，在调用 setDataSource 之后，应当调用 prepare()成员方法。代码如下：

```
MediaPlayer player = new MediaPlayer();
player.setDataSource("/sdcard/test.mp3");
player.prepare();
```

对于网络上的媒体文件应写成：

```
player.setDataSource("http://www.music.net/test.mp3");
```

（3）对播放器的主要控制方法。

Android 通过控制播放器的状态来控制媒体文件的播放，其中：prepare()和 prepareAsync()提供了同步和异步两种方式设置播放器进入 Prepared 状态。prepare()方法执行完毕后，MediaPlayer 进入 Prepared 状态。prepareAsync()方法执行完毕后，MediaPlayer 进入 preparing 状态。prepareAsync()方法一般用于加载网络音频文件等耗时的场景，而加载本地音频的时候一般使用 prepare()就可以了。

【注意】 在不合适的状态下调用 prepare()和 prepareAsync()方法会抛出 IllegalStateException 异常。当 MediaPlayer 对象处于 Prepared 状态的时候，可以调整音频/视频的属性，如音量、播放时是否一直亮屏、循环播放等。

如果 MediaPlayer 实例是由 create()方法创建的，那么第一次启动播放前不需要再调用 prepare()了，因为 create()方法里已经调用过了。start()是真正启动文件播放的方法；pause()和 stop()比较简单，起到暂停和停止播放的作用；seekTo()是定位方法，可以让播放器从指定的位置开始播放，需要注意的是该方法是个异步方法，也就是说该方法返回时并不意味着定位完成，尤其是播放网络文件时，真正定位操作完成时内部的播放引擎会调用客户端提供的 OnSeekComplete.onSeekComplete()回调方法，如果需要可以调用 setOnSeekCompleteListener (OnSeekCompleteListener)方法设置监听器来处理；release()可以释放播放器占用的资源，一旦确定不再使用播放器时应当尽早调用它释放资源；reset()可以使播放器从 Error 状态中恢复过来，重新回到 Idle 状态。

（4）设置播放器的监听器。

MediaPlayer 提供了一些设置不同监听器的方法来更好地对播放器的工作状态进行监听，以期及时处理各种情况。MediaPlayer 类控制音频的常用监听事件如下所示。

①setOnBufferingUpdateListener(MediaPlayer.OnBufferingUpdateListener listener)：监听网络流媒体的缓冲。

②setOnCompletionListener(MediaPlayer.OnCompletionListener listener)：监听网络流媒体播放是否结束。

③setOnErrorListener(MediaPlayer.OnErrorListener listener)：监听设置错误信息。

④setOnVideoSizeChangedListener(MediaPlayer.OnVideoSizeChangedListener listener)：监听视频尺寸。

2. MediaPlayer 对象的生命周期与播放控制

使用 new 操作符创建一个新的 MediaPlayer 对象，或是对已有对象调用 reset()方法之后，MediaPlayer 对象处于 Idle 状态。调用 setDataSource()方法会使处于 Idle 状态的对象转变为 Initialized 状态。在开始播放之前，MediaPlayer 对象必须进入 Prepared 状态，有同步和异步两种方式可以使 MediaPlayer 对象进入 Prepared 状态。

准备好 MediaPlayer 后，想要开始播放，必须调用 start()方法。当此方法成功返回时，MediaPlayer 的对象处于 Started 状态。

isPlaying()方法可以被调用来测试某个 MediaPlayer 对象是否处在 Started 状态。而对一个已经处于 Started 状态的 MediaPlayer 对象调用 start()方法并没有影响。

调用 pause()方法并返回时，播放可以被暂停，会使 MediaPlayer 对象进入 Paused 状态。调用 start()方法会让一个处于 Paused 状态的 MediaPlayer 对象从之前暂停的地方恢复播放。当调用 start()方法返回的时候，MediaPlayer 对象的状态会又变成 Started 状态。

【注意】 Started 与 Paused 状态的相互转换在内部播放引擎中是异步的，所以可能需要一点时间在 isPlaying()方法中更新状态。若正在播放流内容，这段时间可能会有几秒钟。

调用 stop()方法会停止播放，并且还会让一个处于 Started、Paused、Prepared 或 PlaybackCompleted 状态的 MediaPlayer 对象进入 Stopped 状态。

调用 seekTo()方法可以调整播放的位置。seekTo(int)方法是异步执行的，所以它可以马上返回，但是实际的定位播放操作可能需要一段时间才能完成，尤其是播放流形式的音频/视频。

【注意】 seekTo(int)方法也可以在其他状态下调用，例如 Prepared、Paused 和 Playback Completed 状态。此外，目前的播放位置，实际可以调用 getCurrentPosition()方法得到，它可以帮助诸如音乐播放器的应用程序不断更新播放进度。

3. 释放播放资源

当播放到流的末尾，播放就完成了。如果调用了 setLooping(boolean)方法开启了循环模式，那么这个 MediaPlayer 对象会重新进入 Started 状态。

在播放结束时，应调用 MediaPlayer 的 release()方法，释放播放程序所占用的资源。

代码如下：

```
private void release() {
    if(player != null) {
        player.stop();
        player.release();
        player = null;
    }
}
```

4. 视频播放

视频播放与音频播放在 MediaPlayer 中基本相同，但与音频不同的是，视频播放必须考虑到 MediaPlayer 的视频显示方法。下面简要描述可以用于视频播放显示的两种方法。

（1）使用 VideoView 播放显示视频。

由于 VideoView 继承了 SurfaceView，并且实现了 MediaController.MediaPlayerControl，使得 VideoView 控件包含了一个视频显示的界面，该界面可以管理 MediaPlayer 以控制视频的播放。同样地，VideoView 也支持对 MediaPlayer 组件所支持的本地文件或者流式文件播放。

（2）使用 SurfaceHolder 播放显示视频。

虽然 VideoView 可以很容易地播放视频，但播放位置和播放大小并不受控制，因此，想要使用 MediaPlayer 播放视频，需要使用 SurfaceView 来播放视频。对于显示视频内容则需要调用 MediaPlayer 的 setDisplay()方法分配一个 SurfaceHolder 对象，否则视频将不会显示。

8.3 VideoView 类与播放视频

播放视频文件与播放音频文件类似，与音频播放相比，视频的播放需要使用视频播放组件将影像展示出来。在 Android 中，播放视频主要使用 VideoView 或者 SurfaceView，其中 VideoView 组件播放视频最简单，它将视频的显示和控制集于一身，因此，借助它就可以完成一个简易的视频播放器。

1. 使用 VideoView 类播放视频的主要步骤

使用 VideoView 类播放视频的主要步骤如下所示：

（1）在界面布局文件中定义 VideoView 组件，或在程序中创建 VideoView 组件。

（2）调用 VideoView 的如下两个方法来加载指定的视频：

①setVidePath(String path)：加载 path 文件代表的视频。

②setVideoURI(Uri uri)：加载 uri 所对应的视频。

（3）调用 VideoView 的 start()、stop()、pause()方法来控制视频的播放。

2. VideoView 类的常用方法

VideoView 类的用法与 MediaPlayer 类类似，也提供了一些控制视频播放方法，如表 8-2 所示。

表 8-2　VideoView 类的常用方法

方 法 名 称	功 能 描 述
setVideoPath()	设置要播放视频文件的位置
setVideoURI()	设置要播放视频的源地址
start()	开始或继续播放视频
pause()	暂停播放视频
resume()	将视频从头开始播放
seekTo()	从指定位置开始播放视频
isPlaying()	判断当前是否正在播放视频
getCurrentPosition()	获取当前播放位置

续表

方法名称	功能描述
getDuration()	获取载入的视频文件的时长
getBufferPercentage()	获取缓冲的百分比
resolveAdjustedSize()	调整视频显示大小
setMediaController()	设置播放控制器模式（播放进度条）

当视频文件播放完时触发 setOnCompletionListener 事件。

3. 创建 VideoView 对象

不同于音乐播放器，视频播放需要在界面中显示影像，因此需要在 XML 布局文件中添加 VideoView 控件，示例代码如下所示：

```
<VideoView
    android:id="@+id/videoView"
    android:layout_width="match_parent"
    android:layout_height="wrap_content"
    android:layout_gravity="center" />
```

4. 视频的播放

使用 VideoView 播放视频和音频一样，既可以播放本地视频，也可以播放网络中的视频。

（1）播放本地视频。示例代码如下所示：

```
VideoView video1=(VideoView)findViewById(R.id.videoView);
video1.setVideoPath("/mnt/sdcard/v01.mp4");
video1.start();
```

（2）播放网络视频。示例代码如下所示：

```
VideoView video2=(VideoView)findViewById(R.id.videoView);
Uri uri = Uri.parse(Environment.getExternalStorageDirectory().getPath()+"/v02.mp4");
video2.setVideoURI(uri);
video2.start();
```

5. 为 VideoView 添加控制器

VideoView 通过与 MediaController 类结合使用，开发者可以不用自己控制播放与暂停。使用 VideoView 播放视频时可以为它添加一个控制器 MediaController，它是一个包含媒体播放器 MediaPlayer()控件的视图，主要实现对 VideoView 的播放予以控制。MediaController 包含了一些典型按钮，如播放/暂停（Play/Pause）、回退（Rewind）、快进（Fast Forward）与进度滑动器（Progress Slider）。

播放本地视频完整的示例代码如下所示：

```
VideoView video1;
video1=(VideoView)findViewById(R.id. videoView);
MediaController mediaco=new MediaController(this);
File file=new File("/mnt/sdcard/v01.mp4");
if(file.exists()){
    video1.setVideoPath(file.getAbsolutePath());
```

```
    video1.setMediaController(mediaco);        //VideoView 与 MediaController 进行关联
    mediaco.setMediaPlayer(video1);
    video1.requestFocus();                     //让 VideiView 获取焦点
}
```

播放网络视频完整的示例代码如下所示：

```
Uri uri = Uri.parse(Environment.getExternalStorageDirectory().getPath()+"/v02.mp4");
VideoView video2 = (VideoView)this.findViewById(R.id.videoView);
video2.setMediaController(new MediaController(this));
video2.setVideoURI(uri);
video2.start();
video2.requestFocus();
```

8.4　MediaPlayer 类与 SurfaceView 控件联合播放视频

使用 VideoView 播放视频虽然方便，但不易于扩展，当开发者需要根据需求自定义视频播放器时，使用 VideoView 就会很麻烦。为此，Android 系统还提供了另一种播放视频的方法，就是 MediaPlayer 与 SurfaceView 一起联合使用。MediaPlayer 可以播放视频，只不过它在播放视频时没有图像输出，因此需要使用 SurfaceView 组件。

SurfaceView 继承自 View 类，是用于显示图像的组件。SurfaceView 的最大特点就是它的双缓冲技术。所谓双缓冲技术就是它内部有两个线程，例如线程 A 和线程 B，当线程 A 更新界面时，线程 B 进行后台计算操作，当两个线程都完成了各自的任务时，它们会互相交换，两个线程就这样无限循环交替更新和计算。由于 SurfaceView 的这种特性可以避免任务繁重而造成主线程阻塞，从而提高了程序的反应速度，因此在游戏开发中多使用 SurfaceView，例如游戏中的背景、人物和动画等场合。

1. 在界面中添加 SurfaceView 控件

SurfaceView 是一个控件，在布局文件中添加该控件的代码如下所示：

```
<SurfaceView
    android:id="@+id/surface"
    android:layout_height="220dip"
    android:layout_width="320dip">
    android:layout_gravity="center"
    android:layout_weight="0.25"
</SurfaceView>
```

2. 获取界面显示容器并设置类型

布局文件创建完成后，在代码中通常 id 找到该控件并获取到 SurfaceView 控件的容器 SurfaceHolder，示例代码如下所示：

```
MediaPlayer player;
SurfaceView surface;
SurfaceHolder surfaceHolder;
private String filename;
private int prosition=0;
```

```
private final static String TAG="VodeoPlayActivity";
surface=(SurfaceView)findViewById(R.id.surface);
surfaceHolder=surface.getHolder();          //SurfaceHolder 是 SurfaceView 的控制接口
//该类实现了 SurfaceHolder.Callback 接口，回调参数直接用 this
surfaceHolder.addCallback(this);
surfaceHolder.setFixedSize(320, 220);          //显示分辨率，不设置为视频默认
surfaceHolder.setType(SurfaceHolder.SURFACE_TYPE_PUSH_BUFFERS);//Surface 类型
```

SurfaceHolder 是一个接口类型，它用于维护和管理显示的内容，也就相当于 SurfaceView 的管理器。通过 SurfaceHolder 对象控制 SurfaceView 的大小和像素格式，监视控件中内容的变化。

【注意】 在进行游戏开发时，使用 SurfaceView 需要开发者手动创建维护两个线程进行双缓冲区的管理。而播放视频时使用 MediaPlayer 框架，它是通过底层代码去管理和维护音、视频文件。因此，需要添加 SurfaceHolder.SURFACE_TYPE_PUSH_BUFFERS 参数不让 SurfaceView 自己维护双缓冲区，而是交给 MediaPlayer 底层去管理。

3. 为 SurfaceHolder 添加回调

如果在 onCreate()方法执行时，SurfaceHolder 还没有完全创建好，此时播放视频会出现异常。因此，需要添加 SurfaceHolder 的回调函数 Callback，在 surfaceCreated()方法中执行视频的插入。示例代码如下所示：

```
private void play() {
  try {
      File file=new File(Environment.getExternalStorageDirectory(),filename);
      mediaPlayer.reset();                                //重置为初始状态
    mediaPlayer.setAudioStreamType(AudioManager.STREAM_MUSIC);
    mediaPlayer.setDisplay(surfaceView.getHolder());
    mediaPlayer.setDataSource(file.getAbsolutePath());   //设置路径
    mediaPlayer.prepare();                               //缓冲
    mediaPlayer.start();                                 //播放
  } catch (Exception e) {
      Log.e(TAG, e.toString());
      e.printStackTrace();
  }
}
private final class SurceCallBack implements SurfaceHolder.Callback{
    //画面创建
    @Override
    public void surfaceCreated(SurfaceHolder holder) {
        if(prosition>0&&filename!=null){
            play();
            mediaPlayer.seekTo(prosition);
            prosition=0;
        }
    }
    //画面修改
    @Override
    public void surfaceChanged(SurfaceHolder holder, int format, int width, int height){
```

```
            //TODO Auto-generated method stub
        }
        //画面销毁
        @Override
        public void surfaceDestroyed(SurfaceHolder holder) {
            if(mediaPlayer.isPlaying()){
                prosition=mediaPlayer.getCurrentPosition();
                mediaPlayer.stop();
            }
        }
    }
```

Callback 接口有 3 个回调方法：surfaceCreated()、surfaceChanged()、surfaceDestroyed()。

4．创建 MediaPlayer

使用 MediaPlayer 播放音频与播放视频的步骤类似，唯一不同的是，播放视频需要将视频显示在 SurfaceView 界面上，因此就需要将 SurfaceView 与 MediaPlayer 进行关联。示例代码如下所示：

```
    //必须在 surface 创建后才能初始化 MediaPlayer，否则不会显示图像
    MediaPlayer player=new MediaPlayer();
    player.setAudioStreamType(AudioManager.STREAM_MUSIC);
    player.setDisplay(surfaceHolder);
    //设置显示视频显示在 SurfaceView 上
    try {
        player.setDataSource("/sdcard/v03.mp4");
        player.prepare();
    } catch (Exception e) {
        e.printStackTrace();
    }
```

上述代码中，player.setDisplay(surfaceHolder)表示将播放的视频显示在 SurfaceView 的容器中播放，如果视频很大，可以使用 prepareAsync()方法进行异步准备。

【任务实战】

【任务 8-1】　使用 SoundPool 类播放音频

【任务描述】

Android 提供了播放音频的 SoundPool 类，该类适合在应用程序中播放按键音和消息提示音等，也适合在游戏中实现密集而短暂的声音。编写程序实现使用 SoundPool 类播放音频。程序的运行结果如图 8-1 所示。

图 8-1　使用 SoundPool 类播放音频的程序运行结果

【知识索引】

（1）SoundPool 类及 put()方法、get()方法、play()方法。

（2）AudioManager 类及 STREAM_MUSIC 常量。

（3）OnClickListener 类及 setOnClickListener()方法、onClick()方法。

【实施过程】

1. 创建 Android 项目 App0801 与资源准备

在 Android Studio 集成开发环境中创建 Android 项目，将该项目命名为 App0801。

在项目 App0801 的文件夹 res 中创建子文件夹“raw”，并将本任务所需的音频文件导入或复制到 res\raw 文件夹中。

2. 完善布局文件 activity_main.xml 与界面设计

修改项目 App0801 的 res\layout 文件夹下的布局文件 activity_main.xml，先将默认添加的 TextView 控件删除，然后添加 2 个 Button 控件。将 Button 控件的 id 属性分别设置为 button1 和 button2，text 属性设置为“门铃声”和“风铃声”。

3. 完善 MainActivity 类与实现程序功能

（1）声明与创建对象。

在主活动 MainActivity 中，分别声明 SoundPool 对象和创建 HashMap 对象，具体代码如下所示：

```
private SoundPool soundpool;      //声明一个 SoundPool 对象
//创建一个 HashMap 对象
private HashMap<Integer, Integer> soundmap = new HashMap<Integer, Integer>();
```

（2）在 onCreate()方法中编写代码实现程序功能。

在 MainActivity 类的 onCreate()方法中，首先获取布局文件中添加的【门铃声】按钮和【风铃声】按钮，然后实例化 SoundPool 对象，再将要播放的全部音频流添加到 HashMap 对象中。主要代码如表 8-3 所示。

表 8-3 MainActivity 类的 onCreate()方法的部分代码

序　号	代　码
01	Button notify = (Button) findViewById(R.id.button1);　　//获取【门铃声】按钮
02	Button ringout = (Button) findViewById(R.id.button2);　　//获取【风铃声】按钮
03	//创建一个 SoundPool 对象，该对象可以容纳 2 个音频流
04	soundpool = new SoundPool(2,AudioManager.STREAM_MUSIC, 0);
05	//将要播放的音频流添加到 HashMap 对象中
06	soundmap.put(1, soundpool.load(this, R.raw.notify, 1));
07	soundmap.put(2, soundpool.load(this, R.raw.ring, 1));

（3）编写代码为按钮添加单击事件监听器。

编写代码分别为“门铃声”按钮和“风铃声”按钮添加单击事件监听器，在重写的 onClick()方法中播放指定音频，实现代码如表 8-4 所示。

表 8-4　onCreate()方法中单击事件过程的代码

```
//为各按钮添加单击事件监听器
notify.setOnClickListener(new OnClickListener() {
    @Override
    public void onClick(View v) {
        soundpool.play(soundmap.get(1), 1, 1, 0, 0, 1);    //播放指定的音频
    }
});
ringout.setOnClickListener(new OnClickListener() {
    @Override
    public void onClick(View v) {
        soundpool.play(soundmap.get(2), 1, 1, 0, 0, 1);    //播放指定的音频
    }
});
```

4．程序运行与功能测试

Android 项目 App0801 的运行结果如图 8-1 所示，单击【门铃声】按钮或【风铃声】按钮将播放相应音乐。

【任务 8-2】　使用 MediaPlayer 类播放本地音频

【任务描述】

编写程序制作一款简易音乐播放器，要求实现播放、暂停/继续和停止功能。

【知识索引】

（1）MediaPlayer 类及 create()、start()、isPlaying()、pause()、stop()、prepare()、release()等方法。

（2）OnCompletionListener 类及 setOnCompletionListener 方法。

（3）OnClickListener 类及 setOnClickListener()方法、onClick()方法。

（4）Intent 类、Activity 类。

（5）try…catch 语句。

【实施过程】

1．创建 Android 项目 App0802 与资源准备

在 Android Studio 集成开发环境中创建 Android 项目，将该项目命名为 App0802。

在项目 App0802 的文件夹 res 中创建子文件夹“raw”，并将本任务所需的音乐文件导入或复制到 res\raw 文件夹中。

2．完善布局文件 activity_main.xml 与界面设计

修改项目 App0802 的 res\layout 文件夹下的布局文件 activity_main.xml，先将默认添加的 TextView 控件删除，然后添加 1 个 EditText 控件和 3 个 Button 控件，并设置各个控件的属性。修改完善后的布局文件 activity_main.xml 的代码如表 8-5 所示。

表 8-5　项目 App0801 中布局文件 activity_main.xml 的代码

布局代码

```
<?xml version="1.0" encoding="utf-8"?>
<android.support.constraint.ConstraintLayout xmlns:android="http://schemas.android.com/apk/res/android"
    xmlns:app="http://schemas.android.com/apk/res-auto"
    xmlns:tools="http://schemas.android.com/tools"
    android:layout_width="match_parent"
    android:layout_height="match_parent"
    tools:context=".MainActivity">
    <EditText
        android:id="@+id/et_mediapath"
        android:layout_width="0dp"
        android:layout_height="wrap_content"
        android:layout_marginStart="16dp"
        android:layout_marginLeft="16dp"
        android:layout_marginTop="16dp"
        android:layout_marginEnd="16dp"
        android:layout_marginRight="16dp"
        android:ems="10"
        android:inputType="textPersonName"
        android:text="m01.mp3"
        app:layout_constraintEnd_toEndOf="parent"
        app:layout_constraintStart_toStartOf="parent"
        app:layout_constraintTop_toTopOf="parent" />
    <Button
        android:id="@+id/btnPlay"
        android:layout_width="wrap_content"
        android:layout_height="wrap_content"
        android:layout_marginStart="15dp"
        android:layout_marginLeft="15dp"
        android:layout_marginTop="16dp"
        android:layout_marginEnd="8dp"
        android:layout_marginRight="8dp"
        android:text="播放"
        android:textStyle="bold"
        app:layout_constraintEnd_toStartOf="@+id/btnPause"
        app:layout_constraintHorizontal_bias="0.071"
        app:layout_constraintStart_toStartOf="@+id/et_mediapath"
```

续表

序　号	布局代码
38	app:layout_constraintTop_toBottomOf="@+id/et_mediapath" />
39	<Button
40	android:id="@+id/btnPause"
41	android:layout_width="wrap_content"
42	android:layout_height="wrap_content"
43	android:layout_marginTop="16dp"
44	android:layout_marginEnd="40dp"
45	android:layout_marginRight="40dp"
46	android:text="暂停"
47	android:textStyle="bold"
48	app:layout_constraintEnd_toStartOf="@+id/btnStop"
49	app:layout_constraintTop_toBottomOf="@+id/et_mediapath" />
50	<Button
51	android:id="@+id/btnStop"
52	android:layout_width="wrap_content"
53	android:layout_height="wrap_content"
54	android:layout_marginEnd="19dp"
55	android:layout_marginRight="19dp"
56	android:text="停止"
57	android:textStyle="bold"
58	app:layout_constraintBaseline_toBaselineOf="@+id/btnPause"
59	app:layout_constraintEnd_toEndOf="@+id/et_mediapath" />
60	</android.support.constraint.ConstraintLayout>

3. 完善 MainActivity 类与实现程序功能

（1）声明与创建对象。

在主活动 MainActivity 中，声明多个对象。具体代码如下所示：

```
private boolean isPause = false;                    //是否暂停
private Button play;
private Button pause;
private Button stop;
private MediaPlayer player = new MediaPlayer();     //定义音乐播放对象
```

（2）在 onCreate()方法中编写代码实现程序功能。

MainActivity 类的 onCreate()方法的主要代码如表 8-6 所示。第 05 行创建装载音频资源（res\raw\m01.mp3）的 MediaPlayer 对象；第 07～09 行获取布局管理器中的按钮控件；第 11～16 行为 MediaPlayer 对象添加事件监听器，用于当音乐播放完毕后，能重新开始播放音乐；第 18～20 行为按钮添加单击事件监听器。

表 8-6　类 MainActivity 的 onCreate()方法的代码

```
@Override
protected void onCreate(Bundle savedInstanceState) {
    super.onCreate(savedInstanceState);
    setContentView(R.layout.activity_main);
    player=MediaPlayer.create(this,R.raw.m01);
    //获取布局中的所有按钮控件
    play = (Button) findViewById(R.id.btnPlay);
    pause = (Button) findViewById(R.id.btnPause);
    stop = (Button) findViewById(R.id.btnStop);
    //为 MediaPlayer 对象添加完成事件监听器
    player.setOnCompletionListener(new OnCompletionListener() {
        @Override
        public void onCompletion(MediaPlayer mp) {
            player.start();        //重新开始播放
        }
    });
    //设置按钮的单击事件监听器
    play.setOnClickListener(mylistener);
    pause.setOnClickListener(mylistener);
    stop.setOnClickListener(mylistener);
}
```

（3）编写代码自定义单击事件监听器对象。

编写代码定义单击事件监听器对象，其实现代码如表 8-7 所示。

表 8-7　自定义单击事件监听器对象的代码

```
OnClickListener mylistener;
{
    mylistener = new OnClickListener() {
        @Override
        public void onClick(View v) {
            intent = new Intent("android.intent.action.MAIN");
            switch (v.getId()) {
                case R.id.btnPlay:
                    player.start();        //开始播放
                    if (isPause) {
                        pause.setText("暂停");
```

续表

```
                isPause = false;            //设置暂停标记变量的值为 false
            }
            break;
        case R.id.btnPause:
            //音乐暂停
            if (player.isPlaying() && !isPause) {
                player.pause();      //暂停播放;
                isPause = true;
                ((Button) v).setText("继续");
            } else {
                player.start();      //继续播放
                ((Button) v).setText("暂停");
                isPause = false;
            }
            break;
        case R.id.btnStop:
          if (player != null) {
              player.stop();
              try {
      //在调用 stop 后如果需要再次通过 start 进行播放，需要先调用 prepare 函数
                  player.prepare();
              } catch (IOException ex) {
                  ex.printStackTrace();
              }
          }
          break;
        default:
            break;
      }
    }
  };
}
```

（4）重写 Activity 的 onDestroy()方法。

onDestroy()方法的代码如表 8-8 所示，用于在当前 Activity 销毁时，停止正在播放的视频，并释放 MeiaPlayer 所占用的资源。

表 8-8　Activity 的 onDestroy()方法的代码

```
@Override
protected void onDestroy() {
    if(player.isPlaying()){
        player.stop();    //停止音频的播放
    }
    player.release();    //释放资源
    super.onDestroy();
}
```

4. 程序运行与功能测试

Android 项目 App0802 的运行结果如图 8-2 所示，显示一个简易播放界面。如果单击【播放】按钮将开始播放音乐；如果单击【暂停】按钮，将暂停音乐的播放，此时按钮名称变为【继续】，若单击【继续】按钮，则可继续播放音乐且按钮名称又变为【暂停】；如果单击【停止】按钮，将停止音乐的播放，此时将无法再播放音乐。

图 8-2　App0802 的运行结果

【任务 8-3】　制作简易音乐播放器

【任务描述】

编写程序制作一个简易音乐播放器，实现音乐播放功能，该音乐播放器有【开始播放】、【暂停】和【停止】按钮，并且按钮下面有一个音乐播放的进度条，当单击对应按钮时实现对应操作。

音乐播放是由 MediaPlayer 这个类控制的，进度条 SeekBar 可以用来显示播放进度，用户也可以利用 SeekBar 的滑块来控制音乐的播放。界面中的两个按钮，一个用来播放歌曲启动线程，另一个停止播放和取消线程。

【知识索引】

（1）SeekBar 类及 setMax()、setProgress()、setOnSeekBarChangeListener()、onProgressChanged()等方法。

（2）Runnable 类、Handler 类及 run()、post()、removeCallbacks()、postDelayed()等方法。

（3）MediaPlayer 类及 reset()、setDataSource()、prepare()、start()、stop()、release()、seekTo()等方法。

（4）try…catch 语句。

【实施过程】

1. 创建 Android 项目 App0803

在 Android Studio 集成开发环境中创建 Android 项目，将该项目命名为 App0803。

2. 完善布局文件 activity_main.xml 与界面设计

先删除默认添加的 TextView 控件，然后添加 3 个 Button 控件和 1 个 SeekBar 控件，并设置好各个控件的属性。布局文件 activity_main.xml 中控件对应的主要代码如表 8-9 所示。

表 8-9　布局文件 activity_main.xml 中控件对应的主要代码

```
<?xml version="1.0" encoding="utf-8"?>
<android.support.constraint.ConstraintLayout xmlns:android="http://schemas.android.com/apk/res/android"
    xmlns:app="http://schemas.android.com/apk/res-auto"
    xmlns:tools="http://schemas.android.com/tools"
    android:layout_width="match_parent"
    android:layout_height="match_parent"
    tools:context=".MainActivity">
    <TextView
        android:id="@+id/textView"
        android:layout_width="156dp"
        android:layout_height="37dp"
        android:gravity="center_vertical|center_horizontal"
        android:text="音乐播放器"
        android:textStyle="bold"
        …… />
    <EditText
        android:id="@+id/editText"
        android:layout_width="357dp"
        android:layout_height="66dp"
        android:hint="音乐路径"
        …… />
    <SeekBar
        android:id="@+id/skbProgress"
        android:layout_width="368dp"
        android:layout_height="10dp"
        android:layout_margin="10dp"
        …… />
    <Button
        android:id="@+id/btnPlayUrl"
        android:layout_width="115dp"
        android:layout_height="43dp"
```

续表

序　号	布局代码
32	android:layout_gravity="bottom"
33	android:text="开始播放"
34	...... />
35	<Button
36	android:id="@+id/btnPause"
37	android:layout_width="87dp"
38	android:text="暂停"
39	....../>
40	<Button
41	android:id="@+id/btnStop"
42	android:layout_width="84dp"
43	android:text="停止"
44	....../>
45	</android.support.constraint.ConstraintLayout>
46	

3. 完善 MainActivity 类与实现程序功能

（1）声明对象。

在 MainActivity 类定义中，首先声明多个对象，代码如下所示：

```
private boolean isPause = false;        //是否暂停
private Button mBtnPlayUrl;             //播放
private Button mBtnPause;               //暂停
private Button mBtnStop;                //停止
private SeekBar mSkbProgress;           //进度条
private MediaPlayer player;
private Uri mUri;                       //定义资源定位对象
```

引入 Handler 类的命名空间，代码如下：

```
import android.os.Handler;
```

（2）在 onCreate()方法中编写代码实现程序功能。

在 onCreate()方法中获取布局的控件对象，然后通过自定义方法 setListener()设置控件对象的监听器，其代码如表 8-10 所示。

表 8-10　onCreate()方法的代码

序　号	代　码
01	@Override
02	public void onCreate(Bundle savedInstanceState) {
03	super.onCreate(savedInstanceState);
04	setContentView(R.layout.activity_main);
05	player = MediaPlayer.create(this, R.raw.m01);

续表

```
    mBtnPlayUrl = (Button) findViewById(R.id.btnPlayUrl);
    mBtnPause = (Button) this.findViewById(R.id.btnPause);
    mBtnStop = (Button) findViewById(R.id.btnStop);
    mSkbProgress = (SeekBar) findViewById(R.id.skbProgress);
    mEditText = (EditText) findViewById(R.id.editText);
    mEditText.setText(url);
    //获得歌曲的长度并设置成播放进度条的最大值
    mSkbProgress.setMax(player.getDuration());
    //设置音乐文件路径
    mUri = Uri.parse("android.resource://" + getPackageName() + "/" +R.raw.m01);
    mEditText.setText("android.resource://" + getPackageName() + "/m01.mp3");
    setListener();
}
```

（3）编写代码定义 Handler 对象和 Runnable 对象。

定义 Handler 对象和 Runnable 对象的代码如表 8-11 所示，且重定义了 run()方法，该方法的功能分别是获取歌曲当前的播放位置并设置播放进度条的值、延迟 100 毫秒再启动线程。

表 8-11　定义 Handler 对象和 Runnable 对象的代码

```
Handler handler = new Handler();
Runnable updateThread = new Runnable() {
    public void run() {
        //获得歌曲当前播放位置并设置成播放进度条的值
        mSkbProgress.setProgress(player.getCurrentPosition());
        //每次延迟 100 毫秒再启动线程
        handler.postDelayed(updateThread, 100);
    }
};
```

（4）编写代码定义方法 playUrl。

方法 playUrl()用于在线播放网络音乐，其代码如表 8-12 所示。

表 8-12　playUrl()方法的代码

```
//在线播放音乐
public void playUrl(Uri videoUrl) {
    try {
        //设备初始化
        player.reset();
```

续表

```
            //设置数据源
            player.setDataSource(this,videoUrl);
            //prepare 之后自动播放
            player.prepare();
            player.start();
        } catch (IllegalArgumentException e) {
            e.printStackTrace();
        } catch (IllegalStateException e) {
            e.printStackTrace();
        } catch (IOException e) {
            e.printStackTrace();
        }
    }
```

（5）编写代码为按钮自定义单击监听器。

编写代码定义单击监听器 OnClickListener，方法 setListener()实现代码如表 8-13 所示。

表 8-13 实现自定义单击监听器的 setListener()方法的代码

```
private void setListener() {
    mBtnPlayUrl.setOnClickListener(new Button.OnClickListener() {
        @Override
        public void onClick(View arg0) {
            playUrl(mUri);
            //启动
            handler.post(updateThread);
            if (isPause) {
                mBtnPause.setText("暂停");
                isPause = false;        //设置暂停标记变量的值为 false
            }
        }
    });
    mBtnPause.setOnClickListener(new Button.OnClickListener() {
        @Override
        public void onClick(View arg0) {
            player.pause();    //音乐暂停
            handler.post(updateThread);
            mBtnPause.setText("继续");
            if (!isPause) {
```

续表

```
                player.pause();    //暂停播放;
                isPause = true;
                mBtnPause.setText("继续");
            } else {
                playUrl(mUri);     //继续播放
                mBtnPause.setText("暂停");
                isPause = false;
            }
        }
    });
    mBtnStop.setOnClickListener(new Button.OnClickListener() {
        @Override
        public void onClick(View arg0) {
            player.stop();
            //取消线程
            handler.removeCallbacks(updateThread);
            player.release();
        }
    });
    mSkbProgress.setOnSeekBarChangeListener(new SeekBar.OnSeekBarChangeListener() {
        @Override
        public void onProgressChanged(SeekBar seekBar, int progress, boolean fromUser) {
            //fromUser 判断用户是否改变滑块的值
            if (fromUser == true) {
                player.seekTo(progress);
            }
        }
        @Override
        public void onStartTrackingTouch(SeekBar seekBar) {
        }
        @Override
        public void onStopTrackingTouch(SeekBar seekBar) {
        }
    });
}
```

4. 在 AndroidManifest.xml 文件中增加获得系统网络状态的权限

在 AndroidManifest.xml 文件中输入如下所示的代码，增加获得系统网络状态权限的代码，以保证程序可以获得系统的网络状态权限。

```
<uses-permission android:name="android.permission.INTERNET" />
```

5. 程序运行与功能测试

Android 项目 App0803 的初始运行状态如图 8-3 所示。

单击【开始播放】按钮，开始播放音乐，进度条 SeekBar 也会跟着音乐播放的进度滑块向右移动，如图 8-4 所示。当音乐播放完毕时，SeekBar 也会移动到最后。

图 8-3 Android 项目 App0803 的初始运行状态

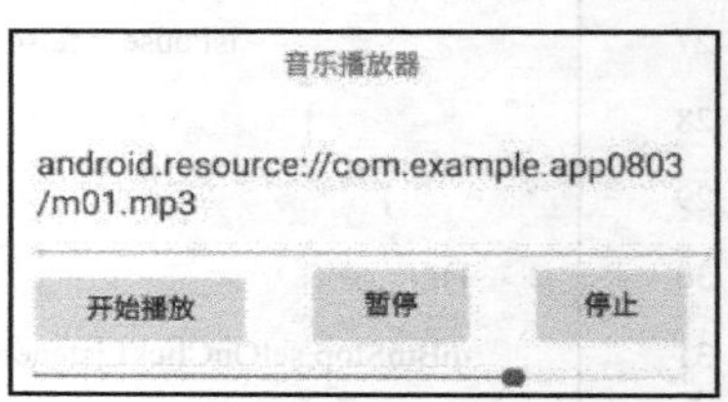

图 8-4 播放音乐时进度条的滑块向右移动

【任务 8-4】 使用 VideoView 控件播放本地视频

【任务描述】

编写程序创建一个简易视频播放器，使用 VideoView 实现本地视频的播放。

【知识索引】

（1）VideoView 类及 setMediaController()、setVideoURI()、start()、getCurrentPosition()、stopPlayback()、seekTo()等方法。

（2）MediaController 类、Uri 类及 parse()方法。

【实施过程】

1. 创建 Android 项目 App0804

在 Android Studio 集成开发环境中创建 Android 项目，将该项目命名为 App0804。

在项目 App0804 的文件夹 res 中创建子文件夹“raw”，并将本任务所需的视频文件导入或复制到 res\raw 文件夹中。

2. 完善布局文件 activity_main.xml 与界面设计

先删除默认添加的 TextView 控件，然后添加一个 VideoView 控件，将 VideoView 控件的 id 属性设置为 videoview。

3. 完善 MainActivity 类与实现程序功能

（1）设置 MainActivity 类需要实现的接口。

引入 Handler 类的命名空间，代码如下：

```
import android.os.Handler;
```

MainActivity 类的父类为 Activity，并实现了 MediaPlayer 类的 OnErrorListener 接口和 OnCompletionListener 接口，对应代码如下所示：

```
public class MainActivity extends Activity implements MediaPlayer.OnErrorListener,
```

```
        MediaPlayer.OnCompletionListener {
    ......
}
```

（2）声明对象。

在 MainActivity 类定义中，首先声明视频播放对象 VideoView 和视频控制播放对象 MediaController，然后声明 Uri 对象和记录当前播放位置的变量，代码如下所示：

```
private VideoView mVideoView;                    //定义视频播放对象
private MediaController mMediaController;        //定义视频控制播放对象
private Uri mUri;                                //定义资源定位对象
private int mPositionWhenPaused = -1;
```

（3）在 onCreate()方法中编写代码实现程序功能。

onCreate()方法的代码如表 8-14 所示，首先获取了布局中的 VideoView 对象，然后创建音频控制对象、设置 MediaController 和视频文件路径。

表 8-14　onCreate()方法的代码

```
 @Override
protected void onCreate(Bundle savedInstanceState) {
    super.onCreate(savedInstanceState);
    //设置当前 Activity 的布局
    setContentView(R.layout.activity_main);
    mVideoView = (VideoView) findViewById(R.id.videoview);
    //创建音频控制对象
    mMediaController = new MediaController(this);
    //设置 MediaController
    mVideoView.setMediaController(mMediaController);
    //设置视频文件路径
    mUri = Uri.parse("android.resource://" + getPackageName() + "/" +R.raw.v04);
}
```

（4）重写多个方法。

重写 onError ()方法实现监听 MediaPlayer 报告的错误信息，当视频播放出错时调用该方法；重写 onCompletion()方法实现 Video 播完的时候得到通知，当视频播放完毕时调用该方法；重写 onStart()方法实现视频开始播放；重写 onPause()方法实现暂停视频播放；重写 onResume()方法实现回放视频，当视频恢复播放时调用该方法。这些重写方法对应的代码如表 8-15 所示。

表 8-15　重写方法对应的代码

```
//监听 MediaPlayer 报告的错误信息
@Override
public boolean onError(MediaPlayer mp, int what, int extra) {
```

续表

```
        return false;
    }
    //Video 播完的时候得到通知
    @Override
    public void onCompletion(MediaPlayer mp) {
        this.finish();
    }
    //开始播放
    public void onStart() {
        //播放视频
        mVideoView.setVideoURI(mUri);
        mVideoView.start();
        super.onStart();
    }
    //暂停播放
    public void onPause() {
        mPositionWhenPaused = mVideoView.getCurrentPosition();
        mVideoView.stopPlayback();
        super.onPause();
    }
    public void onResume() {
        //回放视频
        if (mPositionWhenPaused >= 0) {
            mVideoView.seekTo(mPositionWhenPaused);
            mPositionWhenPaused = -1;
        }
        super.onResume();
    }
```

4. 在 AndroidManifest.xml 文件中增加相应的权限

在 AndroidManifest.xml 文件中输入如下所示的代码，增加相应的权限。

```
<uses-permission android:name="android.permission.INTERNET" />
<uses-permission android:name="android.permission.RECORD_AUDIO" />
```

5. 程序运行与功能测试

Android 项目 App0804 的运行画面如图 8-5 所示。

图 8-5　Android 项目 App0805 的运行画面

【任务 8-5】使用 MediaPlayer 类和 SurfaceView 控件播放本地视频

【任务描述】

编写程序实现使用 MediaPlayer 类和 SurfaceView 控件组合播放本地视频，其中使用 MediaPlayer 类播放视频文件，使用 SurfaceView 控件来显示视频图像。

【知识索引】

（1）MediaPlayer 类及 create()、setDisplay()、start()、isPlaying()、pause()、stop()、release()等方法。

（2）SurfaceView 类及 getHolder()方法。

（3）SurfaceHolder 类，SURFACE_TYPE_PUSH_BUFFERS 常量，以及 getHolder()方法、setType()方法。

【实施过程】

1．创建 Android 项目 App0805

在 Android Studio 集成开发环境中创建 Android 项目，将该项目命名为 App0805。

在项目 App0805 的文件夹 res 中创建子文件夹“raw”，并将本任务所需的视频文件导入或复制到 res\raw 文件夹中，且将所需的背景图片文件导入或复制到 drawable 文件夹中。

2．完善布局文件 activity_main.xml 与界面设计

先删除默认添加的 TextView 控件，然后添加 1 个 SurfaceView 控件（用于显示视频图像）和 3 个 Button 控件，分别为【播放】、【暂停/继续】和【停止】按钮，并设置好各个控件的属性。布局文件 activity_main.xml 中控件对应的代码如表 8-16 所示。

表 8-16　布局文件 activity_main.xml 中控件对应的代码

布局代码

```
<?xml version="1.0" encoding="utf-8"?>
<android.support.constraint.ConstraintLayout xmlns:android="http://schemas.android.com/apk/res/android"
    xmlns:app="http://schemas.android.com/apk/res-auto"
    xmlns:tools="http://schemas.android.com/tools"
    android:layout_width="match_parent"
    android:layout_height="match_parent"
    tools:context=".MainActivity">
    <SurfaceView
        android:id="@+id/surfaceView"
        android:layout_width="366dp"
        android:layout_height="318dp"
        android:keepScreenOn="true"
        ……/>
    <Button
        android:id="@+id/btnPlay"
        android:layout_width="wrap_content"
```

续表

序　号	布 局 代 码
17	android:layout_height="wrap_content"
18	android:text="播放"
19	....../>
20	<Button
21	android:id="@+id/btnPause"
22	android:layout_width="wrap_content"
23	android:layout_height="wrap_content"
24	android:text="暂停"
25	....../>
26	<Button
27	android:id="@+id/btnStop"
28	android:layout_width="wrap_content"
29	android:layout_height="wrap_content"
30	android:text="停止"
31	....../>
32	</android.support.constraint.ConstraintLayout>
33	

表 8-16 第 09～14 行在布局管理器中定义了 1 个 SurfaceView 控件，其中第 13 行的 keepScreenOn 属性用于指定在播放视频时是否打开屏幕。

3. 完善 MainActivity 类与实现程序功能

（1）声明对象。

引入 Handler 类的命名空间，代码如下：

```
import android.view.View.OnClickListener;
import android.media.MediaPlayer.OnCompletionListener;
```

在 MainActivity 类定义中，首先声明 MediaPlayer 对象、SurfaceView 对象和 SurfaceHolder 对象，代码如下所示：

```
private MediaPlayer mediaplayer;        //声明 MediaPlayer 对象
private SurfaceView sview;              //声明 SurfaceView 对象
private SurfaceHolder holder;           //声明 SurfaceHolder 对象
```

（2）在 onCreate()方法中编写代码实现程序功能。

onCreate()方法的代码如表 8-17 示。第 06 行设置为横屏播放；第 07～09 行获取布局管理器中的按钮对象；第 10 行获取布局中添加的 SurfaceView 控件；第 11 行使用 create()方法实例化 MediaPlayer 对象；第 13～25 行为【播放】按钮添加单击事件监听器；第 27～38 行为【暂停】按钮添加单击事件监听器；第 40～49 行为【停止】按钮添加单击事件监听器；第 51～57 行为MediaPlayer对象添加完成事件监听器，并在重写的 onClick()方法中实现播放、暂停/继续播放和停止播放视频等功能。

表 8-17　onCreate()方法的代码

```
@Override
protected void onCreate(Bundle savedInstanceState) {
    super.onCreate(savedInstanceState);
    setContentView(R.layout.activity_main);
    //设置为横屏播放
    this.setRequestedOrientation(ActivityInfo.SCREEN_ORIENTATION_LANDSCAPE);
    Button play=(Button)findViewById(R.id.play);                    //获取【播放】按钮
    final Button pause=(Button)findViewById(R.id.pause);            //获取【暂停/继续】按钮
    Button stop =(Button)findViewById(R.id.stop);                   //获取【停止】按钮
    sview=(SurfaceView)findViewById(R.id.surfaceView);              //获取布局中添加的 SurfaceView 控件
    mediaplayer=MediaPlayer.create(this,R.raw.mp01);
    //为【播放】按钮添加单击事件监听器
    play.setOnClickListener(new OnClickListener() {
        @Override
        public void onClick(View v) {
            //mediaplayer.setDataSource("/sdcard/mp01.mp4");          //设置要播放的视频
            //mediaplayer.setDisplay(sview.getHolder());              //设置将视频画面输出到 SurfaceView
            holder = sview.getHolder();
            holder.setType(SurfaceHolder.SURFACE_TYPE_PUSH_BUFFERS);
            mediaplayer.setDisplay(holder);
            mediaplayer.start();                                    //开始播放
            pause.setText("暂停");
            pause.setEnabled(true);                                 //设置【暂停】按钮可用
        }
    });
    //为【暂停】按钮添加单击事件监听器
    pause.setOnClickListener(new OnClickListener() {
        @Override
        public void onClick(View v) {
            if(mediaplayer.isPlaying()){
                mediaplayer.pause();                                //暂停视频的播放
                ((Button)v).setText("继续");
            }else{
                mediaplayer.start();                                //继续视频的播放
                ((Button)v).setText("暂停");
            }
        }
```

续表

```
    });
    //为【停止】按钮添加单击事件监听器
    stop.setOnClickListener(new OnClickListener() {
        @Override
        public void onClick(View v) {
          if(mediaplayer.isPlaying()){
              mediaplayer.stop();                                          //停止播放
              sview.setBackgroundResource(R.drawable.bg_finish);   //改变 SurfaceView 的背景图片
              pause.setEnabled(false);                                     //设置【暂停】按钮不可用
          }
        }
    });
    //为 MediaPlayer 对象添加完成事件监听器
    mediaplayer.setOnCompletionListener(new OnCompletionListener() {
        @Override
        public void onCompletion(MediaPlayer mp) {
          sview.setBackgroundResource(R.drawable.bg_finish);        //改变 SurfaceView 的背景图片
          Toast.makeText(MainActivity.this, "视频播放完毕！", Toast.LENGTH_SHORT).show();
        }
    });
}
```

（3）重写 Activity 的 onDestroy()方法。

重写 Activity 的 onDestroy()方法，其代码如表 8-18 所示，用于在当前 Activity 销毁时停止正在播放的视频，并释放 MediaPlayer 所占用的资源。

表 8-18　onDestroy()方法的代码

```
@Override
protected void onDestroy() {
    if(mediaplayer.isPlaying()){
        mediaplayer.stop();        //停止播放视频
    }
    mediaplayer.release();         //释放资源
    super.onDestroy();
}
```

4．程序运行与功能测试

Android 项目 App0805 的初始运行状态如图 8-6 所示。单击【播放】按钮，将开始播放视频，播放画面如图 8-7 所示，并且让【暂停】按钮可用；单击【暂停】按钮，将暂停视频的播放，同时该按钮变为【继续】按钮；单击【停止】按钮，将停止正在播放的视频。

图 8-6　Android 项目 App0805 的初始运行状态

图 8-7　App0805 播放视频的画面

视频播放完毕时显示如图 8-8 所示的画面。

图 8-8　视频播放完毕时显示的画面

【单元小结】

Android 系统能够录制、播放各种不同形式的多媒体文件，Android 的多媒体系统为 Android 多媒体应用开发提供了非常好的平台。Android 平台中播放音频主要有以下两种方式：SoundPool 适合于短促且对反应速度要求比较高的情况（如游戏音效或按键声等），MediaPlayer 适合于比较长且对时间要求不高的情况。在 Android 中，播放视频主要使用 VideoView 或者 SurfaceView，其中 VideoView 组件播放视频最简单。

本单元主要介绍了 Android 中播放声音的主要类 SoundPool 和 MediaPlayer，以及播放视频的主要类 VideoView 和 SurfaceView。通过完成多个任务学会了使用 SoundPool 类播放音频，使用 MediaPlayer 类播放本地音频和网络音频，使用 VideoView 控件播放本地视频，使用 MediaPlayer 类和 SurfaceView 控件播放本地视频。

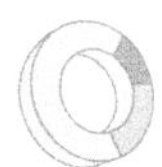

【单元习题】

1．填空题

（1）Android 中开发音乐播放器可以使用（　　）类和（　　）类。

（2）Android 中开发开发视频播放器可以使用（　　）或者（　　），其中（　　）组件播放视频最简单，它将视频的显示和控制集于一身，因此，借助它就可以完成一个简易的视频播放器。

(3) SurfaceView 继承自（　　）类，是用于显示图像的组件，其最大特点就是它的（　　）技术。

(4)为 MediaPlayer 指定加载的音频文件时可以使用 MediaPlayer 提供的静态方法（　　）和非静态方法（　　）。

（5）调用 prepareAsync()方法会使 MediaPlayer 对象进入（　　）状态。

2．选择题

（1）MediaPlayer 播放资源时，需要调用（　　）方法完成准备工作。

A．setDataSource()　　B．prepare()　　C．begin()　　D．pause()

（2）Android 中 MediaPlayer 无法播放（　　）。

A．程序资源文件　　B．网络上的文件

C．SD 卡上的文件　　D．其他程序资源文件

（3）MediaPlayer 对象执行（　　）之后处于 Started 状态。

A．start()　　B．stop()　　C．pause()　　D．reset()

(4)调用 stop()方法会停止 MediaPlayer 对象播放，并且还会让一个处于 Started、Paused、Prepared 或 PlaybackCompleted 状态的 MediaPlayer 进入（　　）状态。

A．Started　　B．Stopped　　C．Paused　　D．Prepared

（5）使用 MediaPlayer 播放保存在 SD 卡中的 MP3 文件时（　　）。(多选题)

A．需要使用 MediaPlayer.create()方法创建 MediaPlayer

B．直接使用 new MediaPlayer 即可

C．直接使用 setDataSource 方法设置文件源即可

D．直接调用 start()方法，无须设置文件源

3．简答题

（1）简要说明使用 MediaPlayer 播放音频时，设置音频数据源的主要方法有哪些。

（2）简要说明 MediaPlayer 对象的生命周期。

（3）简述 MediaPlayer 对象的 prepareAsync()方法和 prepare()方法的主要区别。

（4）简要说明使用 VideoView 类播放视频的主要步骤。

附录 A “Android 应用程序开发”课程设计

1. 教学单元设计（见表 A-1）

表 A-1 教学单元设计

单元序号	单元名称	任务数量	建议课时
单元 1	Android 开发环境搭建与基本操作	7	6
单元 2	Android 的控件应用与界面布局程序设计	5	10
单元 3	Android 的事件处理与交互实现程序设计	5	8
单元 4	Android 的数据存储与数据共享程序设计	7	8
单元 5	Android 的服务与广播应用程序设计	6	8
单元 6	Android 的网络与通信应用程序设计	5	6
单元 7	Android 的图像浏览与图形绘制程序设计	5	6
单元 8	Android 的音频与视频应用程序设计	5	8
合计		45	60

2. 教学流程设计（见表 A-2）

表 A-2 教学流程设计

教学环节序号	教学环节名称	说明
1	教学导航	明确教学目标，熟悉教学方法，了解课时建议
2	知识导读	讲解 Android 程序开发所涉及的概念和方法，提供理论指导和方法支持
3	任务实战	设置了“任务描述→知识索引→实施过程”3 个环节，通过“知识索引”将各项任务所应用的知识与“知识导读”环节的理论知识关联起来，“实施过程”详细说明任务实现的全过程
4	单元总结	对单元教学内容和技能训练情况进行归纳总结，形成整体印象

附录B 各单元任务中类及引入包的说明

本书各单元任务中相关类及引入相关包的代码如表 B-1 所示。

表 B-1 本书各单元任务中相关类及引入相关包的代码

序号	类名	引入相关的包
01	Activity	import android.app.Activity;
02	Bundle	import android.os.Bundle;
03	Menu	import android.view.Menu;
04	MenuItem	import android.view.MenuItem;
05	View	import android.view.View;
06	TextView	import android.widget.TextView;
07	EditText	import android.widget.EditText;
08	Button	import android.widget.Button;
09	ImageView	import android.widget.ImageView;
10	CheckBox	import android.widget.CheckBox;
11	MotionEvent	import android.view.MotionEvent;
12	KeyEvent	import android.view.KeyEvent;
13	Toas	import android.widget.Toast;
14	Gravity	import android.view.Gravity;
15	LayoutInflater	import android.view.LayoutInflater;
16	OnClickListener	import android.view.View.OnClickListener;
17	Intent	import android.content.Intent;
18	ContentResolver	import android.content.ContentResolver;
19	Bitmap	import android.graphics.Bitmap;
20	BitmapFactory	import android.graphics.BitmapFactory;
21	Log	import android.util.Log;
22	FileNotFoundException	import java.io.FileNotFoundException;
23	Contacts	import android.provider.Contacts;
24	SharedPreferences	import android.content.SharedPreferences;
25	Editor	import android.content.SharedPreferences.Editor;
26	Environment	import android.os.Environment;
27	File	import java.io.File;
28	IOException	import java.io.IOException;
29	FileOutputStream	import java.io.FileOutputStream;
30	Cursor	import android.database.Cursor;
31	MediaStore	import android.provider.MediaStore;
32	ContactsContract	import android.provider.ContactsContract;
33	Context	import android.content.Context;

续表

序　号	类　名	引入相关的包
34	PowerManager	import android.os.PowerManager;
35	WakeLock	import android.os.PowerManager.WakeLock;
36	KeyguardManager	import android.app.KeyguardManager;
37	ConnectivityManager	import android.net.ConnectivityManager;
38	NetworkInfo	import android.net.NetworkInfo;
39	State	import android.net.NetworkInfo.State;
40	AudioManager	import android.media.AudioManager;
41	IntentFilter	import android.content.IntentFilter;
42	WebChromeClient	import android.webkit.WebChromeClient;
43	WebView	import android.webkit.WebView;
44	WebViewClient	import android.webkit.WebViewClient;
45	BufferedReader	import java.io.BufferedReader;
46	URI	import java.net.URI;
47	HttpResponse	import org.apache.http.HttpResponse;
48	HttpClient	import org.apache.http.client.HttpClient;
49	HttpGet	import org.apache.http.client.methods.HttpGet;
50	EntityUtils	import org.apache.http.util.EntityUtils;
51	Handler	import android.os.Handler;
52	Message	import android.os.Message;
53	ProgressBar	import android.widget.ProgressBar;
54	InputStream	import java.io.InputStream;
55	HttpURLConnection	import java.net.HttpURLConnection;
56	URL	import java.net.URL;
57	Bitmap	import android.graphics.Bitmap;
58	TextUtils	import android.text.TextUtils;
59	SmsManager	import android.telephony.SmsManager;
60	LayoutParams	import android.view.ViewGroup.LayoutParams;
61	ImageSwitcher	import android.widget.ImageSwitcher;
62	GestureDetector	import android.view.GestureDetector;
63	Canvas	import android.graphics.Canvas;
64	RectF	import android.graphics.RectF;
65	Color	import android.graphics.Color;
66	Paint	import android.graphics.Paint;
67	Style	import android.graphics.Paint.Style;
68	FrameLayout	import android.widget.FrameLayout;
69	Path	import android.graphics.Path;
70	SoundPool	import android.media.SoundPool;
71	HashMap	import java.util.HashMap;

续表

序　号	类　名	引入相关的包
72	MediaPlayer	import android.media.MediaPlayer;
73	SeekBar	import android.widget.SeekBar;
74	MediaController	import android.widget.MediaController;
75	VideoView	import android.widget.VideoView;
76	SurfaceView	import android.view.SurfaceView;
77	SurfaceHolder	import android.view.SurfaceHolder;
78	ActivityInfo	import android.content.pm.ActivityInfo;
79	OnCompletionListener	import android.media.MediaPlayer.OnCompletionListener;

附录 C　JDK 的下载、安装与配置

1. 下载 JDK

（1）打开浏览器，输入网址 https://www.oracle.com/downloads/，进入 Oracle 官网分类下载页面。

（2）在下载面页选择“Java(JDK) for Developers”选项，如图 C-1 所示。

图 C-1　在下载面页选择“Java(JDK) for Developers”选项

（3）在跳转的页面中找到下载 Java(JDK) for Developers 的超链接，如图 C-2 所示。

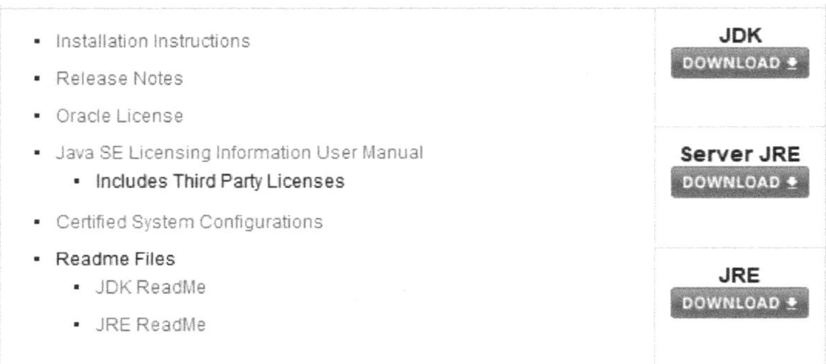

图 C-2　下载 Java(JDK) for Developers 的超链接

（4）单击 JDK 下方的【DOWNLOAD】按钮，将进入如图 C-3 所示的“Java SE Development Kit 8u201”下载页面。

（5）在 Java SE Development Kit 8u201 下载页面中选中“Accept License Agreement”单选按钮，接受许可协议，并根据计算机硬件和操作系统版本选择适当的 JDK 版本进行下载。如果操作系统为 Windows 32 位，则下载 jdk-8u201-windows-i586.exe；如果操作系统是 Windows 64 位，则下载 jdk-8u201-windows-x64.exe（本书以此为例）。

等待一段时间后，即可完成下载。

2. 安装 JDK

双击 JDK 安装包 jdk-8u201-windows-x64，启动 Java SE Development Kit 8 Update 201(64-bit)安装程序，如图 C-4 所示。

Java SE Development Kit 8u201

You must accept the Oracle Binary Code License Agreement for Java SE to download this software.

○ Accept License Agreement　◉ Decline License Agreement

Product / File Description	File Size	Download
Linux ARM 32 Hard Float ABI	72.98 MB	jdk-8u201-linux-arm32-vfp-hflt.tar.gz
Linux ARM 64 Hard Float ABI	69.92 MB	jdk-8u201-linux-arm64-vfp-hflt.tar.gz
Linux x86	170.98 MB	jdk-8u201-linux-i586.rpm
Linux x86	185.77 MB	jdk-8u201-linux-i586.tar.gz
Linux x64	168.05 MB	jdk-8u201-linux-x64.rpm
Linux x64	182.93 MB	jdk-8u201-linux-x64.tar.gz
Mac OS X x64	245.92 MB	jdk-8u201-macosx-x64.dmg
Solaris SPARC 64-bit (SVR4 package)	125.33 MB	jdk-8u201-solaris-sparcv9.tar.Z
Solaris SPARC 64-bit	88.31 MB	jdk-8u201-solaris-sparcv9.tar.gz
Solaris x64 (SVR4 package)	133.99 MB	jdk-8u201-solaris-x64.tar.Z
Solaris x64	92.16 MB	jdk-8u201-solaris-x64.tar.gz
Windows x86	197.66 MB	jdk-8u201-windows-i586.exe
Windows x64	207.46 MB	jdk-8u201-windows-x64.exe

图 C-3　“Java SE Development Kit 8u201”下载列表

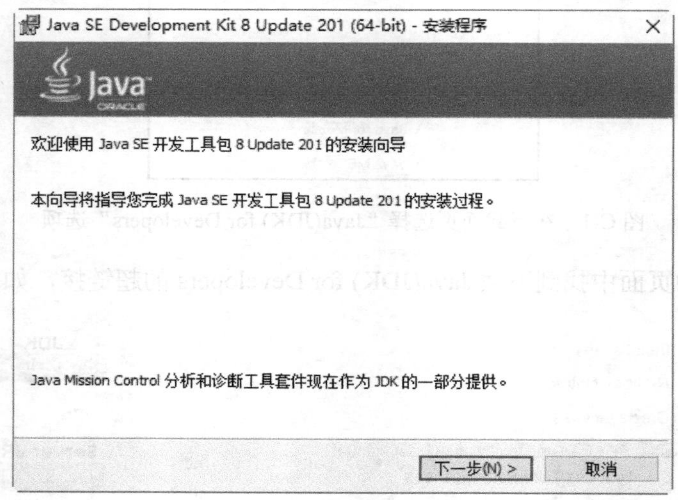

图 C-4　安装 JDK 的欢迎界面

单击【下一步】按钮，打开【定制安装】对话框，如图 C-5 所示。

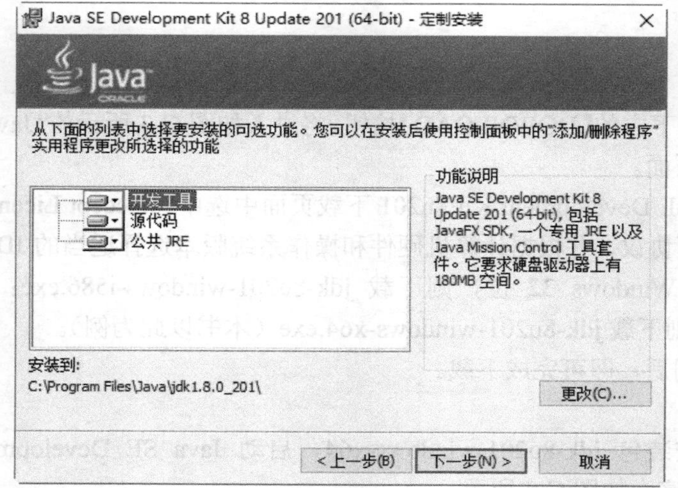

图 C-5　JDK 安装向导的【定制安装】对话框

单击【下一步】按钮，打开【进度】对话框，开始复制新文件，如图 C-6 所示。

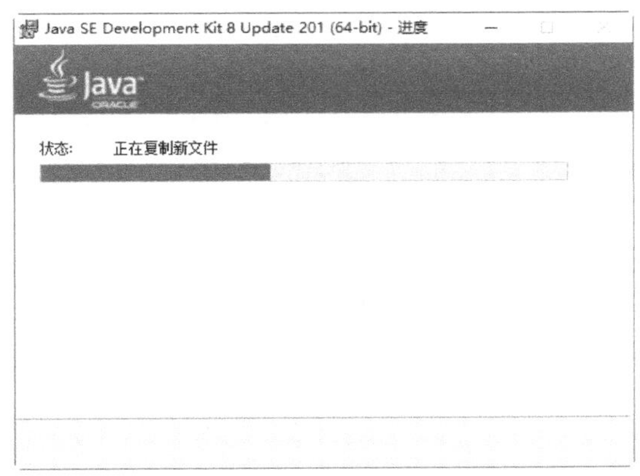

图 C-6　JDK 安装向导的【进度】对话框

安装程序提取完毕，打开【目标文件夹】对话框，如图 C-7 所示。如需更改目标文件夹则单击【更改】按钮，打开一个对话框，重新选择目标文件夹即可。这里不更改目标文件夹，直接单击【下一步】按钮即可。

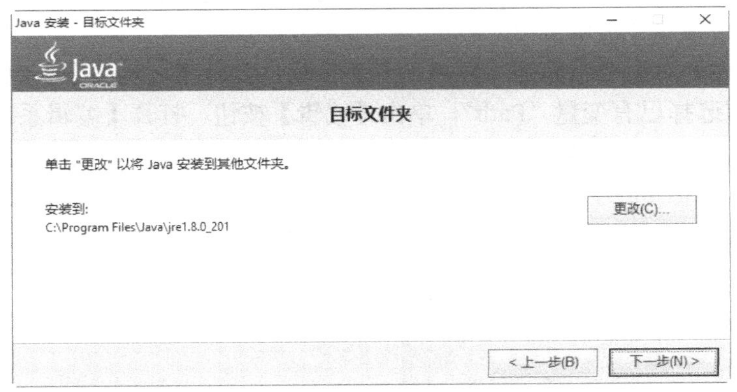

图 C-7　JDK 安装程序的【目标文件夹】对话框

单击【下一步】按钮，开始安装 Java，如图 C-8 所示。

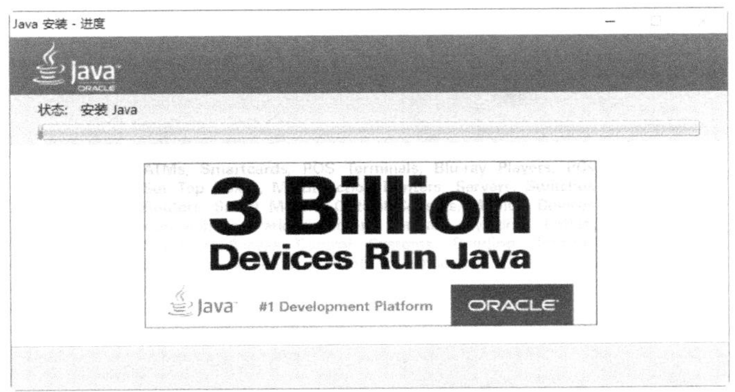

图 C-8　Java 安装进度界面

Java SE Development Kit 8 Update 201(64-bit)成功安装完成，打开如图 C-9 所示的对话

框，单击【关闭】按钮即可。

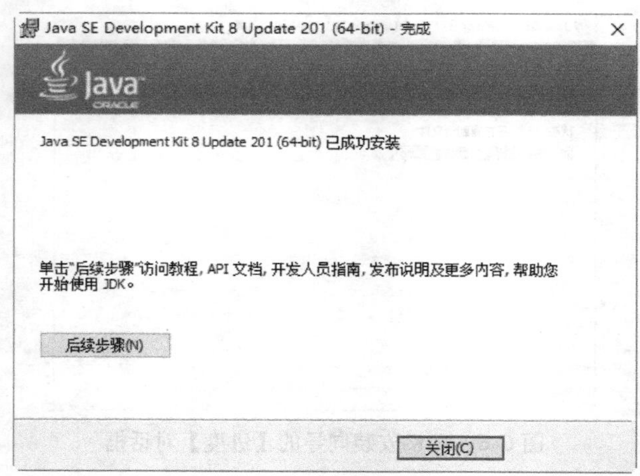

图 C-9 JDK 安装完成界面

3. 配置 JDK

在 Windows 操作系统中打开如图 C-10 所示的【系统属性】对话框。

（1）编辑系统变量“Path”。

在【系统属性】对话框中单击【环境变量】按钮，打开【环境变量】对话框。在下方的“系统变量”区域选择已有变量“Path”，单击【编辑】按钮，打开【编辑系统变量】对话框，如图 C-11 所示。单击【新建】按钮，光标置于“变量值”文本框中，然后输入“C:\Program Files\Java\jdk1.8.0_201\bin”，接着单击【上移】按钮将新添加的变量值移到最前面，如图 C-11 所示。单击【确定】按钮，返回【环境变量】对话框，如图 C-12 所示。

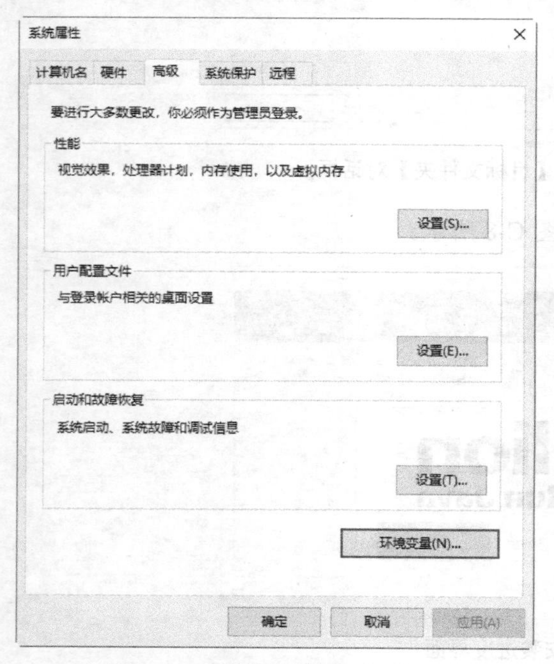

图 C-10 【系统属性】对话框

图 C-11 【编辑环境变量】对话框

（2）新建系统变量“classpath”。

在【环境变量】对话框中单击“系统变量”区域的【新建】按钮，打开【新建系统变量】对话框，在该对话框的“变量名”文本框中输入“classpath”，在“变量值”文本框中输入“C:\Program Files\Java\jdk1.8.0_201\lib”（注意，这里根据实际安装路径填写），如图 C-13 所示。

图 C-12　系统变量“Path”编辑完成后的【环境变量】对话框

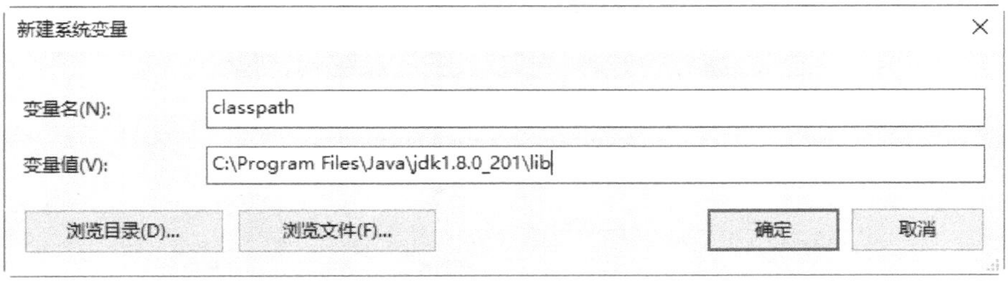

图 C-13　【新建系统变量】对话框

单击【确定】，返回【环境变量】对话框，如图 C-14 所示。

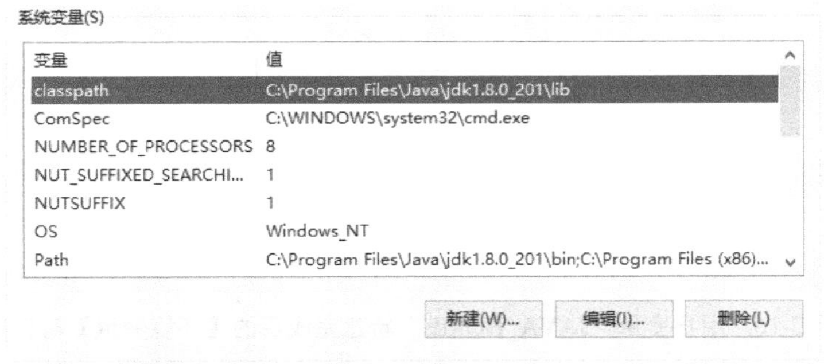

图 C-14　系统变量“classpath”新建完成后的【环境变量】对话框

在【环境变量】对话框中单击【确定】按钮，完成环境变量的配置。

【说明】　在【环境变量】对话框中先查看是否有 classpath 变量，如果已经存在就选中 classpath 选项，单击【编辑】按钮，然后在弹出的【编辑系统变量】对话框中进行编辑操作；否则就单击【新建】按钮新建一个环境变量 classpath。

（3）新建用户变量“JAVA_HOME”。

在【环境变量】对话框中单击“用户变量”区域的【新建】按钮，打开【新建用户变量】对话框，在该对话框的“变量名”文本框中输入“JAVA_HOME”，在“变量值”文本框中输入“C:\Program Files\Java\jdk1.8.0_201”（注意，这里根据实际安装路径填写），如图 C-15 所示。

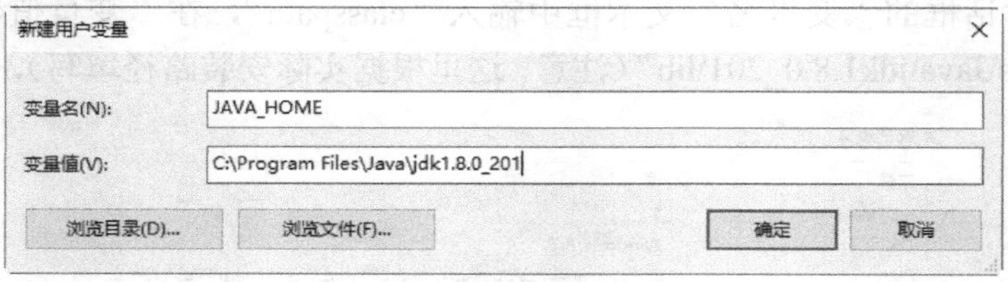

图 C-15 【新建用户变量】对话框

接着在【新建用户变量】对话框中单击【确定】按钮返回【环境变量】对话框，如图 C-16 所示。

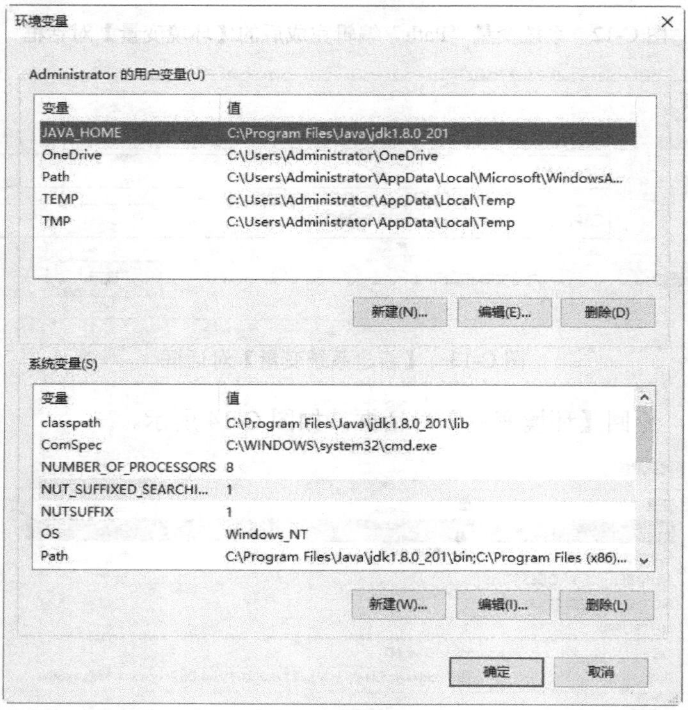

图 C-16 用户变量“JAVA_HOME”新建完成后的【环境变量】对话框

JDK 的环境变量配置完成后，可以通过打开“命令提示符”窗口输入命令“java -version”进行测试，从显示的 Java 版本的信息来确定安装是否成功，如图 C-17 所示。

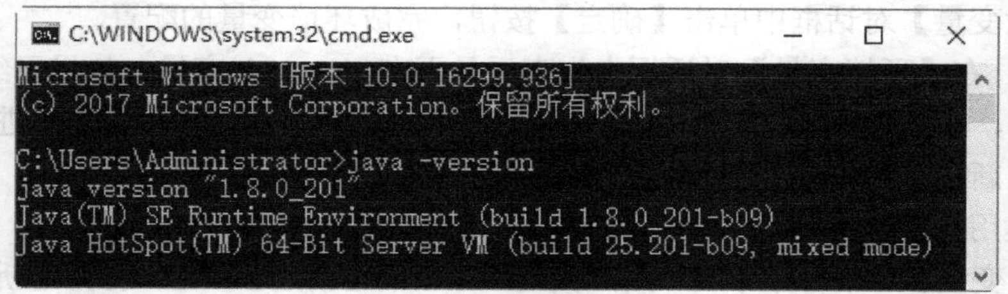

图 C-17 验证 JDK 安装是否成功

参 考 文 献

[1] 陈承欢． Android 移动应用开发任务驱动教程（Android Studio + Genymotion）[M]． 北京：电子工业出版社，2015.

[2] 刘国柱，杜军威．Android 程序设计与开发[M]．北京：清华大学出版社，2018.

[3] 王明珠，史桂红．移动应用开发任务式驱动教程[M]．北京：北京理工大学出版社，2017.

[4] 传智播客高教产品研发部． Android 移动应用基础教程[M]．北京：中国铁道出版社，2015.

[5] 武永亮．Android 开发范例实战宝典[M]．北京：清华大学出版社，2014.

[6] 软件开发技术联盟．Android 开发实战[M]．北京：清华大学出版社，2013.

[7] 倪红军，周巧扣．Android 开发工程师案例教程[M]．北京：北京大学出版社，2014.

[8] 余永佳，赵佩华．Android 应用开发基础[M]．北京：机械工业出版社，2014.

[9] 姚尚朗，靳岩．Android 开发入门与实战[M]．北京：人民邮电出版社，2014.

[10] 雷擎，伊凡．基于 Android 平台的移动互联网开发[M]．北京：清华大学出版社，2014.

[11] 陈长顺．Android 应用开发[M]．北京：高等教育出版社，2014.

反侵权盗版声明

电子工业出版社依法对本作品享有专有出版权。任何未经权利人书面许可，复制、销售或通过信息网络传播本作品的行为，歪曲、篡改、剽窃本作品的行为，均违反《中华人民共和国著作权法》，其行为人应承担相应的民事责任和行政责任，构成犯罪的，将被依法追究刑事责任。

为了维护市场秩序，保护权利人的合法权益，我社将依法查处和打击侵权盗版的单位和个人。欢迎社会各界人士积极举报侵权盗版行为，本社将奖励举报有功人员，并保证举报人的信息不被泄露。

举报电话：（010）88254396；（010）88258888

传　　真：（010）88254397

E-mail:　　dbqq@phei.com.cn

通信地址：北京市海淀区万寿路 173 信箱

　　　　　电子工业出版社总编办公室

邮　　编：100036